Brückenbauwerke in den neuen Bundesländern

Ernst & Sohn
A Wiley Company

DEGES
Deutsche Einheit Fernstraßenplanungs- und -bau GmbH

Impressum

Diese Publikation entstand in Zusammenarbeit mit der

DEGES
Deutsche Einheit Fernstraßenplanungs- und -bau GmbH
Zimmerstraße 54 · 10117 Berlin
Tel.   (0 30) 2 02 43-0
Fax   (0 30) 2 02 43-2 91

Alle Texte dieser Publikation sind Broschüren der DEGES aus
den Jahren 1999–2002 entnommen. Der Verlag bedankt sich für
die freundliche Unterstützung.

Redaktion: Hubert von Brunn
Fotos/Skizzen: DEGES

Umschlagbild: DEGES

ISBN 3-433-01700-X

© 2004 Ernst & Sohn Verlag für Architektur und technische
Wissenschaften GmbH & Co. KG, Berlin

Gestaltung: Hubert von Brunn
Herstellung: Havel Spree Verlagsservice, Berlin
Satz: Type-Design, Berlin
Gedruckt auf Furioso (Luxosamtoffset) von m-real.

Printed in Germany

Inhaltverzeichnis

Brücken verbinden

Bereits zu Luthers Zeiten waren jährlich 500 Ochsenkarren zwischen Süd- und Mittelthüringen unterwegs. Das schwierigste Stück war dabei die Überquerung des Rennsteigs. Die Strecke, für die unsere Vorfahren Tage brauchten, legt ein Auto heute in 6 Minuten zurück.

Als Bundeskanzler Gerhard Schröder und der thüringische Ministerpräsident Dieter Althaus am 5. Juli 2003 das Band am fast 8 km langen Rennsteigtunnel zerschnitten und das neue Autobahn-Teilstück der A 71 zwischen Ilmenau und Oberhof freigaben, wanderten mehr als 100.000 Besucher über die Strecke und machten den „Tag der offenen Tür" zum Volksfest. Bereits einige Monate zuvor hatte der Rennsteiglauf Tausende von Läufern durch alle Tunnel der neuen Kammquerung geführt. Heute rollt längst der Verkehr über die „Waldautobahn" – was einst für Schlagzeilen sorgte, ist Normalität.

Natürlich wird nicht in jedem Jahr der längste Straßentunnel oder die schönste Brücke Deutschlands gebaut. Das Alltagsgeschäft der Straßen-, Tunnel- und Brückenbauer ist weit weniger spektakulär. Vielmehr sind Autobahnen und Straßen der Presse eher für Negativ-Schlagzeilen gut: die unendliche Geschichte von der LKW-Maut, endlose Staus zu Ferienbeginn und -ende, LKW-Schlangen an den Grenzübergängen Richtung Osten, Unfälle, Geisterfahrer … Positive Nachrichten wie die Inbetriebnahme eines neuen Straßen- oder Autobahnabschnitts finden sich dann meist im „Keller", im Lokalteil – oder gar nicht. Nur allzu schnell ist selbstverständlich geworden, was vor ein paar Jahren noch als Utopie belächelt wurde. Ein neues Autobahnsystem in den neuen Bundesländern? Wer ernten will, muß säen, wer irgendwann blühende Landschaften will, braucht zuvor eine funktionierende Infrastruktur. Ohne Mobilität keine wirtschaftliche Entwicklung.

Bürger der ehemaligen DDR, die glückliche Besitzer eines „fahrbaren Untersatzes" waren und im „Trabant" oder „Wartburg" im Stakkato-Rhythmus der Schlaglöcher über Land fuhren, waren es gewohnt, mit Provisorien zu leben. Was heute nicht zu bekommen war, besorgte ein guter Freund oder ein Kollege morgen oder übermorgen. Wenn ein Stück Autobahn nicht mehr als solche zu erkennen war, wurden eben Tempo-20-Schilder aufgestellt, und wenn ein Platz für die staatliche Getreidereserve gebraucht wurde, fand ein dafür verantwortlicher Staatsdiener schon mal ein wenig befahrenes Autobahn-Teilstück, das dann entsprechend umgewidmet wurde.

Die DEGES – ein Kind der deutschen Einheit

Auch Hans Jörg Klofat staunte nicht schlecht, als er nach der Wende zwischen Bautzen-Ost und Weißenberg 66 aneinandergereihte Getreidelagerhallen auf der Autobahn vorfand. Als Geschäftsführer Recht und Verwaltung der am 7. Oktober 1991 gegründeten Deutsche Einheit Fernstraßenplanungs- und -bau GmbH, inzwischen als DEGES bundesweit ein Begriff, war er unterwegs, um einen persönlichen Eindruck vom Zustand des maroden Autobahn- und Straßennetzes in den neuen Bundesländern zu gewinnen. Wenige Monate zuvor hatte das Bundeskabinett die 17 Verkehrsprojekte Deutsche Einheit (VDE) beschlossen – im Rahmen des Programms „Aufbau Ost". Das vier Jahrzehnte lang zerschnittene Verkehrsnetz in Deutschland mußte im Grenzbereich schnellstmöglich wieder zusammengeführt werden. Für die neuen Bundesländer war ein leistungsfähiges Verkehrssystem eine unabdingbare Voraussetzung für die Ansiedlung neuer Unternehmen. Auch in diesen turbulenten Aufbruchjahren, die bisweilen durchaus etwas von der Pionierzeit des Wilden Westens hatten, war Zeit Geld, und nicht wenige wollten alles sofort – verständlich nach Jahrzehnten, in denen z. B. ein Auto erst nach jahrelangem Warten zugeteilt wurde.

Das Verkehrsaufkommen stieg nach der Wende sprunghaft an, jeder glückliche Autobesitzer wollte schließlich die neu gewonnene Freiheit auch nutzen. Die sieben Fernstraßenprojekte der VDE sahen deshalb u. a. den Ausbau und Neubau von insgesamt ca. 2.000 km Autobahn in den neuen Bundesländern vor – eine gigantische Aufgabe, mit der insbesondere die gerade erst neu gebildeten Straßenbauverwaltungen der neuen Länder überfordert gewesen wären. Ungewöhnliche Aufgaben verlangen ungewöhnliche Lösungen. Die bis dahin übliche Planungszeit von bis zu zehn Jahren und mehr mußte drastisch verkürzt werden. Da blieb oft nicht einmal Zeit, das „Gesetz zur Beschleunigung der Planungen für Verkehrswege in den neuen Bundesländern sowie im Land Berlin" mit vollem Namen zu nennen. Als VerkPBG sorgte es dafür, daß die Abwicklung der Projekte auch eine rechtliche Grundlage bekam. Und: Bei allem Zeitdruck, den die Realisierung der VDE erforderte und erfordert, durften und dürfen Qualität und Wirtschaftlichkeit bei der Planung, Baurechtschaffung, Bauvorbereitung und Baudurchführung, geprägt durch den hohen Standard der alten Bundesländer, nicht leiden. Das Bundesverwaltungsgericht wurde als erste und letzte Instanz zur Schlichtung von Streitfällen bestimmt, Planfeststellungsbeschlüsse konnten sofort vollzogen und bei nicht zu ermittelnden Eigentümern Vertreter bestellt werden. Mit diesem Gesetz in Verbindung mit der Gründung der DEGES als zusätzliche Ressource für die Auftragsverwaltungen der neuen Bundesländer wurde kurz nach Vollendung der Deutschen Einheit eine solide Basis geschaffen, um die ehrgeizigen Pläne zur Verbesserung der Verkehrsinfrastruktur zügig zu verwirklichen. Man wünscht sich, an anderen Stellen im Vereinigungsprozeß wäre ebenso vorausblickend und konsequent bedarfsorientiert gearbeitet worden.

Neue Aufgaben

Mit den bisher realisierten Verkehrsprojekten Deutsche Einheit sind Ost und West weiter zusammengewachsen. Auch wenn die Landschaften noch nicht so prächtig blühen, wie es nach der Wiedervereinigung prophezeit wurde – die DEGES hat bei der Verwirklichung der Straßen-Verkehrsprojekte Deutsche Einheit hervorragende Arbeit geleistet und wichtige Voraussetzungen für den wirtschaftlichen Aufschwung in den neuen Bundesländern geschaffen. Von den 2.000 km Autobahn der VDE Straße wurden der DEGES rund 1.200 km übertragen. Dazu kamen später weitere 140 km Zubringerprojekte. Rund 9,5 Milliarden Euro beträgt das der DEGES übertragene Investitionsvolumen. Davon hat sie in enger Zusammenarbeit mit dem Bundesministerium für Verkehr, Bau- und Wohnungswesen und den Straßenbauverwaltungen der neuen Bundesländer bereits drei Viertel für Bau und Grunderwerb ausgegeben bzw. vertraglich gebunden.

Seit 2001 übernimmt die DEGES neben der Planung und dem Bau von Bundesfernstraßen auch andere vergleichbare Verkehrsinfrastrukturprojekte. Gleichzeitig erfolgte eine Öffnung für weitere Gesellschafter, die öffentliche Auftraggeber sind. Vom Freistaat Thüringen und vom Freistaat Sachsen wurden der DEGES zusätzlich zu den VDE-Projekten und den Zubringerprojekten 17 sonstige Länderprojekte mit einer Gesamtlänge von 120 km und einem Investitionsvolumen von rund 400 Millionen Euro übertragen, darunter auch die Beseitigung von Hochwasserschäden an Straßen und Brücken. Im Auftrag des Freistaates Sachsen übernimmt die DEGES weiterhin das Projektmanagement für den City-Tunnel Leipzig. Am 9. Juli 2003 war Baubeginn. Bundesverkehrsminister Dr. Manfred Stolpe hat inzwischen den Verkehrsministern der neuen Bundesländer die Mitarbeit der DEGES zur zügigen Vorbereitung der Straßenbauprojekte in den neuen Bundesländern als „Planungsinitiative Aufbau Ost" angeboten.

Konfliktpotential Umweltschutz

Konflikte sind bei Projekten dieser Größenordnung natürlich nicht auszuschließen. Wer gibt schon gern sein Haus, seinen Garten, sein Feld auf, weil dort eine Straße, eine Autobahn oder eine Brücke gebaut werden soll? Trotzdem: Bei einem Flächenbedarf von ca. 28.000 ha für sämtliche DEGES-Projekte ist die Zahl der Streitfälle erstaunlich gering.

Auch ökologische Belange stehen bei allen VDE-Projekten und -Zubringerprojekten ganz vorn. So wurden z. B. beim Bau der Lockwitztalbrücke südlich von Dresden Beeinträchtigungen des potentiellen „Natura 2000"-Gebietes mit einer optimierten Brückenpfeilerstellung sowie einer speziellen Bautechnik und -logistik vermieden – zur Freude der Naturschützer. Beim Bau der Brücke Altwipfergrund im Zuge der A 17 wurde die Talaue sogar als „Bautabuzone" ausgewiesen. Gegen den Bau der zweiten Strelasundquerung im Zuge einer neuen Straßenverbindung von der A 20 auf die Insel Rügen legte der WWF sogar bei der EU-Kommission in Brüssel Beschwerde ein. Gutachter sind inzwischen zu dem Ergebnis gekommen, daß von einem erhöhten Kollisionsrisiko für Vögel durch die seilverspannte Brücke nicht auszugehen sei. Alle Klagen gegen den Planfeststellungsbeschluß wurden zurückgenommen – Baubeginn ist 2004.

Brücken als gebaute Umwelt

Brücken sind ein wesentlicher Bestandteil unserer gebauten Umwelt und weit mehr als reine Zweckbauten. Sie gehören zur Kunst des Alltags und sind Teil des nationalen Kulturguts. Brücken verbinden – sowohl in symbolischer als auch in praktischer Hinsicht. Statistiker haben ermittelt, daß die Zahl der Brücken in Deutschland heute bei ca. 120.000 liegt, d. h. auf ca. 5,4 km Straße (oder auf 690 Einwohner) kommt eine Brücke. Bei den VDE-Projekten ist die „Brückendichte" noch höher – der Abstand von Brücke zu Brücke liegt im Durchschnitt bei ca. 1 km. Das verdeutlicht die Verantwortung, die Ingenieuren, Landschaftsplanern und Projektsteuerern bei der Planung und beim Bau von Brücken, in der Sprache der Verkehrsplaner prosaisch „Überführungsbauwerke" oder „Ü-Bauwerke" genannt, zukommt. Denn anders als beim Hochbau, bei dem die Fassade häufig die Konstruktion verbirgt, prägt beim Brückenbau das Tragwerk die Gestalt. Bogen-, Hänge-, Schrägseil- und Balkenbrücken demonstrieren die konstruktive Vielfalt des Brückenbaus.

Sowohl hinsichtlich der Konstruktion (sehr große Feldweiten, Pfeilerstellung und -gestaltung, Überbauhöhe und Überbaukonstruktion) als auch hinsichtlich der architektonischen Gestaltung (z. B. Einsatz von regionaltypischen Materialien) wird im modernen Brückenbau größter Wert darauf gelegt, daß der zu querende Talraum sowenig wie möglich verstellt wird und sich das Bauwerk harmonisch in die umgebende Landschaft einfügt. „Häßliche Konstruktionen können Menschen und Umwelt krank machen", sagt der Ingenieurbaukünstler Jörg Schlaich, Deutschlands „Brückenpapst". Die DEGES beschäftigt mittlerweile zahlreiche Architekten, die streckenbezogene Gestaltungskonzepte für die einzelnen Fernstraßenprojekte und die dazugehörigen Brücken entwickeln. Typische gestalterische Merkmale – mit Bezug zum Landschaftsbild bzw. zur Umgebung – machen die Bauwerke unverwechselbar.

Der Autofahrer sieht die Autobahn allerdings vor allem als schnelle Abfolge von Brücken, Tunneln, Lärmschutzwänden und Stützmauern. Klare, einfache Formen, abgestimmte Proportionen und ein weites optisches Lichtraumprofil bestimmen deshalb weitgehend die Gestaltung. Eine besondere optische Gestaltung erscheint deshalb nur an wenigen exponierten Stellen sinnvoll. Dazu zählen Brücken in exponierter Lage, an Anschlußstellen, Autobahnkreuzen, in tiefen Einschnitten, in der Nähe großer Städte oder bei Änderungen des Landschaftsbildes. Brückengestaltung, Trassierung der Autobahn und die Landschaftsgestaltung müssen dabei harmonieren.

Lehrpfad für den Brückenbauer

Bei den kreuzenden Straßen, besonders bei Unterführungen unter den Autobahnen, den sogenannten A-Bauwerken, muß bei der Gestaltung zusätzlich deren Wirkung auf den langsamen und Querverkehr sowie auf Fußgänger und Radfahrer berücksichtigt werden. Auch kleinere, im Vergleich zu den großen Talbrücken eher unspektakuläre Überführungs- und Kreuzungsbauwerke haben durchaus ihren individuellen Reiz und fordern Planer, Ausführende und Projektsteuerer gleichermaßen. Bei aller Freude an der gelungenen Gestaltung muß trotzdem immer die Verhältnismäßigkeit der eingesetzten Mittel betrachtet werden. Einfachheit und Beschränkung auf das reine Tragwerk führen meist zu den elegantesten und wirtschaftlichsten Lösungen – bei kleinen und bei großen Brücken.

Bei den großen Talbrücken ist das Erscheinungsbild besonders wichtig, da sie ein raumwirksames Element in der Landschaft darstellen. Das Tal der Wilden Gera in Thüringen wird im Verlauf der neuen A 71 durch eine 552 m lange Bogenbrücke überragt, wobei der Stahlbetonbogen mit einer Spannweite von 252 m inzwischen bundesdeutscher Rekordhalter ist. Die Talbrücke Zahme Gera gilt vielen als schönste Brücke Deutschlands, die A 71 als „Lehrpfad für den Brückenbauer". Ein Initiativkreis bei der Verwaltungsgemeinschaft Geratal plant sogar ein Bundesautobahnmuseum. Es ist kein Zufall, daß gerade die Brücken der Verkehrsprojekte Deutsche Einheit – Straße zum symbolträchtigen Markenzeichen der DEGES geworden sind.

Rainer Bratfisch

Talbrücke Triwalk
(A 20)

1. Aufgabenstellung

Für das dünnbesiedelte Flächenland Mecklenburg-Vorpommern ist der Ausbau der Verkehrsinfrastruktur zur Überwindung von Standortnachteilen sowie zur Entwicklung von Wirtschaft und Tourismus von hoher Bedeutung. Bisher war Mecklenburg-Vorpommern in dieser Hinsicht benachteiligt, so daß die nach den politischen Veränderungen gewonnene verkehrsgeographische Zentrallage im nordeuropäischen Raum sowie die Brückenfunktion zu Skandinavien und dem Baltikum mit den vorhandenen Verkehrswegen nicht hinreichend genutzt werden kann. Mit Verkehrsbelastungen von 15.000 bis 18.000 Kfz/24 h, die in innerstädtischen Straßenabschnitten noch deutlich höher ausfallen und bisher stetig steigen, ist die wichtigste Ost-West-Verbindung mit der B 105 zwischen Wismar und Rostock und weiter nach Stralsund dem Verkehrsaufkommen nicht gewachsen und überlastet. Häufige Staus und hohe Unfallzahlen sind die Folge. Die Bundesregierung hat deshalb im Rahmen der Verkehrsprojekte Deutsche Einheit den Neubau der A 20 Lübeck–Stettin (über die A 11) beschlossen (VDE Nr. 10).

Die A 20 wird zwischen dem AD Lübeck (A 1) und dem AK Rostock (A 19) mit RQ 29,5, ab dem AK Rostock bis zur A 11 mit einem Sonderquerschnitt S 27 gebaut. Durchgängig stehen in jeder Fahrtrichtung 2 Fahrstreifen und ein Standstreifen zur Verfügung.

Mit dem Bau der ersten Verkehrseinheiten, die vor allem für die Entlastung Wismars als Umfahrung zwischen den Anschlußstellen Wismar-Ost und Wismar-West von Bedeutung sind, wurde auf der Grundlage des Investitionsmaßnahmengesetzes (IMG) im Mai 1994 begonnen. Zusammen mit der seit dem Oktober 1994 zwischen den Anschlußstellen Grevesmühlen und Wismar-West in Bau befindlichen Verkehrseinheit wurde am 3. Dezember 1997 ein 26,7 km langer Streckenabschnitt der A 20 dem Verkehr übergeben.

Als Besonderheit des „IMG Abschnittes" von Wismar-West bis Wismar-Ost war eine für das vergleichsweise flache Gelände große Anzahl von Brücken in diesem Abschnitt zu bauen. Neben zwei Wilddurchlässen, sieben Überführungen von Wegen und Straßen und einer Eisenbahnüberführung waren auch vier Talbauwerke zu errichten. Dies sind die Talbrücke über den Wallensteingraben mit l = 264 m, die Talbrücke Rosenthal mit l = 220 m, die Talbrücke Triwalk mit l = 395 m und die Talbrücke über den Greeser Bach mit l = 170 m Länge. Sie bilden mit ihren gleichartigen Konstruktions- und Gestaltungsmerkmalen die „Wismarer Brückenfamilie", von der die Talbrücke Triwalk wegen der großen Länge als Hauptbauwerk anzusehen ist und nachfolgend näher beschrieben wird.

2. Bauwerksentwurf

Mit den Festlegungen des IMG wurde auch den Belangen des Umwelt-, Natur- und Landschaftsschutzes in hohem Maße Rechnung getragen. Für die Talbrücken im IMG-Abschnitt der A 20 war deshalb zwischen den Bauwerken der beiden Richtungsfahrbahnen ein lichter Abstand von 11 m einzuhalten. Mit der gewährleisteten Beregnung und besseren Belichtung des Geländes unter den Brücken wurde eine natürliche Vegetation im Bereich der Bauwerke gefördert. Die trennende Wirkung der Autobahn wurde für die nahegelegene Stadt Wismar mit den vier Talbrücken und ihrer vegetationsunterstützenden Bauweise entscheidend gemindert.

Mit der Talbrücke Triwalk werden eine Landstraße, ein Wirtschaftsweg und der Triwalker Graben überführt. Ihre Achse ist über die gesamte Bauwerkslänge als Klothoide trassiert. Die Gradiente beschreibt zwischen den Achsen 40 und 170 einen konstanten Radius von 40.000 m als Kuppe. Daraus schließt von Achse 10 bis 30 eine Tangente an. Das Quergefälle beträgt konstant 2,5 %. Die größte lichte Höhe zwischen Unterkante Überbau und Geländeroberkante ist in den Mittelfeldern etwa bis zu h = 8,00 m und verringert sich zu den Widerlagern bis auf etwa h = 3,00 m.

2.1 Bauwerksgestaltung

Besonderer Wert wurde auf eine Gestaltung des Bauwerks gelegt, die landestypische Merkmale aufgreift und so eine einfühlsame Einbindung der Bauwerke in das Landschaftsbild herstellt. Das dafür entwickelte Gestaltungskonzept wurde bei der Talbrücke Triwalk mit folgenden Gestaltungselementen berücksichtigt:

- Steile Stellung der Stegseitenflächen mit geringem Anzug von 10 cm bis zur Fahrbahnplatte,
- Schalung der Untersicht des Plattenbalkenquerschnitts mit gehobelter Brettschalung,
- Sichtflächenschalung der Pfeiler aus gehobelten, lotrecht verlaufenden Brettern und Betonung der Pfeilerköpfe mit Strukturschalung,
- Verblendung der Widerlagerflügel und der Pfeiler neben Verkehrswegen mit roten Klinkersteinen,
- Gliederung der Widerlagerwandansicht mit lotrechter Brettschalung und Strukturschalung,
- Ausbildung vorgezogener Auflagerbänke an den Widerlagern,
- Ausführung des Stahlholmgeländers mit Doppelpfosten und zwei Holmen,
- Farbgebung der Geländer, die die Farbspiele der nahen Ostsee und der Landschaft aufgreifen.

2.2 Gründung, Unterbauten

Der Baugrund für die Talbrücke Triwalk besteht aus einer stark wechselnden Schichtenfolge von bindigen, schwachbindigen und nicht bindigen Böden. Neben schluffigen Feinsanden steht vor allem Geschiebemergel an, in den Sande und Torflinsen sowie auch Schluffe eingelagert sind.

Die Widerlager wurden kastenförmig aus Stahlbeton hergestellt. Die Einzelstützen, deren seitliche Schmalseiten ausgerundet sind, stehen auf durchgehenden Fundamenten mit d = 1,00 Dicke.

Die Flügelwände und die äußeren Randstreifen der Widerlagerwände parallel zur Landesstraße sind mit landestypischem, rotem Klinkermauerwerk verblendet. Die Krafteinleitungsbereiche unter den Lagern sind sowohl an den Widerlagerwänden als auch an den Pfeilern mit Strukturmatrizenschalung hervorgehoben. Alle übrigen Sichtflächen der Unterbauten sind mit lotrecht verlaufenden gehobelten Brettern geschalt.

2.3 Überbau

Die Überbauten der Talbrücke Triwalk wurden als zweistegige durchlaufende Plattenbalken gebaut. Bei Stützweiten von 25,0 m in den Mittelfeldern und 20,7 m bzw. 19,7 m in den Endfeldern beträgt die Bauhöhe h = 1,25 m. Die Überbauten sind längs vorgespannt. Bei lichten Höhen von etwa 8 m in den Mittelfeldern wird ein ausgewogenes Verhältnis der Höhe zur Stützweite erzielt. Mit dem lichten Abstand von 11 m zwischen beiden Überbauten ist ein transparentes Bauwerk entstanden, das sich sehr gut in die eiszeitlich geprägte Landschaft einfügt.

2.3.1 Lagerung

Für die Talbrücke wurde ein horizontal elastisches Lagerungssystem ohne ausgeprägten Festpunkt in Längsrichtung gewählt. Die Überbauten werden in Längsrichtung nur über den Widerstand der allseits freibeweglichen Elastomer-Verformungslager gehalten. Verformungslager sind bei der Talbrücke Triwalk in den Achsen 50 bis 130 angeordnet. Sie bilden eine elastische Festpunktgruppe. Außerhalb dieser Gruppe aus Verformungslagern wurden Verformungsgleitlager eingebaut, die in jeder 2. Achse mit einer Querfesthaltung des Gleitteiles ausgerüstet sind, da Querbeanspruchungen z. B. aus Wind sonst wegen des großen Hebelarms zur Festpunktgruppe zu Verdrehungen führen können. Insgesamt bietet die horizontal elastische Lagerung den Vorteil, daß auch unplanmäßige Beanspruchungen, wie sie z. B. aus Herstellungstoleranzen oder Verformungen infolge einseitiger Sonnenbestrahlung entstehen können, schadlos ausgeglichen werden.

2.3.2 Übersteigschutz

Wegen des großen lichten Abstandes der beiden Richtungsfahrbahnen ist für Unfall- und Notsituationen an den Innengeländern beider Überbauten jeweils ein 1,60 m hoher Übersteigschutz angeordnet. Dafür wurden die Geländerpfosten nach oben verlängert und zwischen den verlängerten Pfosten vor das Geländer ein handelsübliches Absperrgitter mit Duplexbeschichtung montiert. Die Lösung ist wirksam, dauerhaft und wartungsfreundlich.

3. Bauausführung

3.1 Vorleistungen

Mit dem Bau der Talbrücke Triwalk wurde am 25. Mai 1994 begonnen. Da gleichzeitig auch an mehreren Überführungsbauwerken begonnen wurde, markiert dieses Datum den Beginn des großräumigen Neubaus der BAB A 20.

Neben der Umlegung von Leitungen war vor den eigentlichen Bauarbeiten die bodendenkmalpflegerische Untersuchung durch Archäologen zu ermöglichen. Bei der Talbrücke Triwalk gelang es, in enger Abstimmung zwischen dem Landesamt für Bodendenkmalpflege und der DEGES am östlichen Widerlager des südlichen Bauwerks ein großes Grabungsfeld zu erschließen und ausführlich zu erkunden. Zahlreiche Zeugnisse aus früheren Besiedlungsepochen bis zurück zur Bronzezeit konnten dabei freigelegt, kartiert und gesichert werden.

3.2 Gründungen

Die Talbrücke Triwalk wurde auf den anstehenden Böden flach gegründet. Als Baugrundverbesserung wurde vorab in allen Achsen eine Rüttelstopfverdichtung in den anstehenden Baugrund eingebracht. Die Tiefe der Stopfsäulen betrug im Mittel ca. 4,0 m – 6,0 m. Sie war so gewählt, daß unterschiedliche Stützensenkungen auf einen Zentimeter beschränkt blieben.

Gegenüber dem auch möglichen Bodenaustausch unter einer Flachgründung ersparte die Rüttelstopfverdichtung aufwendige Verbauten und Wasserhaltungsarbeiten, die bei den sonst tieferen Baugruben notwendig gewesen wären. Die zulässige Bodenverpressung konnte mit der Rüttelstopfverdichtung auf $\Sigma = 300$ kN/m² erhöht werden. Die Stopfsäulen wurden im Abstand von etwa 1,50 m aus gebrochenem Material mit einem Schleusenrüttler niedergebracht. Nach dem Einführen des Rüttlers mit Druckluftunterstützung und dem Erreichen der Solltiefe wurde die Kieszugabe über das Rohr in den Boden gedrückt und verdichtet.

3.3 Herstellung, Überbau

Bei der Schlankheit h/d = 20 setzte sich das Taktschiebeverfahren im Wettbewerb als wirtschaftliches Bauverfahren für den Überbau durch. Möglich war das Schieben des Plattenbalkens mit 25 m Stützweite bei dieser vergleichsweise großen Schlankheit infolge des Einsatzes eines 18,9 m langen Stahlvorbauschnabels, der wegen der größeren Bauhöhe über Betonkonsolen mit dem 1,25 m hohen Überbau verspannt war. An der Spitze hatte der Vorbauschnabel beim Auffahren auf das Lager eines 25-m-Feldes eine Durchbiegung von ca. 4,5 cm. Dieses Maß wurde beim Auffahren angehoben. Mit einer Taktstation hinter dem östlichen Widerlager wurde zunächst der nördliche Überbau errichtet. Mit Taktlängen von 25 m wurde in den Mittelfeldern jeweils ein Feld pro Woche hergestellt und verschoben. Jeweils am Montag früh wurden nach Erreichen ausreichender Festigkeit die Primärvorspannglieder für den Schiebezustand vorgespannt. Danach wurde der Überbau mit einer Hub-Reibeanlage, die auf dem Widerlager in Achse 170 angeordnet war, verschoben. Dem Reinigen und Vorbereiten der Schalung folgten dann bis zum Donnerstag die Bewehrungsarbeiten und das Verlegen der Primärspannglieder. Nach dem Betonieren erhärtete der Beton bis zum folgenden Montagmorgen in der Taktstation.

Nach dem Einschieben des Überbaus in die Endlage wurden die girlandenförmig verlaufenden Sekundärspannglieder eingeschoben und in Spannischen vorgespannt, die von den Innenseiten der Plattenbalkenstege aus zugänglich waren. Diese Spannischen wurden anschließend eingeschalt und durch zwei Löcher von oben zubetoniert. Danach erfolgte der Austausch der Taktschiebelager gegen die endgültigen Verformungs- und Verformungsgleitlager.

Vor dem Bau des südlichen Überbaus wurde die Taktanlage auf einer Betonbahn quer verschoben. Danach wiederholte sich der vorab beschriebene Bauablauf.

Richtung Rostock

Richtung Lübeck

19,70

25,00

25,00

25,00

25,00

25,00

390,40

25,00

25,00

25,00

25,00

25,00

25,00

25,00

25,00

20,70

Längsschnitt

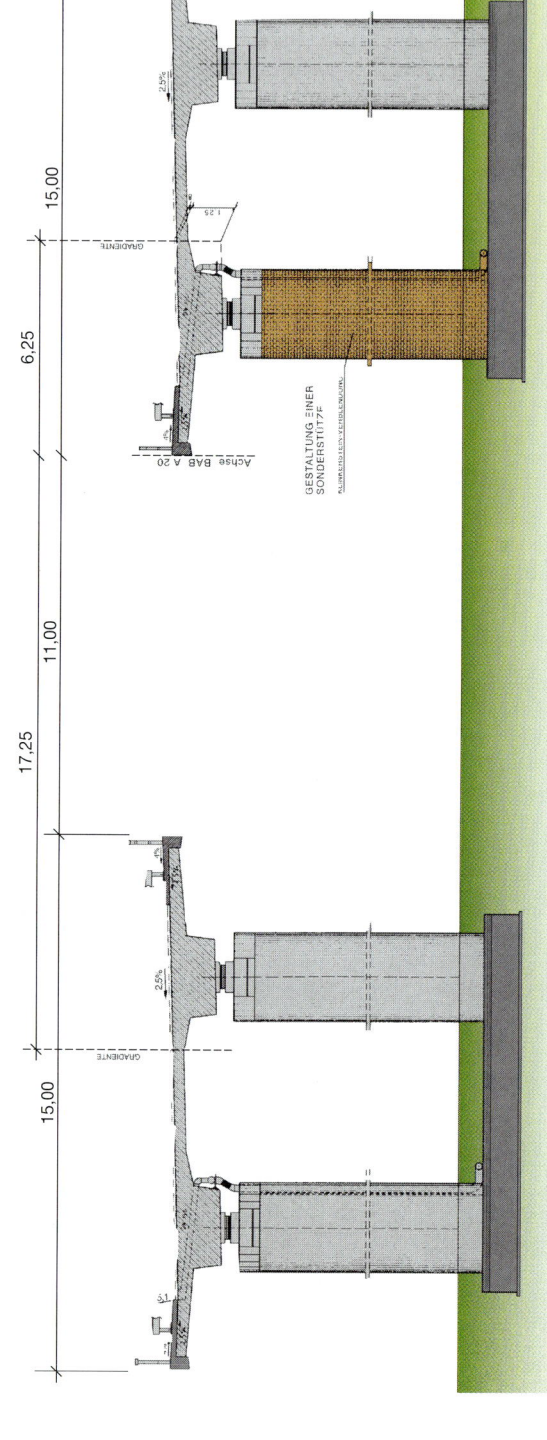

15,00

6,25

17,25

11,00

15,00

1,25

GRADIENTE

Achse BAB A 20

GESTALTUNG EINER
SONDERSTÜTZE

2,5%

2,5%

Querschnitt im Pfeilerbereich

Verkehrsprojekt Deutsche Einheit Nr. 10 A 20 Lübeck–Stettin (über A 11) Mecklenburg-Vorpommern	unten: **Straße Lübow–Triwalk, Triwalker Graben**	Baujahr: **1994–1996** Bauzeit: **20 Monate**	Bauweise: **Spannbeton-Plattenbalken**
Entwurfsbearbeitung: **EHS – Beratende Ingenieure für Bauwesen, Lohfelden/Kassel**	Bauwerks-Nr.: **BW 13/14**	Kosten (Mio. DM): **18,6**	Kosten (DM/m²): **1.580,00**
Gestalterische Beratung: **Dipl.-Ing. Joachim Desczyk, Hannover**	Bauausführung: **Gerdum u. Breuer GmbH & Co. KG, Kassel**		
Prüfingenieur: **Dipl.-Ing. Wolfgang Slomski, Kassel**	Ausführungsplanung: **Kinkel + Partner Beratende Ingenieure VBI, Neu-Isenburg**		
Bauüberwachung: **EHS – Beratende Ingenieure für Bauwesen, Schwerin**			

Der große Abstand zwischen den Überbauten gewährleistet optimale Besonnung und Beregnung der Flächen unter der Brücke.

Klinkerverblendungen an den Stützen parallel zur Landesstraße (links) und am Widerlager.

4.   Technische Daten

Länge:	395 m
Stützweiten:	20,7 m – 14 × 25 m – 19,7 m
Breite:	2 × 15,00 m
Fläche:	11.776 m^2
Konstruktions-höhe:	1,25 m
Lichte Höhe:	3 m – 8 m
Überbau-Bauweise:	Spannbetonplattenbalken
Herstellungs-verfahren:	Taktschiebeverfahren

5.   Planungsübersicht

März 1994	Fertigstellung des Bauwerksentwurfs, Sichtvermerk BMV
März 1994	Investitionsmaßnahmengesetz
Mai 1994	Submission
Mai 1994	Baubeginn
Jan. 1996	Abnahme
Dez. 1997	Verkehrsfreigabe gesamte Verkehrseinheit

Erfahrung statt Routine im Stahlbrückenbau

Wolfram Schleicher
Modellierung und Berechnung von Stahlbrücken
Reihe: Bauingenieur-Praxis
2003. 209 Seiten.
Broschur.
€ 55,- / sFr 81,-
ISBN 3-433-02846-X

* Der €-Preis gilt ausschließlich für Deutschland

Ernst & Sohn
Verlag für Architektur und
technische Wissenschaften GmbH & Co. KG

Für Bestellungen und Kundenservice:
Verlag Wiley-VCH
Boschstraße 12
69469 Weinheim
Telefon: (06201) 606-400
Telefax: (06201) 606-184
Email: service@wiley-vch.de

Ernst & Sohn
A Wiley Company

www.ernst-und-sohn.de

Der Alltag des Bauingenieurs ist durch die ständige Anwendung von Rechenprogrammen geprägt. Insbesondere für solche ausgedehnten und komplexen Tragwerke wie Brücken liegen der Vorteil der Zeitersparnis und der Nachteil der vielfältigen Fehlerquellen dicht beieinander.

Das Buch gibt allgemeine Hinweise für die Datenbearbeitung zur effizienten Eingabegenerierung und Ergebnisauswertung sowie zur Modellierung der realen Konstruktion und Lasteinleitung unter Montage- und Betriebsbedingungen. Dabei wird die Spezifik der Stahl- und Stahlverbundbrücken anhand zahlreicher beispielhafter Anwendungen und Sonderkonstruktionen, statischer und dynamischer Belastungen verdeutlicht.

Über den Autor:

Dr.-Ing. Wolfram Schleicher studierte und promovierte an der TU Dresden. Er war bei der Ingenieurgesellschaft Krebs und Kiefer mehrere Jahre für die Prüfung und Ausführungsplanung von Stahlbrücken zuständig, jetzt betreibt er ein eigenes Büro. Der "schnelle Nachweis" der Tragfähigkeit für unvorhergesehene Einflüsse und der Fingerzeig auf häufige Fehlerquellen sind die Stärke des Autors.

03216036_my Änderungen vorbehalten.

Talbrücke Warnow
(A 20)

1. Aufgabenstellung

Die Ostseeautobahn A 20 Lübeck–Stettin ist mit insgesamt rund 324 km Länge und einem Investitionsvolumen von ca. 3,5 Mrd. DM eines der größten Neubauvorhaben im Rahmen der Verkehrsprojekte Deutsche Einheit. 266 km führen durch Mecklenburg-Vorpommern und sichern die zur wirtschaftlichen Entwicklung des Landes unverzichtbare Einbindung in das überregionale Verkehrsnetz. Darüber hinaus dient die A 20 zur Entlastung des regionalen nachgeordneten Straßennetzes und vor allem der vielfach mit mehr als 20.000 Kfz/24 h hochbelasteten Ortsdurchfahrten.

Besondere Priorität hat der Abschnitt Ziesendorf–Rostock (A 19) der mit prognostizierten 59.000 Kfz/24 h im Jahresmittel zu den am stärksten belasteten Streckenabschnitten der A 20 zählt. Über die Anschlußstellen der Landesstraße L 13 bei Ziesendorf, der Bundesstraße B 103 bei Buchholz, der Landesstraße L 132 bei Niendorf sowie über das Autobahnkreuz A 19/A 20 werden die Hansestadt Rostock und ihr Umland mit 350.000 Einwohnern optimal an die neue West-Ost-Autobahn angebunden.

Wegen der besonderen Dringlichkeit sollte der Abschnitt Wismar bis Rostock mit insgesamt 65 km Streckenlänge noch im Jahr 2000 dem Verkehr freigegeben werden. Um dieses Ziel zu erreichen, mußte die Warnowbrücke vorgezogen werden, da in diesem Bereich keine belastbare Querung des Warnowtales vorhanden war. Um die zum Streckenbau erforderlichen Massentransporte zu ermöglichen, wurde mit Hochdruck daran gearbeitet, den ersten Überbau für den Baustellenverkehr zum 1. April 1999 in Betrieb nehmen zu können.

Zur Erschließung des Baufeldes mußten erst 6 km Baustraße angelegt und drei Behelfsbrücken über die DB-Strecken erstellt werden. Von Beginn an waren für alle Bauarbeiten strengste Umweltbedingungen einzuhalten, nachdem das Warnowtal als Trinkwasserschutzgebiet ausgewiesen ist und zur Versorgung der Stadt Rostock dient.

2. Bauwerksentwurf

Die Warnowbrücke war die erste von drei großen, ca. 1 km langen, Talbrücken im Zuge der A 20. Deshalb hatte sie Vorbildcharakter in der Entwicklung integraler Lösungen für die hier konzipierten Bauwerke mit:
– Harmonischer Einpassung in die Landschaft
– Umweltfreundlicher Bauausführung und Unterhaltung
– Technisch und wirtschaftlich ausgewogener Bauweise.

Das 930 m lange Bauwerk teilt sich in drei Abschnitte: eine westliche Vorlandbrücke (437,5 m), die Hauptbrücke über die Warnow (175 m) und die östliche Vorlandbrücke (317,5 m). Sowohl bei den Unterbauten als auch bei den Überbauten kamen Sonderentwürfe zur Ausführung.

2.1 Bauwerksgestaltung

Schon bei der Trassierung wurde Wert darauf gelegt, daß diese langgestreckte Brücke nicht als „Brett in der Landschaft" wirkt, deshalb wurde die Gradiente als Wanne mit einem Halbmesser von 80.000 m ausgeführt.

Der Überbau wurde mit einer Bauhöhe von 1,80 m im Regelfall schlank gehalten, wobei auf vorteilhafte Proportionen mit der Regelstützweite von 32 m geachtet wurde. Die voutenartige Ausformung in den Flußfeldern bis auf eine Bauhöhe von 3,90 m fügt sich gut in das Landschaftsbild ein. Weitere Gestaltungselemente sind die konisch aufgeweiteten Pfeilerköpfe und die abgeschrägten Gesimskappen.

2.2 Gründung und Unterbauten

In der Talaue steht bis in einer Tiefe von ca. 10 m ein weicher Untergrund aus Mudde unter einer Torfschicht an, ein extrem schwieriger Baugrund. Für die Gründung wurden Ortbetonrammpfähle mit ausgerammtem Fuß und einem Durchmesser von 56 cm gewählt, die mindestens 4 m in tieferliegende Sandschichten einbinden und bis in 19 m Tiefe abgesetzt wurden. Für die Baugruben der Pfahlköpfe war teilweise ein wasserundurchlässiger Spundwandverbau erforderlich, der ausreichend tief in den Torf einbindet, um einen hydraulischen Grundbruch zu vermeiden.

Die Vorlandpfeiler (Regelpfeiler) haben einen achteckig doppeltsymmetrischen Querschnitt (1,5 m × 1,5 m) und wirken mit den gerundeten Pfeilerkörpern sehr schlank und leicht. Die Flußpfeiler tragen die längsten Überbausegmente und haben einen achteckig einfach symmetrischen Querschnitt (2,5 m × 1,7 m) bis zum Pfeilerkopf.

2.3 Überbau

Die auf ganzer Länge getrennten Überbauten wurden als durchlaufende zweistegige Plattenbalken in Spannbeton hergestellt. Im Regelbereich beträgt die Bauhöhe konstant 1,80 m mit ~2 m breiten Längsträgern, die sich nach unten auf 1,70 m verjüngen, und der darüber quer gespannten Fahrbahnplatte mit Abmessungen zwischen 45 cm und 23 cm. Im Hauptfeld und den angrenzenden Seitenfeldern wurde der gesamte Querschnitt abgewandelt, in seiner Grundform jedoch beibehalten.

Zum Flußpfeiler hin sind die Längsträger bis auf 3,90 m Bauhöhe angevoutet, in Feldmitte über der Warnow wurden 2,05 m Bauhöhe beibehalten. Die Längsträger sind entsprechend den statischen Erfordernissen in den gevouteten Bereichen nach innen verbreitert. Die Fahrbahnplatte zwischen den beiden Längsträgern ist hier aus konstruktiven Überlegungen um ca. 10 cm verstärkt ausgeführt.

Querträger gibt es lediglich an den Widerlagern und über den Flußpfeilern zwischen den Längsträgern. In allen anderen Achsen wurde aus herstellungstechnischen Gründen auf Querträger verzichtet.

2.3.1 Lagerung

Das Lagerschema der beiden Überbauten ist gleich. In den Flußpfeilerachsen 16 und 17 wurden Topflager (Punktkipplager) vorgesehen. Der Festpunkt längs liegt in Achse 16, in Querrichtung ist in den Achsen 16 und 17 jeweils nur ein Lager.

Alle Lager der restlichen Pfeilerachsen sind Elastomerlager (Verformungsgleitlager). Querkräfte, z. B. infolge Wind, werden von den Elastomerlagern der Auflagerachsen aufgenommen. Um Querbewegungen im Fahrbahnübergang auszuschließen, gibt es in den Widerlagerachsen ein seitlich geführtes Elastomergleitlager. Alle Lager sind auswechselbar und zu diesem Zweck mit lösbaren Ankerplatten versehen.

2.3.2 Schutzmaßnahmen zur Entwässerung

Die Warnow liefert das Trinkwasser für die Stadt Rostock, das direkt aus der „Fließenden Welle" entnommen wird. Deshalb mußten zur Vermeidung von Schadstoffeintragungen aus dem Brückenbauwerk in der Betriebsphase umfangreiche Schutzmaßnahmen getroffen werden.

Das gesamte Niederschlagswasser auf der Brücke mit den unvermeidlichen Verunreinigungen durch Schmutz, Tausalz und Öl wird in einem geschlossenen System aufgefangen und über die Brückenentwässerung in Absetz- und Filterbecken geleitet. Um auch das Spritzwasser zurückzuhalten, wurden 2,5 m hohe Sprühschutzwände auf den Gesimskappen installiert.

3. Bauausführung

3.1 Erschließung und Baustraßen

Wegen der weiten Entfernung zu öffentlichen Straßen mußten lange Baustraßen angelegt werden, davon ca. 1 km im eigentlichen Warnowtal. Dort steht sehr weicher und nachgiebiger Untergrund an. Anderseits waren aus ökologischen Gründen massive Eingriffe und unbedingt jeglicher Schadstoffeintrag in das Trinkwasserschutzgebiet zu vermeiden.

Aus diesen Gründen wurde eine schwimmende Baustraße aus Geotextil-Verbundkörper angelegt. Direkt auf den anstehenden Boden wurde eine ölresistente, undurchlässige Abdichtungsbahn aufgebracht, darüber auf einer Ausgleichsschicht der geotextilbewehrte Schüttkörper mit einer Mindesthöhe von 1,0 m. Um die Eindrückung der Baustraße unter Verkehr auf ein Mindestmaß zu beschränken, mußte das Geotextil faltenfrei eingebaut und gut verankert werden. Für das Schüttmaterial wurde vorzugsweise gebrochenes Korn verwendet, das auch bei Wasserzutritt ausreichende Scherfestigkeit behält. Nach Fertigstellung der Brücke wird die Baustraße als Wartungsweg genutzt.

3.2 Sonderentwurf Unterbauten

Bei den vorhandenen Untergrundverhältnissen sind Ortbeton-Rammpfähle zum Einsatz gekommen. Durch die Wahl von teilweiser elastomerer Lagerung (ohne Gleitung) konnte gegenüber dem Amtsentwurf die Anzahl der Pfähle von 1.120 auf 772 verringert werden.

Die Pfeiler und Widerlager sind dem Entwurf gemäß hergestellt, wobei die Fundamentabmessungen entsprechend der Anzahl der erforderlichen Ortbeton-Rammpfähle optimiert wurden. Die Herstellung der kompletten Unterbauten erfolgte kontinuierlich für beide Überbauten (Nord und Süd) achsweise von Westen zum westl. Warnowufer und gleichzeitig vom östl. Warnowufer nach Osten.

In Warnownähe sind die Fundamentbaugruben aus fertigungstechnischen Gründen der Ortbeton-Rammpfähle und als Kolkschutz umspundet worden. Die Andienung der Baustelle erfolgte über die 6 m breite Baustraße in BAB-Achse.

3.3 Sonderentwurf Überbau

Die auf ganzer Länge getrennten Überbauten wurden als durchlaufende zweistegige Plattenbalken in Spannbeton hergestellt, wobei die Steghöhe und -breite im Regelquerschnitt (Vorlandbereich) um 10 cm auf 1,70 m bzw. 1,60 m gegenüber dem Amtsentwurf verringert wurden. Zum Flußpfeiler (Freivorbau) hin sind die Längsträger bis auf 3,90 m Bauhöhe angevoutet, und in Feldmitte über der Warnow werden noch 2,05 m Bauhöhe beibehalten. Die Längsträger wurden entsprechend den statischen Erfordernissen in den gevouteten Bereichen nach innen verbreitert. Die in Querrichtung schlaff bewehrte Fahrbahnplatte wurde mit Dicken zwischen 45 cm und 23 cm ausgeführt.

Für die Überbauherstellung kamen drei verschiedene Bauverfahren zur Anwendung. Der Bereich der Vorlandbrücken wurde in der Vorschubrüstung hergestellt, die gevouteten Abschnitte vor der Warnow im konventionellem Traggerüst und der Bereich über der Warnow im Freivorbau. Die Überbauherstellung der Vorlandbrücken erfolgte (beginnend mit dem südl. Überbau) von Westen aus. Das Vorschubgerüst ist in Feld 2 außerhalb des Lichtraumes der Gleise der DB AG montiert und von dort aus in die erste Betonierstellung nach Feld 1 zurückgefahren worden.

Nach Ausrüstung der Vorschubrüstung und Belegung mit in brückenlängsgerichteter Brettschalung als Schalhaut begann die Fertigung der Überbauabschnitte in sich wiederholenden Wochentakten:

1. Einrichten und Justieren der Schalung.
2. Verlegung von Schlaffstahl und Spannstahl.
3. Betonieren des Überbauabschnitts.
4. Vorspannung des Gesamtquerschnitts.
5. Ablassen, Vorfahren und Einrichten des Vorschubgerüstes.

3.3.1 Vorschubrüstung

Die Stützweiten der Brücke machten ein Vorschubgerüst von beachtlichen Ausmaßen erforderlich: eine Gesamtgerüstlänge einschließlich Auslegerträger an beiden Endteilen von 72 m Länge mit einem Hauptträger von 2,50 m Bauhöhe. Den Gerüstquerschnitt bildeten drei Fachwerkgitterträger, die durch Walzprofilquerträger, auf denen die Schalhaut befestigt wurde, verbunden waren. Zur Abstützung der Vorschubrüstung dienten Joche, die beiderseits der Pfeiler mit Stahlstützen bis auf die Pfeilerfundamente geführt wurden. Die Jochträger waren als Verschubträger für den Querverschub ausgebildet.

Durch die Regelabschnittslängen von 32,3 m konnten Arbeitstakte von einer Woche realisiert werden.

In jeweils beiden Feldern vor der Warnow wurde je eine Hilfsstützung in Feldmitte benötigt.

Diese Hilfsstützen aus Stahlgitterkästen wurden ebenfalls auf Pfählen gegründet, deren Fundamente nach Fertigstellung im Baugrund belassen wurden.

Die Komplettierung nach Gesamtfertigung eines Überbaus stellt sich wie folgt dar:
– Herstellung einer Ausgleichsgradiente,
– Abdichtung des Überbaus,
– Kappenherstellung im Tagestakt von ca. 30 m langen Abschnitten,
– Einbau der Schutz- und Deckschicht,
– Montage der Sprühschutzwand.

3.3.2 Freivorbau

Der Freivorbau wurde in Abschnitten von 5,60 m an den fertigen Bauabschnitt angehängt. Der Schalungsquerschnitt bestand wiederum analog dem Vorlandgerüst aus 3 Fachwerkgitterträgern, die über einen weiteren Fachwerkträger quer zur Brückenrichtung auf der bestehenden Brücke abgehängt waren. Der Querträger, auf Schienen gelagert, diente auch zum Verschub der Freivorbauschalung.

3.3.3 Sprühschutzwand

Die Sprühschutzwand (SSW) auf den Kappengesimsen mit einer Höhe von 2 m, die Betonschutzwände und die Abdichtung zwischen den beiden Überbauten nach RiZ Fug6 und die wasserdichten Fahrbahnübergänge an den Brückenenden bilden zusammen ein geschlossenes System und garantieren so den vollständigen Schutz des darunterliegenden „Naturschutzgebiets Warnowtal" vor Verunreinigungen.

Die SSW wurde transparent mit Verbundsicherheitsglas ausgebildet. Der Pfostenabstand beträgt 2 m. Auf sorgfältiges Schließen der Fugen zwischen den Scheiben und deren Dichtigkeit wurde besonders geachtet. Im Bereich der Bahnlinie und der Gemeindeverbindungsstraße wurde Paraglas eingesetzt.

Ab April 1999 war der südliche Überbau für den Baustellenverkehr des Streckenbaus freigegeben. Das gesamte Bauwerk wurde in Verbindung mit dem zugehörigen Streckenabschnitt im Herbst 2000 für den Verkehr freigegeben.

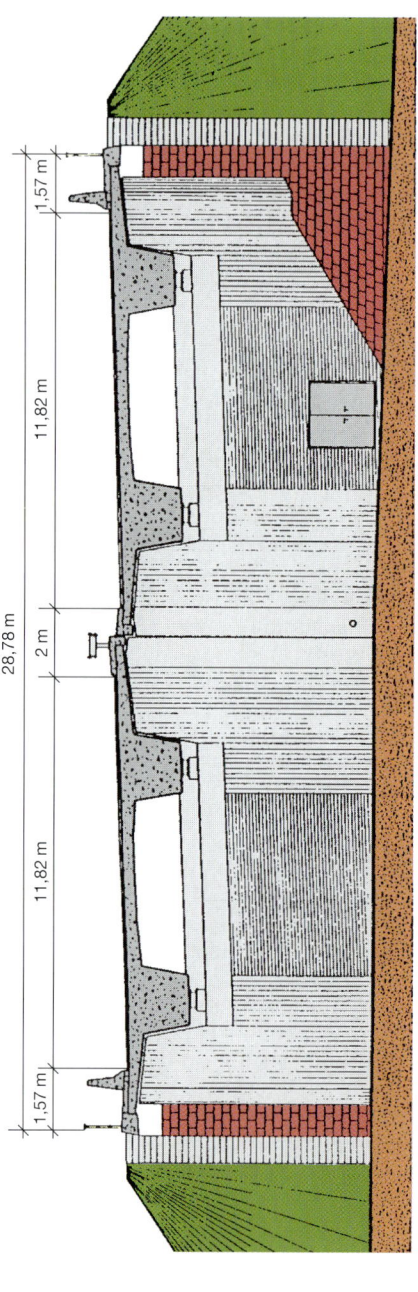

Richtung Rostock

Richtung Lübeck

32,3 m

50,5 m

74,0 m

Warnow

50,5 m

(+ 8 × 32,3 m + 26,8 m)

Gesamtlänge 930,1 m

(10 × 32,3 m)

32,3 m

24,6 m

24,6 m

28,0 m

Eisenbahn

Längsschnitt

Strukturierung der Ansichtsflächen am Widerlager

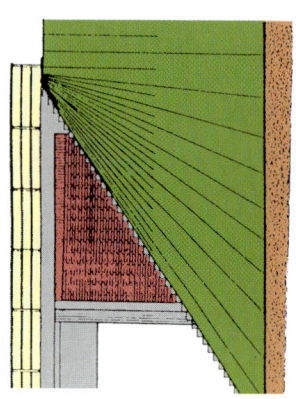

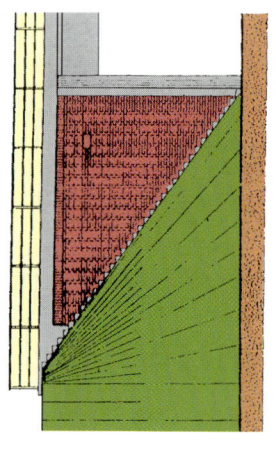

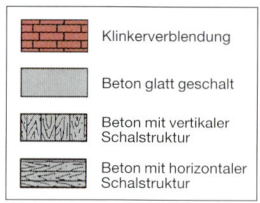

1,57 m

11,82 m

28,78 m

2 m

11,82 m

1,57 m

| | Klinkerverblendung |
| Beton glatt geschalt |
| | Beton mit vertikaler Schalstruktur |
| | Beton mit horizontaler Schalstruktur |

Verkehrsprojekt Deutsche Einheit Nr. 10 A 20 Lübeck – Stettin Mecklenburg-Vorpommern	unten: Warnowtal Eisenbahn Gemeindestr.	Baujahr: 1997–2000 Bauzeit: 34 Monate	Bauweise: Spannbeton- Plattenbalken
Entwurfsbearbeitung: Leonhardt, Andrä u. Partner, Zweigniederlassung Berlin	Bauwerks-Nr.: BW 2818/8	Kosten (Mio. DM): 47,4	Kosten (DM/m²): 1.810,00
Prüfingenieur: Peter Otte, Neustrelitz	Bauausführung: Gerdum u. Breuer GmbH & Co. KG, Kassel		
Bauüberwachung und Bauberatung: Bechert + Partner, Pölchow	Ausführungsplanung: Kinkel + Partner Beratende Ingenieure VBI, Neu-Isenburg		

Auf beiden Seiten ist das Bauwerk durchgängig mit Sprühschutzwänden ausgestattet.

Die Hauptbrücke mit dem 74,0 m langen Flußfeld wurde im Freivorbau hergestellt.

4. Technische Daten

Länge:	930,1 m
Stützweiten:	28,0 – (2×) 24,6 – (10×) 32,3 – 37,3 – 50,5 – 74,0 – 50,5 – (9×) 32,3 – 26,6 m
Breite:	2 × 11,82 m
Fläche:	26.117 m^2
Konstruktions-höhe:	1,60 – 3,90 m
Lichte Höhe:	13 m
Überbau-bauweise:	Zweistegiger Spannbetonplattenbalken
Herstellungs-verfahren:	Vorschubgerüst (Vorlandbrücke) Freivorbau (Hauptbrücken)

5. Planungsübersicht

Juli 1994	Landplanerische Beurteilung mit Definition der Warnowquerung
Jan. 1995	Linienbestimmung
Mai 1995 bis Aug. 1996	Erstellung des Brückenentwurfs und Abstimmung mit Trägern öffentlicher Belange (bes. hinsichtlich Naturschutz und Trinkwasser)
Dez. 1996	Plangenehmigung für den vorgezogenen Bau der Warnowbrücke
Jan. 1997	Ausschreibung
Mai 1997	Vergabe
Juni 1997	Vorbereitende Baumaßnahmen: Erstellung von ca. 6 km Baustellenzufahrten und 3 Behelfsbrücken über die DB-Linien
Aug. 1997	Baubeginn
April 2000	Fertigstellung

Brücken über Elbe und Elbeabstiegskanal (A 2)

1. Aufgabenstellung (BW 44 und BW 46)

Die Bundesautobahn A 2 Hannover–Berlin ist (neben der A 9) die wichtigste und meistbefahrene Fernstraßenverbindung von und nach Berlin. Nach der Öffnung der innerdeutschen Grenzen 1989 avancierte diese wichtige West-Ost-Achse in kürzester Zeit von der meistbefahrenen Transitstrecke zu einer der meistbefahrenen Autobahnen in Deutschland überhaupt. Schon 1993 lag die durchschnittliche Belastung auf der A 2 zwischen ca. 40.000 bis über 60.000 Kfz/24 h mit einem Lkw-Anteil von ca. 25 %. Die Prognosen für das Jahr 2010 gehen über weite Strecken von einer Verdopplung dieser Verkehrsmengen aus.

Die Dimensionierung der in den Jahren 1924 bis 1937 gebauten Trasse (RQ 24, vierstreifig ohne Standstreifen) sowie der schlechte Zustand der Fahrbahndecken und vieler Brückenbauwerke erwiesen sich als völlig ungeeignet für eine zügige und sichere Abwicklung solcher Verkehrsmengen. Deshalb wurde der sechsstreifige Ausbau der Autobahn A 2 Hannover–Berlin/A 10 Berliner Ring (Süd- und Ostring) in die Liste der 17 Verkehrsprojekte Deutsche Einheit (VDE Nr. 11) aufgenommen und im Bundesverkehrswegeplan '92 als „vordringlicher Bedarf" ausgewiesen.

Im Abschnitt zwischen den Anschlußstellen Magdeburg/Rothensee und Lostau/Hohenwarthe liegen zwei der markantesten Ingenieurbauwerke der gesamten Autobahn: nämlich die Elbebrücke (1.170 m) und die Brücke über den Elbeabstiegskanal (92 m). Um eine durchgängig sechsstreifige Verkehrsführung zu gewährleisten, mußten beide Bauwerke verbreitert und dem in diesem Bereich ausgeführten Trassenquerschnitt RQ 37,5 angepaßt werden. Wie bei anderen vergleichbaren Ausbaumaßnahmen war auch hier während der gesamten Bauzeit auf eine vierstreifige Verkehrsführung zu achten.

ELBEBRÜCKE
Hohenwarthe (BW 44)

2. Bauwerksentwurf

Die Zweiteilung des alten Bauwerks in Vorland- und Strombrücke sollte grundsätzlich beibehalten werden. Für beide Brückenteile wurden je vier Gestaltungsentwürfe entwickelt. Alle Entwürfe zielten darauf ab, zum einen ein modernes Bauwerk zu schaffen, das den heutigen und künftigen Anforderungen gewachsen ist, bei dessen Gestaltung zum andern möglichst viele Elemente aus der Zeit des ersten Brückenbaus (1935) einbezogen werden. An den Unterbauten ist der Baustil der 30er Jahre an den Granitsteinverblendungen, aber auch durch den Erhalt des wuchtigen Trennpfeilers (Achse 25) deutlich abzulesen.

Zur Ausführung kam bei der Vorlandbrücke der Entwurf als dreistegiger, längsvorgespannter Plattenbalken, ohne Zwischenquerträger und Stützung auf Pfeilerscheiben mit Stützweiten von 28,20 m, 24 × 33,5 m und 11,20 m (= 843,40 m). Bei der Strombrücke handelt es sich um einen Stahlverbundüberbau mit den Stützweiten 93 m – 140,71 m – 93 m (= 326,71 m). Nord- und Südbrücke sind als getrennt nutzbare Bauwerke konzipiert und verlaufen über die gesamte Länge im Abstand von 5,0 m.

2.1 Unterbauten

2.1.1 Widerlager

Das vorhandene ca. 30 m lange Widerlager West, in das ein Rahmendurchlaß hinter dem Elbdeich integriert war, wurde als zwei getrennte Kastenwiderlager flach gegründet und mit separatem Deichdurchlaß ausgebildet. Die Auflagerwände werden durch seitliche Kammerwände verdeckt. Auf der Nord- und Südseite

sind parallel zur Durchlaßachse verlaufende Flügelwände angehängt, deren oberer Abschluß dem Böschungsgefälle angepaßt ist. Der Abstand zwischen Achse Durchlaß und Achse Brückenauflager beträgt 22,10 m. Einschließlich der Flügelwände ist der Durchlaß 62,0 m lang.

Das Widerlager Ost liegt im natürlichen Hang des Elbufers und hat keinen Durchlaß. Ansonsten gelten hier die gleichen Kriterien wie am Widerlager West. Widerlager- und Flügelwände sind auf beiden Seiten mit Granitmauerwerk verblendet.

2.1.2 Pfeiler

Im Anschluß an das westliche Widerlager folgen 24 Pfeilerscheiben für die beiden Überbauten der Vorlandbrücke. Bei der Südbrücke blieben die alten Pfeilerscheiben weitgehend erhalten. Sie erhielten lediglich neue Auflagerbalken zur Anpassung an die geänderte Höhenlage und zur Aufnahme der erhöhten Bauwerkslasten. Die Pfeiler sind i. d. R. 1,60 m breit und 21 m lang. Für die Nordbrücke wurden die Pfeilerscheiben komplett neu hergestellt.

Der Trennpfeiler (Achse 25) blieb in Lage und Funktion als dominantes Bindeglied zwischen Vorland- und Strombrücke erhalten. Durch die Aufteilung in Nord- und Südbrücke mußte der Trennpfeiler jedoch für die Nordseite neu gebaut werden. Die beiden Hälften des Trennpfeilers sind mit Rücksicht auf unterschiedliche Baugrundsetzungen durch eine durchlaufende Raumfuge getrennt. Wie die Widerlager wurden auch die Pfeiler mit sächsischem Granit verblendet.

2.2 Überbau Vorlandbrücke

Jeder Überbau besteht aus einem dreistegigen Plattenbalken mit ausgewogenem Querschnitt und wurde als längsvorgespannte, parallelgurtige Durchlaufkonstruktion ausgebildet. Die Konstruktionshöhe beträgt 1,70 m. Ein Überbau ist 19,25 m breit, wobei die Kragplattenstützweiten und die Stegbreiten bei jeweils 2,00 m liegen. Querträger waren nur in den Endauflagerbereichen zur Aufnahme der Fahrbahnübergänge und zur Gesamtstabilisierung erforderlich.

2.3 Überbau Strombrücke

Die beiden neuen Überbauten wurden als Verbundbrücke mit Hohlkasten-Hauptträger und Beton-Druckplatten im Stützenbereich (Doppelverbund) hergestellt. Auf dem Nordüberbau wurde ein Gehweg angelegt, so daß sich hier eine Gesamtbreite von 21,75 m ergibt. Die Stützweiten sind identisch mit denen der alten Brücke (vor der Nachkriegserneuerung); die Achse 26 wurde um ca. 13 m zur Strommitte verschoben.

Aufgrund der Hauptträgerabstände von 10,50 m (Süd) bzw. 11,70 m (Nord) erhielt die Fahrbahnplatte auf ganzer Brückenlänge eine beschränkte Quervorspannung. In Feldmitte ist die Platte 36 cm bzw. 39 cm, über dem Hauptträger 48 cm bzw. 52 cm dick. Die Hauptträger sind parabolisch gevoutet. Die Bauhöhe beträgt an den Brückenenden 4,00 m, in der Feldmitte des Mittelfeldes 4,60 m und in den Pfeilerpunkten 7,30 m.

Die Kastenstege haben konstante Neigungen. Die Kastenbreite ist oben mit 10,50 m (Süd) bzw. 11,70 m (Nord) konstant. Durch die Vouten ergeben sich veränderliche Bodenbreiten von min. 6,00 m bzw. 7,20 m im Pfeilerpunkt und max. 8,21 m bzw. 9,42 m im Feldbereich. Die Stegbleche sind an den Außenseiten vollkommen glatt; Aussteifungen sind nur in den Auflagerpunkten zu sehen.

2.3.1 Lager Vorlandbrücke

Die Überbauten ruhen auf Verformungslagern bzw. Verformungsgleitlagern. Horizontallasten werden von den Verformungslagern ohne starre Festhaltung nur durch den Verformungswiderstand elastisch abgetragen. Alle anderen Lager sind allseitig frei beweglich.

2.3.2 Lager Strombrücke

Für die gesamte Strombrücke wurden Kalottenlager gewählt, die für die auftretenden Dilatationen ausgelegt sind. Der Festpunkt in der Strombrücke liegt bei Pfeiler 27. Für notwendige Lagerwechsel wurden an den Strompfeilern Verankerungsmöglichkeiten zum Anbringen von schwerlastbaren Konsolegerüsten angebracht.

3. Bauausführung

3.1 Vorleistungen

Vor Beginn der Bauarbeiten war in enger Abstimmung auf den Bauablauf im gesamten Baufeld eine umfangreiche Kampfmittelsuche notwendig. Wegen der Reste von Verbauten und von einer Behelfsbrücke nach dem Krieg mußte hierbei mit besonderer Umsicht und mit variablen Erkundungsverfahren vorgegangen werden.

So konnten am Ostufer der Elbe unzugängliche Bereiche zur Erkundung nur mit eigens dafür gezündeten Sprengungen erschüttert werden, mit denen empfindliche Kampfmittel ausgelöst und unschädlich gemacht worden wären.

Als weitere Vorarbeit war am Westufer der Elbe eine Deichumlegung erforderlich, um während der gesamten Bauzeit einen lückenlosen Hochwasserschutz zu gewährleisten.

3.2 Gründungen, Unterbauten

Die Widerlager wurden auf beiden Seiten als konventionelle massive Kastenwiderlager neu erstellt und im Schutz von Spundwandkästen flach gegründet. Nach der Fertigstellung des nördlichen Bauwerks im 1. BA und der Verkehrsumlegung auf das neue Bauwerk mit einer 4+0-Verkehrsführung, waren die alten Widerlager komplett abzubrechen.

Während die alten Pfeiler der Vorlandbrücke und der Trennpfeiler in Achse 25 für die südliche Richtungsfahrbahn weitgehend bestehen blieben und für die weitere Nutzung lediglich neue Auflagerbänke zur Anpassung an die veränderten Höhen erhielten, wurden für die nördliche Richtungsfahrbahn im Vorland neue Pfeiler und ein neuer Trennpfeiler in Achse 25 erstellt. Diese sind flach gegründet. Die zwischen 6 m bis 15 m hohen Pfeilerscheiben und der Trennpfeiler, der mit Außenabmessungen von ca. 10 × 20 × 15 m allein ein imposantes Bauwerk ist, stehen jeweils in Verlängerung der vorhandenen Pfeiler.

Die Pfeilerscheiben wurden unter besonderer Sorgfalt beim Einbringen und Verdichten des Betons in einem Arbeitsgang hergestellt. Die Schalung enthielt dabei Aussparungen für die spätere Granitverblendung der Pfeiler an den Stirnseiten. Die Flußpfeiler wurden für beide Richtungsfahrbahnen neu erstellt und auf dem anstehenden Geschiebemergel in Spundwandkästen flach gegründet.

Dafür mußte zunächst die Baugrube unter Wasser ausgehoben werden. Stahlpfähle und Holzpfähle, die vermutlich von der Gründung einer alten provisorischen Behelfsbrücke stammten, mußten von Tauchern beseitigt werden. Nach Einbau einer 20 cm dicken Schotterschicht wurde die gesamte Fundamentbewehrung und die Anschlußbewehrung für den Pfeilerschaft mit Hilfe von Tauchern unter Wasser eingebaut und fixiert. Dazu waren die Bewehrungselemente an die Gurtung und Aussteifung der Spundwandkästen angepaßt. Je Fundament wurden ca. 1200 m³ Unterwasserbeton mit 2 Betonpumpen eingebaut.

Der Pfeilerschaft besteht unten aus einem in Schalung hergestellten Stahlbetonsockel. Darauf wurde der Stahlbetonschaft in Verbund mit dem äußeren Granitmauerwerk errichtet. Pro Tag wurden 2 Mauerschichten vorgemauert und betoniert. Als oberen Abschluß erhielten die Pfeiler einen massiven Stahlbetonkopf für die Lagersockel und die Pressenaufstandsflächen.

3.3 Überbauten Vorlandbrücke

Der Überbau der Vorlandbrücke wurde mit einer Rüstung, beginnend am Widerlager Hannover in Richtung Widerlager Berlin, fortschreitend erstellt. Für die Linienbaustelle mit immerhin 800 m Länge entstand so ein günstiger Bauablauf, bei dem pro Woche ein Feld bewehrt und betoniert wurde.

Die Voraussetzung dafür war die Ausführung des Sondervorschlages, bei dem das Lagerungssystem des Ausschreibungsentwurfes mit einem Festpunkt durch eine horizontal elastische Lagerung mit elastischer Festpunktgruppe in den Achsen 9 bis 16 ersetzt worden war. Wegen der Weiternutzung der alten Pfeiler war Bedingung, daß zu keinem Zeitpunkt in keiner Auflagerachse größere Horizontallasten als im Endzustand mit einer Größenordnung von 4–5 % der Vertikallasten auftraten.

Diese Forderung wurde durch das bauzeitige Absetzen des Überbaus auf Längsgleitlager wie beim Taktschieben erreicht. Damit wurde ein ausgeprägter Längsfestpunkt während der Bauzeit vermieden. Der elastische Ruhepunkt wanderte während der Überbauherstellung zur Mitte hin. Nach der endgültigen Herstellung des Überbaus auf gesamter Länge wurden dann die Gleitlager gegen die endgültigen Lager ausgetauscht. Termintreue war gewährleistet, weil ein Überbauabschnitt mit 33,5 m Feldlänge, 960 m² Schalung, 420 m³ Beton, 40 t Betonstahl und 12 t Spannstahl in einer Woche hergestellt werden konnte. Zum Einsatz kam dafür ein Vorschubgerüst, das hydraulisch bewegt werden konnte. Die komplette Stegbewehrung wurde vorgefertigt und in 3 Abschnitten in die vorbereitete Schalung gehoben.

3.4 Überbauten Strombrücke

Die Stahlverbundbrücke im Elbbereich wurde in den beiden Vorlandbereichen aus jeweils 5 Abschnitten hergestellt, die im Werk vorgefertigt und dann mit dem Schiff antransportiert worden waren. Die Ausrichtung und Montage sowie das Zusammenschweißen der U-förmigen Stahlkästen erfolgte auf Hilfsstützen, von denen die mittlere bis zur Fertigstellung des Verbundquerschnitts stehenblieb, um die Betonierlasten beim Herstellen der Fahrbahnplatte aufzunehmen.

Gleichzeitig mit dem östlichen Vorlandfeld wurde das 120 m lange Stahlmittelteil auf einer Vorfertigungsebene neben der Brücke auf bauzeitigen Montagestützen hochwasserfrei erstellt. Nach der vollständigen Montage wurde das 840 t schwere Mittelteil auf 2 Vorschubkonstruktionen aufgesetzt und über die jetzt als Verschubbahn genutzte Vorfertigungsebene parallel zur Bauwerksachse auf zwei Pontons aufgeschoben und aufgelagert.

Dann wurde das Stahlmittelteil eingeschwommen und mit hydraulischen Litzenhebern eingehoben. Nach dem Verschweißen des Stoßes auf der Seite Berlin wurde der Stoß auf der Seite Hannover nachgearbeitet und verschweißt. Dafür wurde dieses Vorlandteil zunächst um das Vorhaltemaß von 20 cm für die Einbautoleranz zur Mitte hin verschoben. Das Gesamtsystem wurde dann mit der Ergänzung des Druckbetons und der noch fehlenden Fahrbahnplattenabschnitte fertiggestellt.

3.5 Abbrucharbeiten

Nach Fertigstellung des komplett neuen nördlichen Bauwerks im 1. Bauabschnitt waren am Beginn des 2. Bauabschnitts die alten Überbauten auf ganzer Länge abzubrechen. Im Vorlandbereich wurde die Betonkonstruktion jeweils an mehreren Sonntagen gesprengt. Dazu war zusätzlich im Stützenbereich ein mechanisches Vortrennen der sehr eng und mehrlagig verlegten Bewehrungsstäbe notwendig.

Die alten Stahlüberbauten wurden in den beiden Vorlandfeldern mit Hilfsstützen unterstützt, in Abschnitte getrennt und mit einem Kran herausgehoben. Im mittleren Feld über der Elbe erfolgte der Rückbau abschnittsweise in mehreren Phasen mit Hilfe von Schwimmpontons und Schubschiffen.

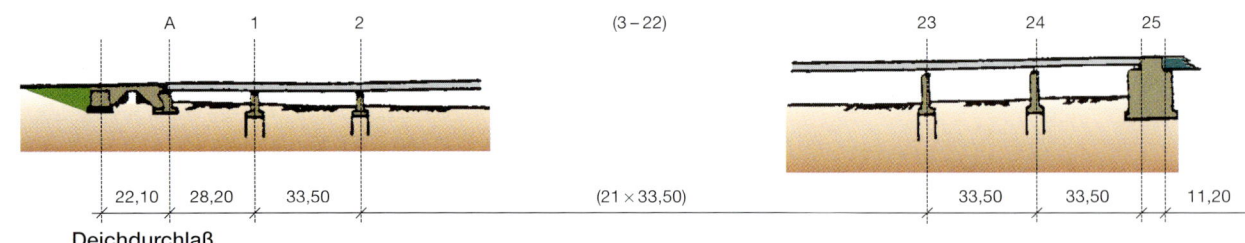

Längsschnitt Vorlandbrücke

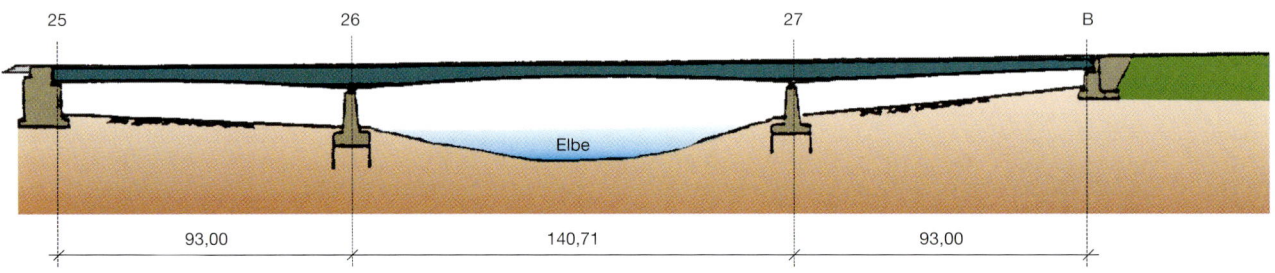

Längsschnitt Strombrücke

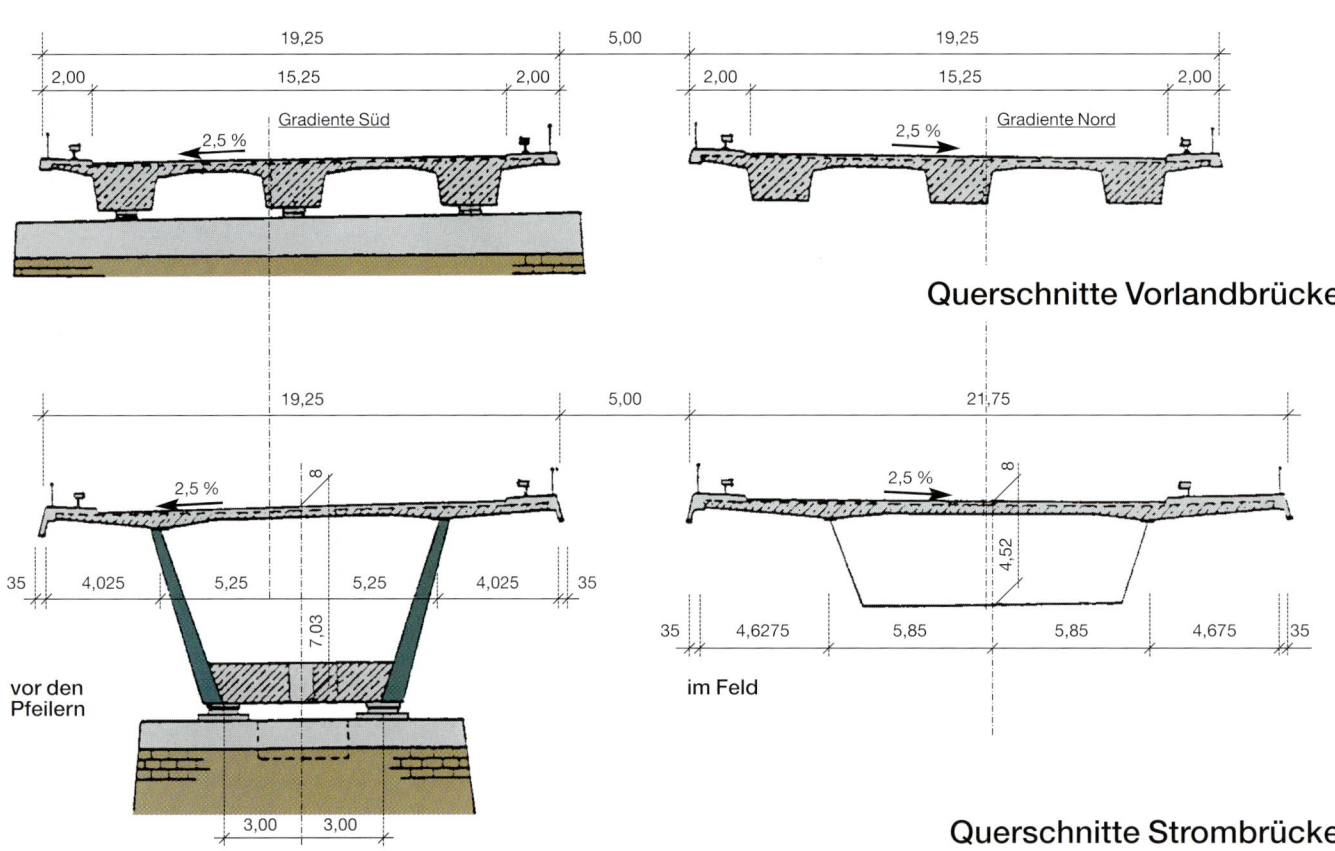

Querschnitte Vorlandbrücke

Querschnitte Strombrücke

Verkehrsprojekt Deutsche Einheit Nr. 11 A 2 Hannover–Berlin Sachsen-Anhalt	unten: Elbe und Elbeniederung	Baujahr: 1994–1997 Bauzeit: 42 Monate	Bauweise/Vorlandbrücke: Plattenbalken Bauweise/Strombrücke: Stahlverbund
Entwurfsbearbeitung: Dr. Ehlers/Watermann Planungsgemeinschaft Osnabrück	Bauwerks-Nr. BW 44	Kosten (Mio. DM): 67 (Vorlandbrücke) 40 (Strombrücke)	Kosten (DM/m²): 2.119 (Vorlandbrücke) 3.061 (Strombrücke)
Prüfingenieur: Prof. Dr. Knut Hering, Braunschweig	Ausführungsplanung – Betonbau: Deutsche Bau-Consulting GmbH, Friedberg		
Bauüberwachung: EHS – Beratende Ingenieure für Bauwesen, Lohfelden/Kassel u. Prof. Hering u. Partner, Braunschweig	Ausführungsplanung – Stahlbau Strombrücke: – Statik und Konstruktion: Ingenieurbüro Meyer & Winter, Wunstorf – Werkstattpläne Überbau Nord: IEMANTS BVBA Steelconstructions, Arendonk/Belgien – Werkstattpläne Überbau Süd: Mitteldeutsche Stahlbau GmbH (MSB), Niesky		
Bauausführung – technische Federführung Vorlandbrücke: Walter Bau AG, NL Magdeburg	Bauausführung – technische Federführung Strombrücke: Max Bögl GmbH & Co. KG, NL Gera		

Die gevouteten Stahlüberbauten der Strombrücke ruhen auf granitverblendeten Pfeilerscheiben.

Die Gestaltung von Strombrücke (links) und Vorlandbrücke ist harmonisch aufeinander abgestimmt.

BRÜCKE ÜBER DEN ELBEABSTIEGSKANAL (BW 46)

2.   Bauwerksentwurf

Wegen des geplanten Ausbaus des Mittellandkanals und dem Neubau von zwei Schleusen sowie der Ertüchtigung des vorhandenen Schiffshebewerks mußten die Durchfahrtshöhe und -breite im Kreuzungsbereich des Elbeabstiegskanals mit der A 2 vergrößert werden. Der Ausbau des Kanals mit Rechteckprofil machte es erforderlich, die Autobahn mit einem Einfeldbauwerk zu überführen. Bei einer Stützweite von 92 m war der Bau der Kanalquerung als Stabbogenbrücke mit Stahlbetonverbundplatte technisch sinnvoll und die wirtschaftlich günstigste Lösung. Mit den freistehenden Bogenscheiben ohne Windverband in den Bogenebenen genügt dieses Bauwerk jedoch auch ästhetischen Ansprüchen und bildet einen markanten Fixpunkt in dieser „technisch gestalteten" Lanschaft im Großraum Magdeburg.

Die im Abstand von 5 m angeordneten, für jede Fahrtrichtung getrennten Überbauten sind mit je zwei Bogenscheiben gleicher Geometrie ausgestattet. Sie werden auf vorgelagerten Auflagerbänken abgestützt, die seitlich offen sind und so den Bogenfuß und den Auflagerbereich zeigen.

2.1.   Unterbauten

2.1.1   Widerlager

Die Widerlager sind kastenförmig ausgebildet und auf Bohrpfählen (Pfahldurchmesser: 1,0 m) tief gegründet. Die Gestaltung der Flügelwände ist mit einer senkrechten Brettschalung schlicht gehalten.

2.2.   Überbau

2.2.1   Tragkonstruktion

Der Bogenquerschnitt ist als zweizelliger Kasten mit 1,40 m Breite und 0,90 m Höhe ausgebildet. An dessen mittlerem Steg und einem Bogenschott sind die Hängestangen von 100 mm Durchmesser zweiwandig im Abstand von 6,86 m angeschlossen. Der Anschluß der Hänger am 2,40 m hohen Versteifungsträger erfolgte einwandig durch einen Schlitz in der Obergurtlamelle am Trägersteg.

Zur Auflagerung der schlaff bewehrten Fahrbahnplatte ist der Versteifungsträger im oberen Bereich mit einem Schubeinleitungsblech und einem zweiten Randblech zum Kasten geschlossen. Die Fahrbahnplatte ist über Kopfbolzendübel nahe der Schwerlinie am Versteifungsträger und an den Obergurten der Querträger angeschlossen und wirkt als Zugband beim Bogenhaupttragwerk sowie als Druckplatte der Querträger mit. Im Normalbereich ist die Fahrbahnplatte 32 cm stark ausgeführt, an den Brückenenden im Lasteinleitungsbereich des Bogenschubs auf 40 cm und über dem Endquerträger auf 60 cm verstärkt. Der Querträgerabstand beträgt im Normalbereich 3,90 m.

Zur besseren Lastverteilung bei einseitiger Verkehrsbeanspruchung ist wegen des großen Abstandes der beiden Bogenscheiben von 21,20 m ein Fachwerkträger in der Fahrbahnlängsachse eingebaut worden. Auch dieser Träger ist als Stahlbetonverbundträger ausgebildet. Im Mitwirkungsbereich dieses Längsträgers erfährt die Fahrbahnplatte Beanspruchungen in maximal 4 Tragsystemen:
– Zugkräfte im Stabbogen-System,
– Druckkräfte als Gurt der Querträger,
– Druck-/Zugkräfte als Gurt des Längsträgers,
– Plattenbiegung und -schub infolge Radlasten.

Für die schlaffe Bewehrung dieser Platte wurde daher ein spezielles Bemessungskonzept unter Beachtung der prognostizierten Verkehrslasten auf der A 2 entwickelt.

2.2.2   Lagerung

Die Brücke ruht auf Punktkipp- bzw. Punktkippgleitlagern. Zur Begrenzung der Vertikalverformungen der Fahrbahnübergänge auf das zulässige Maß ist der Endquerträger in der Achse des Mittellängsträgers mit einem weiteren Lager unterstützt. Neben den Lagern wurden für den Fall des Lagerwechsels zusätzliche Streifen über den Pressenansatzpunkten vorgesehen.

3.   Bauausführung

3.1   Vorleistungen

Auch für das neben dem alten Bauwerk zu errichtende neue Bauwerk auf der Nordseite mußte zunächst eine gründliche Kampfmittelsuche vorgenommen werden. Dabei wurden glücklicherweise lediglich Nebelkerzen und einzelne Stahlteile gefunden, so daß die Bauarbeiten ohne Verzögerung planmäßig beginnen konnten.

3.2   Gründungen, Unterbauten

Die Arbeiten begannen mit dem Rammen einer kanalseitigen Spundwand vor den Widerlagern. Diese Spundwand dient als Kolksicherung und erlaubt darüber hinaus eine spätere Vertiefung und Verbreiterung des Kanalquerschnitts. Sie ist mit Rundstahlankern in den Widerlagerfundamenten verankert. Neben den Widerlagern ist die Spundwand mit Verpreßankern im Erdkörper rückverankert. Die Widerlager wurden abweichend vom Ausschreibungsentwurf, der Bohrpfähle vorsah, auf Ortbetonrammpfählen gegründet.

Vor der Ausführung der Rammarbeiten wurden auf der Ost- und Westseite des Kanals an je einem Druck- und Zugpfahl Probebelastungen zur Bestimmung der Pfahltragfähigkeit durchgeführt. Als Ergebnis wurden Pfahlroste mit 45 Pfählen in etwa 12 bis 13 m Länge angeordnet.

Die kastenförmigen Widerlager wurden aus Stahlbeton B 25 erstellt und sind zwischen den beiden Bauabschnitten mit einer durchgehenden Raumfuge getrennt. Insgesamt wurden je Widerlager etwa 975 m³ Beton und 66 t Betonstahl verarbeitet.

3.3   Überbau/Montage

Nach den Vorgaben des Behördenentwurfs wurden die Überbauten der Brücke über den Elbeabstiegskanal als Stabbogenbrücke ausgeführt. Die Stahlkonstruktion der Überbauten wurde in transportfähigen Sektionen im Werk in Belgien gefertigt und per Schiff über den Mittellandkanal bis zur Baustelle transportiert. Nach dem Entladen wurden sie auf den vorbereiteten Unterstützungskonstruktionen, die auf dem Montagedamm hinter dem östlichen Widerlager errichtet worden waren, für den weiteren Zusammenbau ausgelegt. Die Stahlbauteile sind bereits im Werk gestrahlt und – mit Ausnahme der dritten Deckbeschichtung – mit dem kompletten Beschichtungsaufbau der DB versehen worden. Vor Ort wurden die Sektionen vermessen, ausgerichtet und verschweißt. Die Qualität der Schweißarbeiten wurde durch zerstörungsfreie Werkstoffprüfungen überwacht.

Um den Stahlüberbau in seine endgültige Lage zu transportieren, wurde ein Längsverschub über das Widerlager und den Elbeabstiegskanal vorgenommen. Dazu wurden die Versteifungsträger auf der Westseite mit zwei Vorbauschnäbeln verlängert und auf dem Montagedamm eine stählerne Verschubbahn auf einer Holzschwellenlage ausgelegt. Die Gesamtkonstruktion des Überbaus mit einem Gewicht von ca. 700 t wurde dann in der Brückenmitte mit vier hydraulisch betriebenen Gleitschuhen angehoben und ca.

60 m bis zur Vorderkante der Uferspundwand verschoben. Die Überbauspitze ragte nun weit über den Elbeabstiegskanal, so daß ein gefluteter Ponton mit einem Unterstützungsgerüst unter die Versteifungsträger gezogen werden konnte.

Durch Lenzen des Pontons wurde das Stützgerüst unter den Überbau gepreßt, bis der Ponton sowie zwei weitere Gleitschuhe, die am östlichen Überbauende mitgeführt wurden, die Überbaulasten von den vier mittleren Gleitschuhen übernahmen. Nun wurde der Überbau weiter in der Längsachse über den Kanal vorgeschoben, bis die Vorbauschnäbel über dem westlichen Widerlager angelangt waren. Durch Fluten des Pontons wurde der Überbau auf den Vorbauschnäbeln abgesetzt und der Ponton unter dem Überbau herausgezogen. Danach konnte der Überbau weiter verschoben und über Pressenstapel in seine endgültige Lage abgesenkt werden. Nach einer Sperrzeit von 48 Stunden wurde der Kanal wieder für die Schiffahrt freigegeben.

Unmittelbar anschließend wurde die Schalung für die Fahrbahnplatte hergestellt und mit dem Verlegen des Bewehrungsstahls begonnen. In der Zwischenzeit wurden die Kalottenlager eingebaut, justiert und vergossen, damit die Betonlasten auf die endgültigen Lager abgegeben werden konnten. Wegen der Forderung nach einer geringen Rißbildung erfolgte die Betonage der Fahrbahnplatte in einem Zuge ohne Arbeitsfugen. Pro Überbau wurden ca. 195 t Baustahl und 700 m³ Beton B 35 eingebaut.

Parallel mit dem Ausschalen der Fahrbahnplatte begannen die Beschichtungsarbeiten der dritten Deckschicht zunächst an den Bögen und wurden an den Versteifungsträgern und Querträgern unterhalb der Fahrbahn fortgesetzt. Anschließend erfolgte der Ausbau mit den Abdichtungs- und Gußasphaltarbeiten sowie die Montage von Schutzplanken, Geländer und Entwässerungseinrichtungen. Der Montagedamm wurde nach Abschluß der Montagearbeiten weiter aufgeschüttet und als Straßendamm für die A 2 genutzt.

Dem kompletten Neubau der nördlichen Brücke und der Verkehrsumlegung auf dieses Bauwerk im 4+0-Verkehr schloß sich der Abbruch des alten Bauwerks von 1936 an. Das südliche Bauwerk wurde dann, wie vorab beschrieben, gebaut. Mit der Fertigstellung sind beide Bauwerke dreistreifig mit Standstreifen befahrbar.

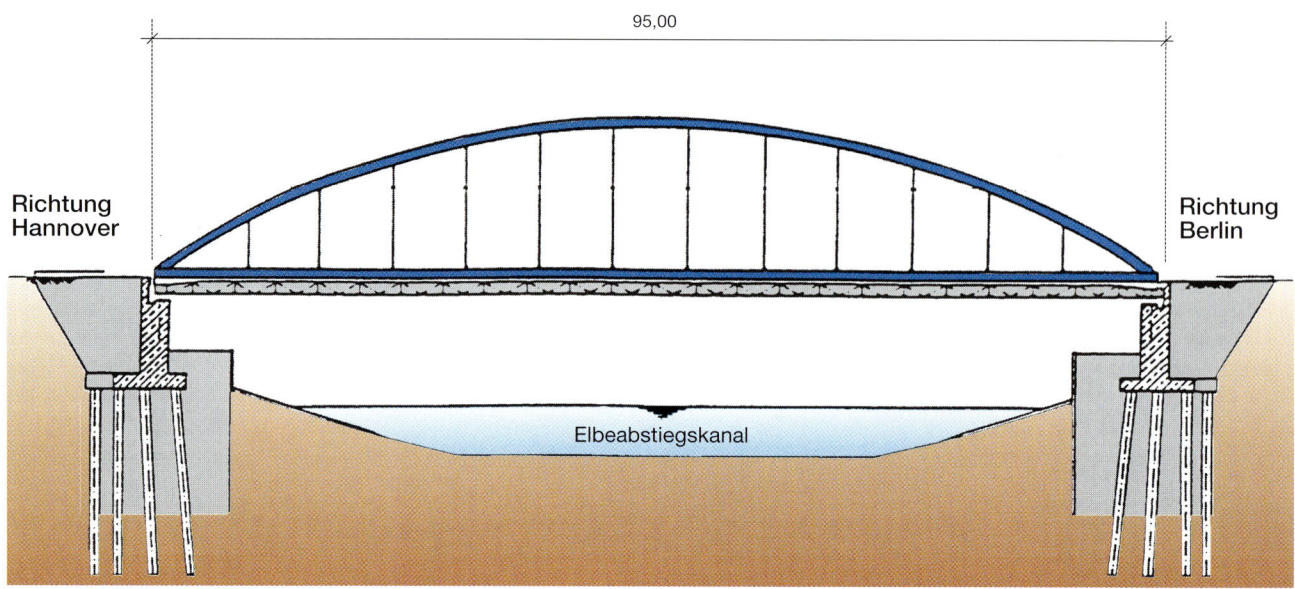

Längsschnitt

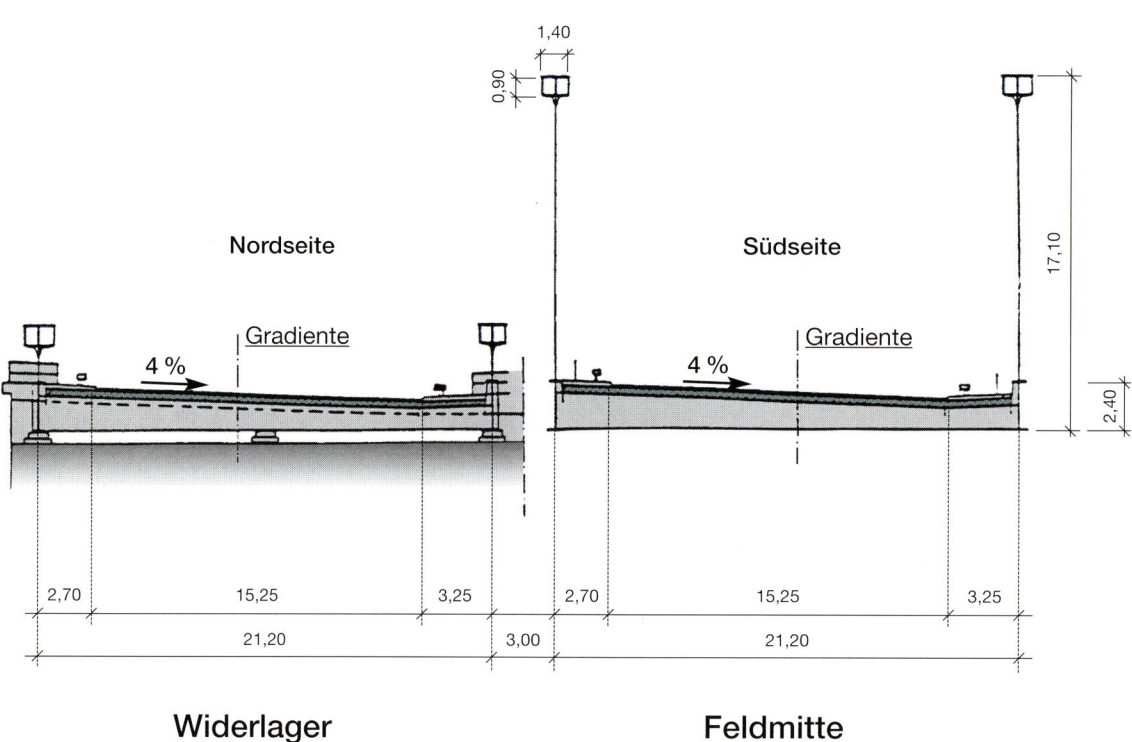

Querschnitt

Verkehrsprojekt Deutsche Einheit Nr. 11 A 2 Hannover–Berlin Sachsen-Anhalt	unten: Elbeabstiegskanal	Baujahr: 1993–1997 Bauzeit: 48 Monate	Bauweise: Stabbogenbrücke
Entwurfsbearbeitung: Dr. Ehlers/Watermann Planungsgemeinschaft, Osnabrück	Bauwerks-Nr. BW 46	Kosten (Mio. DM): 16,8	Kosten (DM/m²): 4.170,80
Prüfingenieur: Prof. Dr. Knut Hering, Braunschweig	Bauausführung und Werkstattpläne Stahlbau: Viktor Buyck Stahlbau GmbH, Kassel		
Bauüberwachung: EHS – beratende Ingenieure für Bauwesen, Lohfelden/Kassel und Prof. Hering u. Partner, Braunschweig	Ausführungsplanung – Statik und Konstruktion Überbau: Ingenieurbüro Meyer & Winter, Wunstorf Ausführungsplanung – Unterbauten und Fahrbahnplatte: Schmitt, Stumpf, Frühauf u. Partner Ingenieurgesellschaft mbH, München		

Mit elegantem Schwung überspannen die freistehenden Bögen die gesamte Brückenlänge.

Eine sorgfältig aufeinander abgestimmte Farbgebung unterstreicht die Ästhetik des Bauwerks.

4. Technische Daten

Elbebrücke

Länge:	1.170 m
Stützweiten:	Vorlandbrücke:
	28,20 m – 24×33,50 m – 11,20 m
	Strombrücke:
	93 m – 140,71 m – 93 m
Breite:	Vorlandbrücke: 37,50 m
	Strombrücke: 40,00 m
Fläche:	44.692 m²
Konstruktions-höhe:	1,70 m bis 7,30 m
Lichte Höhe:	6,50 m – 12 m
Überbau-bauweise:	Vorlandbrücke:
	Spannbeton-Plattenbalken
	Strombrücke: Stahlverbund
Herstellungs-verfahren:	Vorlandbrücke: Vorschubgerüst
	Strombrücke – Seitenöffnungen:
	Montage auf Hilfsjochen
	Stromöffnung: Stahltrog
	eingeschwommen

Brücke über Elbeabstiegskanal

Länge:	95 m
Breite:	2 × 21,20 m
Fläche:	4.028 m²
Konstruktions-höhe:	17,10 m (max. bis Bogenscheitel)
	2,40 m (Versteifungsträger)
Lichte Höhe:	5,50 m
Überbau-bauweise:	Stabbogenbrücke mit Verbundfahrbahntafel

5. Planungsübersicht

Elbebrücke (BW 44)

Februar '93	Vorliegen der Entwurfsplanung
März '94	Plangenehmigung
Juni '94	Baubeginn
Juni '96	Verkehrsfreigabe der nördlichen Brücken-hälfte
Dezember '97	Verkehrsfreigabe der südlichen Brücken-hälfte

Brücke über Elbeabstiegskanal (BW 46)

Februar '93	Vorliegen der Entwurfsplanung
November '93	Plangenehmigung und Baubeginn
November '95	Verkehrsfreigabe der nördlichen Brücken-hälfte
Dezember '97	Fertigstellung und Verkehrsfreigabe der gesamten Verkehrseinheit (VKE 4714) inkl. beider Brückenbauwerke

Brücken am
AD Potsdam (A 9/A 10)

1. Aufgabenstellung

Die Bundesautobahnen A 2 und A 9 sind die wichtigsten und meistbefahrenen Fernstraßenverbindungen von und nach Berlin. Beide Autobahnen verknüpfen sich mit dem Berliner Ring (A 10): die West-Ost-Achse A 2 Hannover–Berlin am Autobahndreieck (AD) Werder, die Nord-Süd-Achse A 9 Berlin–Nürnberg am AD Potsdam.

Nach der politischen Wende 1989 ist das Verkehrsaufkommen auf diesen schon in ihrer ehemaligen Funktion als Transitstrecke zwischen dem Westteil Berlins und den alten Bundesländern hochbelasteten Autobahnen sprunghaft angestiegen. 1993 lag die durchschnittliche Belastung auf der A 2 zwischen ca. 40.000 und über 60.000 Kfz/24 h mit einem Lkw-Anteil von ca. 25 %. Die Prognosen für das Jahr 2010 schließlich gehen im Bereich der beiden Autobahndreiecke von Verkehrsbelastungen zwischen 90.000 und 128.000 Kfz/24 h aus.

Um den aktuellen und künftigen Anforderungen an moderne Fernstraßenverbindungen gerecht zu werden, wurde der sechsstreifige Ausbau der beiden Autobahnen in den Katalog der Verkehrsprojekte Deutsche Einheit (VDE) aufgenommen: die A 2/A 10 als VDE Nr. 11, die A 9 als VDE Nr. 12.

Eine der wichtigsten Einzelmaßnahmen im Zuge der Realisierung beider Fernstraßenprojekte war der Um- und Ausbau des AD Potsdam. Die technischen Parameter dieses hochfrequentierten Verkehrsknotens im Südwesten der Hauptstadt waren für eine störungsfreie und sichere Abwicklung der oben skizzierten Verkehrsströme in keiner Weise ausreichend.

Es galt also, diesen neuralgischen Punkt so schnell wie möglich zu „entschärfen".

In der Vorplanung für das AD Potsdam wurden mehrere mögliche Varianten untersucht. Nach Abwägung aller relevanten Faktoren erhielt die Variante mit folgenden wesentlichen Merkmalen den Vorzug:

- Neubau einer Richtungsfahrbahn neben der bestehenden Autobahn und Erneuerung der zweiten Richtungsfahrbahn auf der vorhandenen Trasse (Regelquerschnitt [RQ] 35,5 m).
- Der Umbau erfolgt im wesentlichen auf der Fläche des vorhandenen Knotens.
- Gegenüber der bestehenden Anlage werden 3 ha weniger Fläche in Anspruch genommen.
- Statt bisher zwei, werden bei der neuen Anlage drei Tangenten über Brückenbauwerke geführt.
- Während der gesamten Bauzeit ist eine durchgängig vierstreifige Verkehrsführung gewährleistet.

2. Bauwerksentwürfe

Im vorliegenden Planungsabschnitt VKE 1122 mußten 7 neue Bauwerke entworfen und dabei der Abbruch von 4 alten Brücken aus den Jahren 1937/1938 und deren Neubau an gleicher Stelle berücksichtigt werden.

Es handelt sich um
3 Stahlverbundbrücken (Dreieck)
2 Ü-Bauwerke (A 10)
1 Autobahnbrücke (A 10)
1 Ü-Bauwerk (A 9).

Näher eingegangen wird hier auf die drei Stahlverbundbrücken:

Bauwerk West
Brücke über die Achse AD Potsdam–AD Werder und die Verbindungsrampe AD Werder–AD Drewitz im Zuge der Verbindungsrampe Leipzig–AD Werder;

Bauwerk Ost
Brücke über die Achse AD Drewitz–Leipzig im Zuge der Verbindungsrampe AD Werder–A D Drewitz;

Bauwerk Süd
Brücke über die Achse AD Drewitz–Leipzig im Zuge der Verbindungsrampe Leipzig–AD Werder und die sogenannte Bärenbrücke, mit der der kommunale Verbindungsweg Fichtenwalde–Beelitz/Heilstätten über die A 9 überführt wird.

Die Bärenbrücke mit ihrer schlanken Mittelstele (oben im Bau) und ein Relief des Berliner Bären markieren die Eingangssituation zum Berliner Ring.

Der Überbau für das Bauwerk West wird montiert.

Die 3 neuen Hauptbauwerke wurden als Vollwanddurchlaufträger in Stahlverbundbauweise mit massiven Widerlagern und Pfeilern erstellt. Die Einzel- und Gesamtstützweiten der einzelnen Bauwerke betragen:

BW Süd: 32,0 – 37,0 – 30,0 – 25,0   = 124,0 m
BW West: 29,0 – 40,0 – 26,0 – 44,0 – 36,0 = 175,0 m
BW Ost: 25,0 – 31,0 – 42,0 – 35,0   = 133,0 m.

Die Bauhöhe der drei Überbauten beträgt einheitlich 2,20 m. Die Brückenbreiten zwischen den Geländern betragen bei den Bauwerken Süd und West 13,50 m, bei Bauwerk Ost 14,50 m; die entsprechenden Fahrbahnbreiten zwischen den Borden betragen 10,0 m (Straßenquerschnitt Q 3 nach RAL-K-2) bzw. 11,0 m (1/2 RQ 29 alt). Die lichte Höhe unter den Bauwerken über den neuen Autobahntrassen beträgt mind. 4,70 m.

Alle drei Bauwerke sind im Grundriß gekrümmt. Der Krümmungsradius beträgt bei den Bauwerken Süd und West 840,0 m, bei Bauwerk Ost 601,25 m. Im Längsschnitt haben alle Überbauten ein veränderliches Längsgefälle.

Für die drei Brücken im Autobahndreieck wurde eine gleichartige Bauwerksgestaltung vorgesehen. Im Interesse einer hohen Verkehrssicherheit wurden die Stützenstellungen so gewählt, daß ein möglichst freier Durchblick erreicht wird. Darum sind auch die Widerlager relativ weit zurückgesetzt.

Die gewählte Ausführung von torsionssteifen Kastenträgerbrücken in Verbundbauweise beinhaltet den Vorteil der Begehung der Kästen und somit auch der leichten Wartung der im Kasten verlaufenden Längsentwässerung, verbunden mit einer relativ geringen Bauhöhe. Auf den kreisrunden, schlanken Pfeilern befindet sich nur ein Lager.

Gegenüber einem Betonüberbau bietet die Verbundkonstruktion weitere folgende Vorteile:
– Da kein Lehrgerüst erforderlich ist, entfällt die Herstellung in überhöhter Lage und nachträgliches Absenken des gesamten Überbaus.
– Auflagerkräfte der Mittelstützen sind kleiner als beim Betonüberbau. Somit können die Lager und Stützen kleiner ausgeführt werden.
– Für die Verbundlösung ergeben sich gute Farbgestaltungsmöglichkeiten, so daß dadurch die Überbauten noch schlanker wirken.

Die Gestaltung der Widerlager, der Stützen, der Gesimse und Geländer sowie die Farbgebung der Stahlbauteile wurden mit dem Architekturbüro Jux & Partner, Darmstadt, abgestimmt.

Dieses Architekturbüro war auch mit dem gestalterischen Entwurf einer neuen, längeren „Bärenbrücke" über die A 9 beauftragt worden.

1937/1938 waren diese letzten Bauwerke vor dem Berliner Ring über die jeweiligen Autobahnen als Eingangsbauwerke zur Hauptstadt Berlin einheitlich entworfen und ausgeführt worden, und zwar als massive, torähnliche Rahmenbauwerke.

Dieser Bauwerkstyp mußte wegen der größeren Bauwerkslänge infolge der Autobahnverbreiterung und bei unveränderter lichter Höhe und unveränderter Gradientenlage aufgegeben werden.

Ein längerer Abstimmungsprozeß ergab dann ein markantes Zweifeldbauwerk mit Stelenauflager im Mittelstreifen und vorgespannter Massivplatte als neue Bärenbrücke.

3. Bauausführung

3.1 Bauablauf

Der Bauablauf für alle Arbeiten des gesamten Bauloses wurde bestimmt durch:
– die Aufrechterhaltung des Verkehrs mit mindestens vier Fahrstreifen während der gesamten Bauzeit,
– den Neubau der Brücken einschließlich Abbruch der alten Bauwerke,
– gleichzeitig laufende Streckenbauarbeiten.

Da diese Streckenbauarbeiten einen erheblichen Eingriff in den Verkehrsfluß der Autobahn erforderten, wurden sämtliche Maßnahmen zur Verkehrsführung der Ausschreibung „Straßenbauarbeiten" zugeordnet. Die Herstellung der 3 Verbundbrückenbauwerke wurde so in das Gesamtbauvorhaben eingebunden, daß die für den Streckenausbau erforderlichen Verkehrsführungen mit ausgenutzt werden konnten und somit keine zusätzlichen Eingriffe in den Verkehrsfluß der Autobahn erforderlich wurden.

Daraus ergibt sich, daß die Gesamtbaumaßnahme VKE 1122 „AD Potsdam" mit mehreren Ausschreibungslosen einerseits eine sorgfältige Vorplanung des gesamten Bauablaufs einschließlich aller dazu erforderlichen Verkehrsführungs- und Verkehrssicherungsmaßnahmen erforderte, andererseits aber bei der Ausführung auf die konsequente Durchführung des geplanten Bauablaufs geachtet werden mußte, damit der vorgesehene Zeitplan eingehalten wurde. Unter Beachtung der verkehrsbedingten Möglichkeiten wurden die 3 Hauptbauwerke in der Reihenfolge Bauwerk „Ost", Bauwerk „Süd" und Bauwerk „West" erstellt.

Die mit dem Bauwerksentwurf angestrebten Vorteile der Verbundbauweise beim Bauen über und neben laufendem Verkehr wurden bei der Ausführung voll bestätigt. Eine Verkehrsführungsabweichung zum Entwurf ergab sich während der Ausführung: Der untergeordnete Verkehr von der A 9 zum AD Werder wurde zeitweilig nicht direkt über den neuen Autobahnknoten geführt, sondern bis zur östlich gelegenen AS Ferch und von dort zurück auf die A 10 zum AD Werder geleitet.

Im Mai 1995 wurde mit den Bauarbeiten begonnen. Trotz anhaltender Frostperioden in den Wintermonaten, die den Baufortschritt behinderten, ist es gelungen, den Um- und Neubau des AD Potsdam in 26 Monaten zu realisieren. Parallel dazu wurde der sechsstreifige Ausbau des 15,4 km langen Streckenabschnittes der A 10 zwischen dem AD Potsdam (inkl. 1,8 km Anteil A 9) und dem AD Werder (inkl. 1,5 km Anteil A 2) hergestellt.

3.2 Überbauten

Die per Lkw angelieferten Stahlbauteile der Stahltröge wurden im Baubereich zu Montageschüssen, bestehend aus dem kompletten Kastenquerschnitt und einer ganzen Feldlänge mit Überstand, zusammengebaut und verschweißt und dann mittels eines schweren Autokranes auf die Widerlager und Stützen gelegt.

Insbesondere beim Einheben des Mittelschusses von „Bauwerk Ost" über die A 9 bestätigte sich der Vorteil dieser Bauweise, als der Autobahnverkehr an einem Sonntagvormittag nur für eine kurze Zeit gesperrt werden mußte.

Die Herstellung der Verbundfahrbahnplatte in Ortbeton erfolgte mit einem Schalwagen, der sich auf die Stahlkonstruktion des Überbaus abstützte.

„Überflieger"

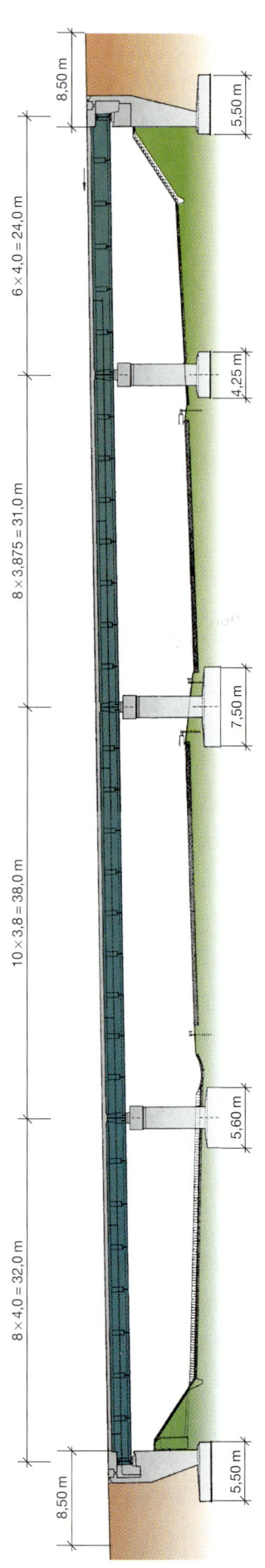

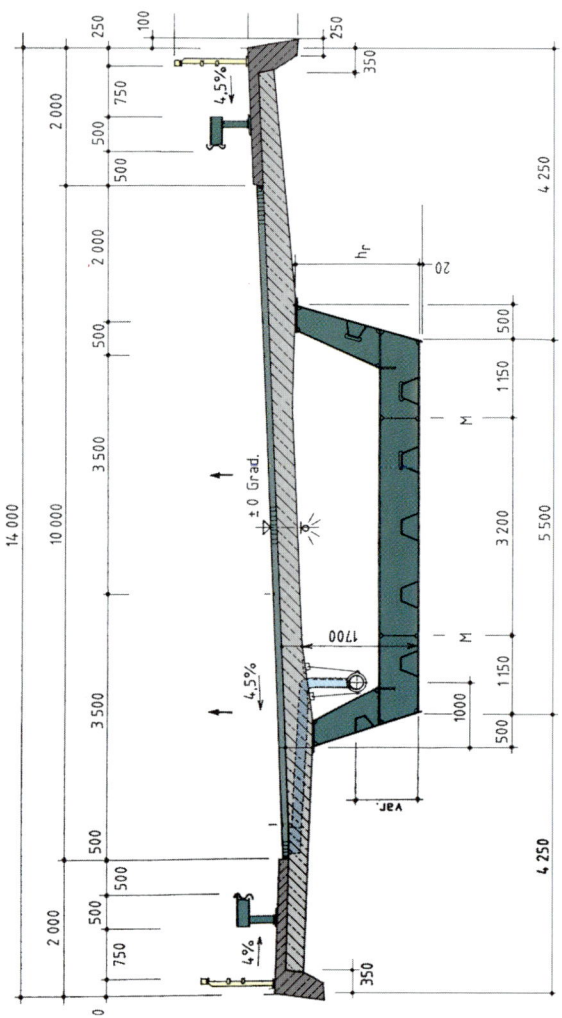

Längsschnitt

Querschnitt

Verkehrsprojekt Deutsche Einheit Nr. 12 A 9 Berlin–Nürnberg Brandenburg	unten/oben: A 9 A 10	Baujahr: 1995–1997 Bauzeit: 26 Monate (Dreieck)	Bauweise: Stahlverbund/ Spannbeton
Entwurfsbearbeitung: Schüßler-Plan, Potsdam	Bauwerke: 7 Brücken 1 AS	Kosten (Mio. DM): 75,0 (VKE 1122 gesamt) davon 25,0 Bauwerke	
Gestalterische Beratung: Jux & Partner, Darmstadt	Bauausführung: ARGE Max Bögl, Neumarkt/Max Bögl, Gera		
Prüfingenieure: Dr. Mündecke, Büro Grassl, NL Berlin	Ausführungsplanung (Verbundbauwerke): Büro Meyer, Wunstorf		
Bauoberleitung und Bauüberwachung: Ingenieurbüro Keller + Partner, Saarbrücken			

Der geschwungene „Überflieger" (Bauwerk Süd) mit strukturierten Rundpfeilern (links) und Widerlager (unten rechts).

Der Schalwagen für die Fahrbahnplatte am Bauwerk Süd (links).

4.   Technische Daten

Lage:	Betr.-km 97 bis Betr.-km 102,5 (A 10) und Betr.-km 0,0 bis Betr.-km 1,77 (A 9)
Länge:	7,3 km
Querschnitt:	Trasse: RQ 35,5 m
Bauwerke:	3 Stahlverbundbrücken (Dreieck) 2 Ü-Bauwerke (A 10) 1 Autobahnbrücke (A 10) 1 Ü-Bauwerk (A 9) 1 Anschlußstelle Glindow
Flächenbedarf:	18,8 ha (Trasse u. BW im Dreieck) 50 ha (VKE 1122 gesamt) 100 ha für LBP

5.   Planungsübersicht

Nov. 1992	Beginn Vorplanung
1993/1994	Brücken und Streckenentwürfe
1994	Ausschreibungsunterlagen
Mai 1995	Baubeginn
Juli 1997	Fertigstellung (Dreieck)

Elbebrücke Vockerode
(A 9)

1. Aufgabenstellung

Die Bundesautobahn A 9 verbindet als eine der wichtigsten Nord-Süd-Fernstraßen in Deutschland die Hauptstadt Berlin mit der Bayerischen Landeshauptstadt München und verläuft dabei durch die neuen Bundesländer Brandenburg, Sachsen-Anhalt, Sachsen und Thüringen. Auf dem 370 km langen Teilstück zwischen dem AD Potsdam (Berliner Ring) und dem AK Nürnberg (A 3) wird im Rahmen des Verkehrsprojektes Deutsche Einheit Nr. 12 eine Grunderneuerung und eine sechsstreifige Erweiterung vorgenommen.

Zu den Maßnahmen, die im Verantwortungsbereich der DEGES liegen (insgesamt ca. 148 km), gehörte auch der Neubau der Elbebrücke Vockerode. Mit Voruntersuchungen zum Neubau wurde Ende 1991 begonnen, die Entwurfsplanung war im Januar 1995 abgeschlossen. Für einen 1,4 km langen Abschnitt zwischen Betriebskilometer 63,73 und 66,13 mit dem Brückenbauwerk über die Elbe und den anschließenden Anteilen freier Strecke lag im Dezember 1995 die Plangenehmigung vor.

Die Elbebrücke ist das größte und technisch anspruchsvollste Ingenieurbauwerk im Zuge der A 9 in den neuen Bundesländern.

Die alte Elbebrücke Vockerode wurde in den Jahren 1937/38 im Zuge der Anlage der Reichsautobahn Berlin–Nürnberg gebaut. Durch Kriegseinwirkungen wurde die Brücke stark beschädigt, in den letzten Kriegstagen 1945 wurden Teile des Überbaus gesprengt. Nach mehreren Behelfszuständen erfolgte in den Jahren 1967–1972 der Wiederaufbau. Die technischen Parameter des ursprünglichen Bauwerks: Gesamtlänge (654,24 m), Stützweiten und Gesamtbreite (22,30 m mit je zwei Fahrstreifen pro Richtungsfahrbahn) wurden beibehalten.

2. Bauwerksentwurf

Auch der jetzige Neubau orientierte sich an dem historischen Grundriß: Gesamtlänge und Stützweiten blieben unverändert. Die Gesamtbreite des Bauwerks hingegen wurde deutlich vergrößert. Neben den sechs Fahrstreifen plus Standstreifen (RQ 35,5) entstand auf dem östlichen Überbau ein Fuß- und Radweg im Zuge des „Europafahrradweges". Aus ökologischen und bautechnischen Gründen beträgt die lichte Weite zwischen den Überbauten nunmehr 6,60 m. Damit ergibt sich eine Gesamtbreite des Bauwerks von 46,10 m.

In den Neubau mit einbezogen wurden die unter Denkmalschutz stehenden Widerlager der Brücke sowie die Fundamente der vorhandenen Pfeiler. Eingehende Voruntersuchungen haben ergeben, daß die Standsicherheit dieser Bauwerksteile auch bei höherer Belastung gewährleistet ist. Die notwendige Verbreiterung der Trasse erfolgte auf der Ostseite der vorhandenen Autobahn. Damit die denkmalgeschützten Widerlager erhalten bleiben konnten, erfolgte im Bereich des Brückenbauwerkes ein Versatz zwischen alter und neuer Autobahnachse um 12,55 m.

2.1 Unterbauten

2.1.1 Widerlager

Während der eigentliche Widerlagerkörper also unverändert blieb, wurden die Sichtflächen saniert. Die vorhandene Auflagerbank wurde bis ca. 1,2 m unter der alten Oberkante abgebrochen, die neue Kammermauer im Verbund mit der neuen Auflagerbank hergestellt. Die Zugangstreppe von der Widerlagerunterführung zum Mittelstreifen des bestehenden Überbaus wurde so umgestaltet, daß sie als Zugang zur Auflagerbank und zum Hohlkasten genutzt werden kann.

Die neuen, L-förmigen Widerlager wurden direkt an die vorhandenen, östlichen Flügel angeschlossen und in Anlehnung an die Form des bestehenden Widerlagers ausgebildet: Die Widerlager-schäfte erhielten ebenfalls Abrundungen, die Fluchtlinien der alten Widerlagerschäfte wurden durch die neuen aufgenommen. Mit der Verblendung der neuen Widerlagerteile mit 10 cm dickem Granit wurde für eine Übereinstimmung der Sichtflächen gesorgt.

Durch das Vorziehen des Böschungskegels bis an die Widerlagervorderkante konnte die Länge der Flügelwände von 45 m bei den vorhandenen Widerlagern auf ca. 30 m reduziert werden; ihre Ansicht wird durch die Ausbildung eines 1,2 m breiten Kragarms und eines Gesimses mit Geländerführung bis zum Flügelende den vorgegebenen Gestaltungsprinzipien angepaßt.

2.1.2 Pfeiler

Die bestehenden Pfeiler wurden bis auf OK Fundament abgebrochen und neu gestaltet. Bezüglich der Pfeilerform wurden verschiedene Varianten untersucht.

Im Ergebnis dieser Untersuchungen ergaben sich getrennte Pfeilerreihen mit unterschiedlicher Breite und unterschiedlicher Gestaltung für die Fluß- und Vorlandpfeiler. Die beiden Überbauten erhielten also getrennte Pfeilerschäfte, da durchgängige Pfeilerscheiben mit einer Breite von mindestens 38 m die freie Durchsicht schräg zur Brücke erheblich beeinträchtigt hätten.

Die Vorlandpfeiler wurden mit Abmessungen von 2,20 × 9,60 m beim westlichen bzw. 2,20 × 12,00 m beim östlichen Überbau bewußt gering gehalten und erhielten deswegen keinen Anzug.

Die Flußpfeiler mit den Abmessungen von 3,50 × 12,50 m beim westlichen bzw. 3,50 × 14,50 m beim östlichen Überbau erhielten in beiden Richtungen einen Anzug von 1:30. Damit werden sie gegenüber den Vorlandpfeilern gestalterisch betont, der Kraftfluß wird – in Verbindung mit der Voutung des Überbaus – hervorgehoben.

Alle Pfeiler erhielten bis 1,0 m unter Oberkante Auflagerbank eine Natursteinverkleidung aus Meißener Granit, um einen gestalterischen Bezug zu den Widerlagern herzustellen. Diese ist bei Flußpfeilern wegen der Gefahr des Schiffsanpralls 25 cm dick, bei den Vorlandpfeilern – mit Blick auf Wirtschaftlichkeit – nur 10 cm dick. Die Auflagerbänke wurden in Sichtbeton hergestellt.

Der gute und homogene Baugrund erlaubte es, die neuen Pfeiler in etwa 4 m Tiefe auf den anstehenden Sand- bzw. Kiesschichten flach zu gründen. Wegen des großen Abstandes der beiden Richtungsfahrbahnen konnten die neuen Pfeiler unabhängig von den bestehenden gegründet werden. Die neuen Pfeilerfundamente wurden im Schutz von Spundwandkästen hergestellt. Für die westlichen Pfeiler konnten die vorhandenen Fundamente wiederverwendet werden. Je nach Fundamentausbildung war eine Lastverteilungsplatte erforderlich, die entweder auf den alten Fundamentkörpern aufgesetzt oder in diese eingelassen wurde.

2.2 Überbauten

Bei den beiden Überbauten handelt es sich um durchlaufende, einzellige Hohlkästen in Stahlverbundbauweise, die Stützweiten der vorhandenen Brücke wurden beibehalten. Die Stahlkonstruktion ist aus St 52-3, die Fahrbahnplatte aus B 45.

Die Bauhöhe der Überbauten beträgt in den Vorlandbereichen und in der Mitte des Stromfeldes 3,50 m $\triangleq$ L/35, über den Flußpfeilern ca. 6,0 m $\triangleq$ L/21. Durch die Voutung über den Flußpfeilern wird die Strenge einer parallelgurtigen Brücke überwunden. Um den Kräftefluß zu betonen, erhielten die Flußpfeiler eine „Pastille".

Bei den übrigen Pfeilern gibt es ebenfalls außenliegende Überbausteifen, die die Einleitung der Lagerkräfte in die Stege erleichtern und für eine Strukturierung der Brückenansicht sorgen.

Die Stege sind geneigt, wobei die Untergurtbreite konstant gehalten wurde, um eine gleichmäßige Untersicht der Brücke zu erzielen. Durch die geneigten Stege, die praktisch bei allen Lichtverhältnissen im Schatten liegen, und durch das 1 m hohe, nach außen geneigte Gesimsband wird der Eindruck eines schlanken Tragwerks noch verstärkt. Der Untergurt wurde nach einer kubischen Parabel gevoutet. Die Voutung erstreckt sich über das Flußfeld und jeweils zwei Drittel der angrenzenden Felder.

Der Festpunkt der Brücke in Längsrichtung befindet sich auf dem Flußpfeiler in Achse 4, alle übrigen Lager wurden längsverschieblich ausgebildet. In Querrichtung ist in jeder Lagerachse pro Kasten ein Lager fest und ein Lager allseitig verschieblich.

3. Bauausführung

3.1 Bauablauf

Da eine durchgängig vierstreifige Verkehrsführung auf der vielbefahrenen A 9 während der gesamten Bauzeit unbedingt zu gewährleisten war, mußten die einzelnen Bauphasen sehr sorgfältig aufeinander abgestimmt werden.

3.2 Einsatz von LP-Blechen

In der fertigmontierten Stahlkonstruktion wurden in den Gurten bereichsweise sogenannte LP-Bleche verwendet, und zwar an den Obergurten der Stützenschüsse und der Stromfeldschüsse sowie an den Untergurten der Stützenschüsse Pfeiler 4 und 5.

LP-Bleche sind sogenannte längsprofilierte, keilförmig ausgewalzte Bleche. Sie können aufgrund ihrer linearen Dickenveränderung besonders wirtschaftlich dem vorhandenen Gurtkraftverlauf angepaßt werden. Das Aufschweißen der bisher üblichen Zulagelamellen kann vermieden oder zumindest reduziert werden. Damit spart man Fertigungskosten.

Die zweite Besonderheit war, daß Bleche bis 145 mm Dicke gewalzt und eingebaut wurden, die hinsichtlich ausreichender Materialzähigkeit besonders nachzuweisen waren.

Bei Verwendung von in der DIN 17100 geregelten Stähle wie ST 52-3 mit maximaler Blechdicke von 100 mm ist der sogenannten Kerbschlagbiegeversuch bei –20 °C durchzuführen. Bei den dicken LP-Blechen wurde die Zähigkeit über einen Kerbschlagbiegeversuch bei –50 °C geprüft.

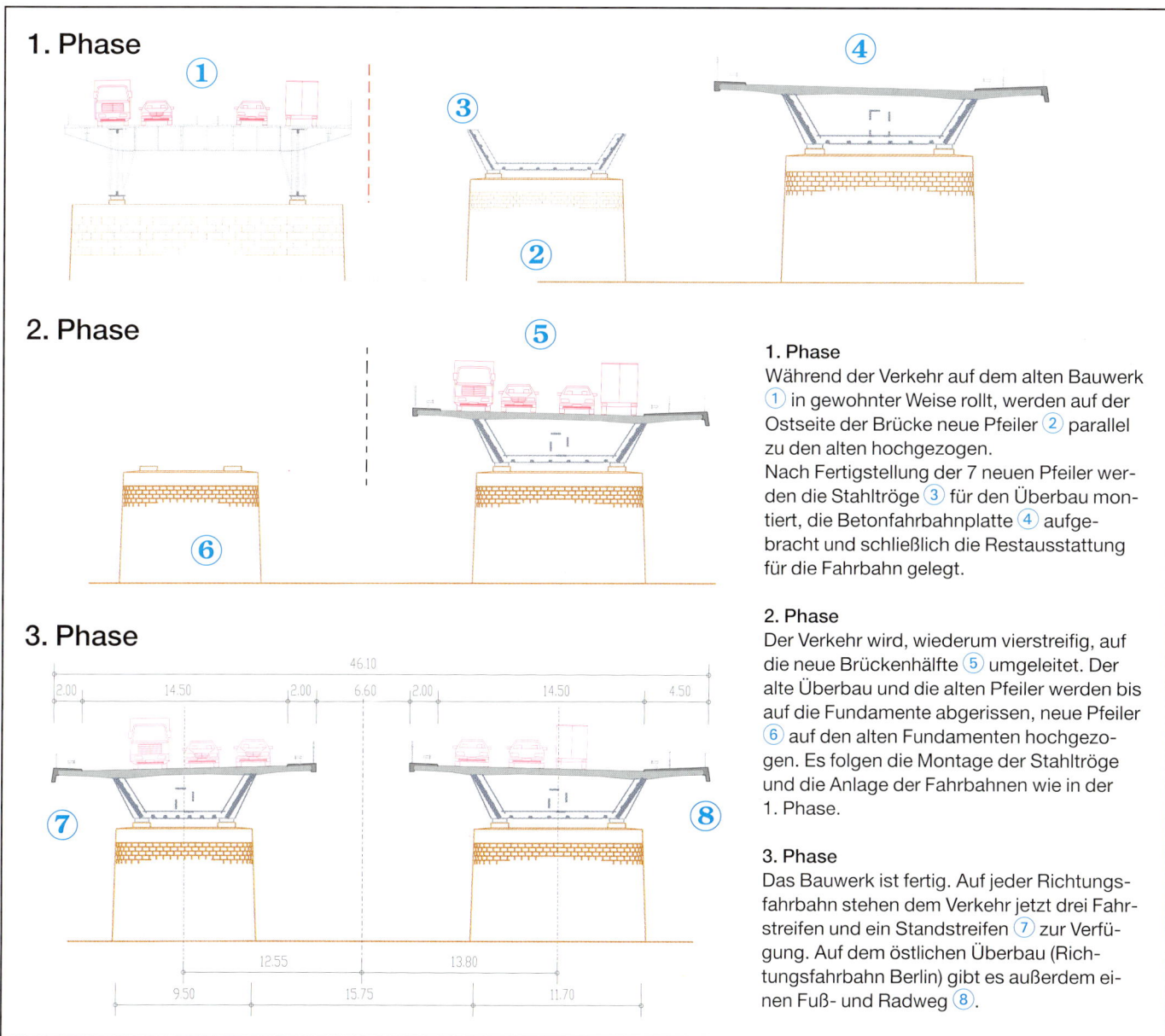

1. Phase
Während der Verkehr auf dem alten Bauwerk ① in gewohnter Weise rollt, werden auf der Ostseite der Brücke neue Pfeiler ② parallel zu den alten hochgezogen.
Nach Fertigstellung der 7 neuen Pfeiler werden die Stahltröge ③ für den Überbau montiert, die Betonfahrbahnplatte ④ aufgebracht und schließlich die Restausstattung für die Fahrbahn gelegt.

2. Phase
Der Verkehr wird, wiederum vierstreifig, auf die neue Brückenhälfte ⑤ umgeleitet. Der alte Überbau und die alten Pfeiler werden bis auf die Fundamente abgerissen, neue Pfeiler ⑥ auf den alten Fundamenten hochgezogen. Es folgen die Montage der Stahltröge und die Anlage der Fahrbahnen wie in der 1. Phase.

3. Phase
Das Bauwerk ist fertig. Auf jeder Richtungsfahrbahn stehen dem Verkehr jetzt drei Fahrstreifen und ein Standstreifen ⑦ zur Verfügung. Auf dem östlichen Überbau (Richtungsfahrbahn Berlin) gibt es außerdem einen Fuß- und Radweg ⑧.

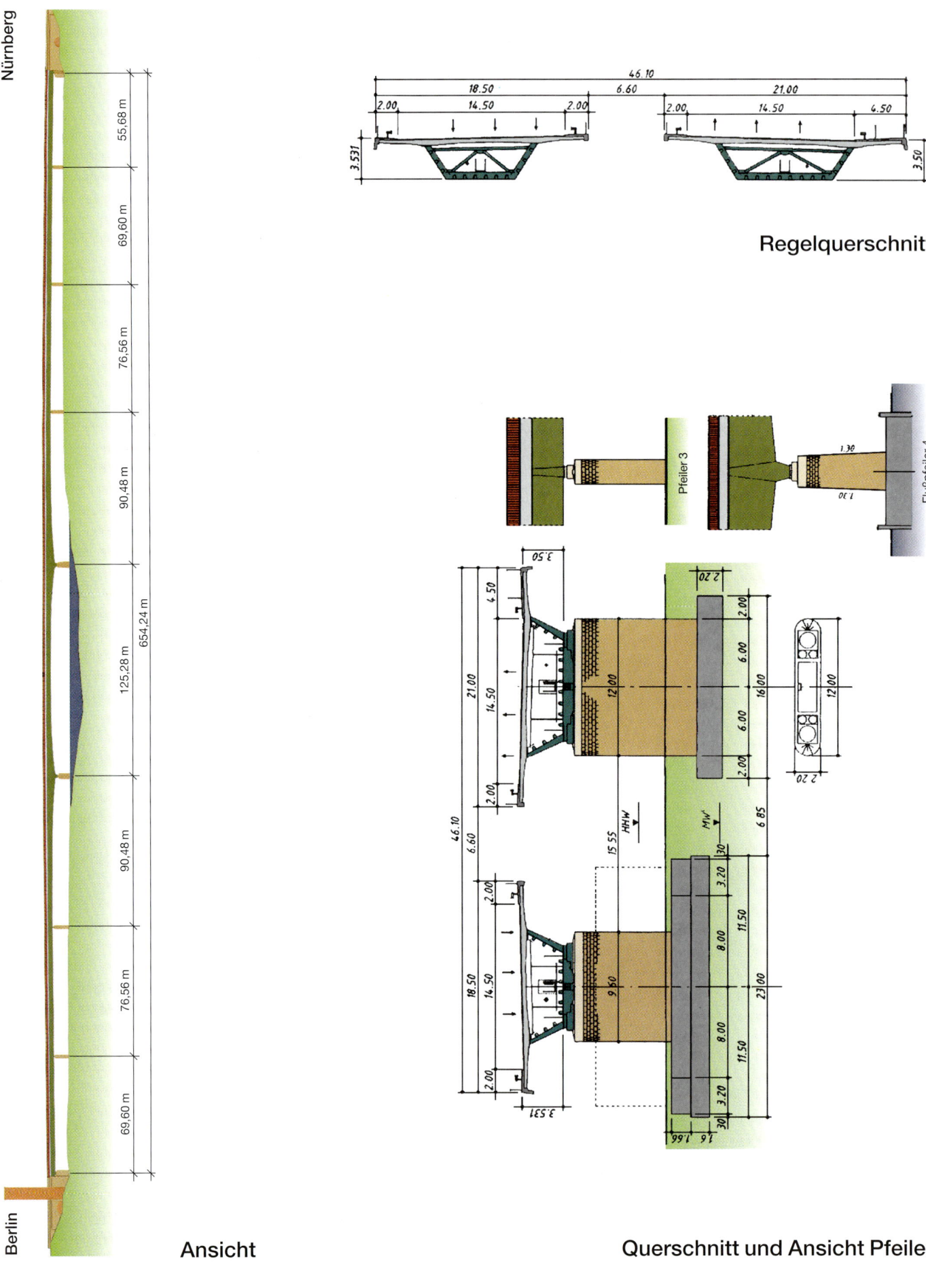

Nürnberg

55,68 m

69,60 m

76,56 m

90,48 m

654,24 m

125,28 m

90,48 m

76,56 m

69,60 m

Berlin

Ansicht

Regelquerschnitt

Querschnitt und Ansicht Pfeiler

Verkehrsprojekt Deutsche Einheit Nr. 12 A 9 Berlin–Nürnberg Sachsen-Anhalt		unten: **Elbe**	Baujahr: **1996–2000** Bauzeit: **46 Monate**	Bauweise: **Stahlverbund- Hohlkasten**
Entwurfsbearbeitung: **Leonhardt, Andrä und Partner, Stuttgart/Berlin Verkehrsanlagen Consult GmbH, Berlin**		Bauwerks-Nr. **BW 31**	Kosten (Mio. DM) **71,9**	Kosten (DM/m²): **2.854,00**
Prüfingenieur: **Prof. Dr.-Ing. Sedlacek, Aachen/Berlin**	Bauausführung: **ARGE Elbebrücke Vockerode C. Baresel AG, Stuttgart/Costruzioni Cimolai, Pordenone/Italien Fa. Murer Engineering, Luzern (Schalwagen) Roßlauer Schiffswerft (Stahltrog der Stromöffnung Ostüberbau und Stahltrog Westüberbau) Lastra, Holland (Einschwimm- und Hubvorgang) Stahlbau Dessau (Montage Westüberbau)**			
Bauüberwachung: **S.B.C. Stahlbau Consult GmbH, Magdeburg SLV München bzw. SLV, Halle GUD-Consult**				
Ausführungsplanung: **Büro BUNG, Heidelberg**				

Mächtige Flußpfeiler und Voutungen des Überbaus betonen die Stromfelder des Bauwerks.

Die Stahltröge der Überbauten wurden durch einen Raupenkran eingehoben (rechts). Die Flußfelder wurden eingeschwommen und über Litzenheber gehoben (links).

3.3 Pilgerschrittverfahren

Das Pilgerschrittverfahren war für die abschnittsweise Herstellung der Betonplatte verbindlich ausgeschrieben worden. Es ist bereits bei mehreren DEGES-Verbundbrücken erfolgreich angewendet worden, z. B. an der Talbrücke Siebenlehn (A 4) und an der Schrotetalbrücke bei Magdeburg (A 14).

Man benötigt dazu einen speziell konstruierten Schalwagen, der nach dem Betonieren von benachbarten Feldbereichen in den zurückliegenden Stützenbereich zurückfährt, so daß dieser Plattenabschnitt als letztes betoniert wird.

3.4 Einschwimmen/Stahltrog

In der Ausschreibung war das Einschwimmen des Hauptöffnungstroges analog zur Elbebrücke Torgau und zur Elbebrücke Magdeburg vorgeschlagen. Als Montageplatz war ein Bereich am nördlichen Elbeufer angegeben, und der Einhub sollte mit zwei großen Kränen auf zwei geschütteten Halbinseln in der Elbe erfolgen. Dazu verweigerte das Wasserstraßenamt Dresden bei der Prüfung der Ausführungsplanung seine Zustimmung – das Einhubverfahren mußte abgeändert werden. Als Ausführungsvariante wurde schließlich das Einheben mit Litzenhebern gewählt.

Eine echte Neuerung war der Zusammenbau des Stahltroges nicht vor Ort, sondern ca. 20 km stromab in der Roßlauer Schiffswerft auf einem großen Ponton. Dieser wurde dann mit dem Brückenteil nach Vockerode geschleppt, dort quer gedreht, in Position gebracht und eingehoben.

4. Technische Daten

Länge:	654,24 m
Stützweiten:	55 – 68/69 – 60/76 – 56/90 – 48/125 – 80/90 – 48/76 – 56/69 – 60 m
Breite:	18,5 m (RF Westseite) 21,0 m (RF Ostseite)
Lichte Höhe:	6 m – 12 m über Gelände
Konstruktionshöhe:	3,5 m – 6,0 m
Überbaubauweise:	Stahlverbund-Hohlkasten
Herstellungsverfahren:	Pilgerschrittverfahren/Einschwimmen der Flußfelder
Stahlkonstr.:	7.000 t (Überbauten)
Beton:	28.000 m³

5. Planungsübersicht

Ende 1991	Beginn der Voruntersuchungen
Juni 1993	Abschluß der Vorplanung
Januar 1995	Abschluß der Entwurfsplanung
April 1995	Ausschreibung
7. Dez. 1995	Plangenehmigung für den Teilabschnitt Elbebrücke
Dez. 1995	Vergabe des gesamten Bauloses (Elbebrücke und anschließende Streckenteile)
März 1996	Erste Bautätigkeit
Sommer 2000	Fertigstellung

Muldebrücken
bei Dessau (A 9)

1. Aufgabenstellung

Das Verkehrsprojekt Deutsche Einheit Nr. 12 beinhaltet die Grunderneuerung und die sechsstreifige Erweiterung des ca. 370 km langen Teilstücks der A 9 zwischen dem AD Potsdam (Berliner Ring) und dem AK Nürnberg (A 3). Mit der Ausbaumaßnahme soll diese wichtige Fernstraße den sehr hohen Verkehrsbelastungen und den heute gültigen Standards für Verkehrssicherheit und Umweltverträglichkeit angepaßt werden. Die Prognosen für das Jahr 2010 gehen in dem in Frage kommenden Autobahnabschnitt von einer durchschnittlichen Verkehrsbelastung von ca. 80.000 Kfz/24 h aus.

Eine der wichtigsten und aufwendigsten Einzelmaßnahmen, die im Verantwortungsbereich der DEGES lagen (insgesamt ca. 148 km), war der Neubau der Muldebrücken. Die bestehenden Bauwerke aus den Jahren 1937/38 waren infolge mangelnder Unterhaltung und veralteter Bauweise (Buckelbleche) den heutigen (und künftigen) Anforderungen nicht gewachsen. Die im Zuge der sechsstreifigen Erweiterung der A 9 notwendige Verbreiterung konnte technisch und wirtschaftlich mit der vorhandenen Bausubstanz nicht sinnvoll verwirklicht werden – ein Neubau war daher die einzig mögliche Lösung.

Die besonderen Herausforderungen, die die Realisierung dieser Maßnahmen an Planer, Techniker und Bauleute stellte, lagen dabei weniger im technischen Detail, sondern vielmehr in den ökologisch bedingten Notwendigkeiten. Im Bereich der Muldebrücken durchquert die A 9 das Biosphärenreservat „Mittlere Elbe" mit dem Naturschutzgebiet (NSG) „Untere Mulde" und dem Landschaftsschutzgebiet (LSG) „Mittelelbe". Mit einer Gesamtfläche von 43.000 ha bildet das Biosphärenreservat den größten zusammenhängenden Auwaldkomplex Mitteleuropas. Dieses von der UNESCO anerkannte Schutzgebiet bietet ein bedeutsames Rückzugs- und Artenreservoir für zahlreiche, zum Teil stark gefährdete, Tier- und Pflanzenarten. Diese gilt es zu bewahren und zu schützen und, wenn möglich, deren Lebensbedingungen zu verbessern.

Entsprechend den Empfehlungen aus der Umweltverträglichkeitsstudie (UVS) und unter Abwägung aller Teilaspekte wurde eine einseitige Verbreiterung auf der Westseite der vorhandenen Trasse gewählt. Aus ökologischen, verkehrlichen und bautechnischen Gründen ergibt sich in diesem Bereich eine Achsverschiebung zwischen alter und neuer Trasse um 7,10 m bis 8,50 m nach Westen.

Zur Optimierung der Situation von Flora und Fauna wurden vier Varianten für die Trassenführung durch die Muldeaue untersucht. Nach sorgfältiger Prüfung aller relevanten Faktoren verständigten sich im März 1994 das Bundesministerium für Verkehr (BMV), das Land Sachsen-Anhalt und die DEGES einvernehmlich auf die zu realisierende Lösung:

- Die alte Muldebrücke (104,5 m), die nördliche Muldeflutbrücke (72,5 m) und der dazwischenliegende Damm (255 m) werden ersetzt durch eine Brücke von 431 m Gesamtlänge.

Mit der neuen Linienführung wurde sowohl den Forderungen des Staatlichen Amtes für Umweltschutz Dessau–Wittenberg zur Gewährleistung des Hochwasserabflusses der Mulde als auch den Forderungen der Naturschutzbehörde nach möglichst geringer Inanspruchnahme von Flächen im NSG „Untere Mulde" sowie nach dem Erhalt von Teilen der östlichen Böschung entsprochen.

2. Bauwerksentwurf

Die Brücke ist im Grundriß als Gerade trassiert. Das neue Bauwerk hat (wie das alte) zwei getrennte Überbauten von je 17,44 m Breite zwischen den Geländern. Die Herstellung der Überbauten erfolgte als einzellige Spannbetonhohlkästen im Taktschiebeverfahren. Mit sechseckigen, sich nach unten verjüngenden, Pfeilern in Abständen von 27,50 bis 44 m öffnet das neue Bauwerk bislang von der Autobahn durchtrennte Naturräume. Mit einem lichten Abstand von 2,44 m wird der Einfall von Licht und Niederschlägen unter dem Bauwerk deutlich vergrößert.

2.1 Unterbauten

2.1.1 Widerlager

Die aufgehenden Widerlager wurden entsprechend dem Bauablauf in 2 Abschnitten gebaut, die durch eine ausmittige (ca. 1,60 m) Raumfuge getrennt sind. Der Zugang zu den Widerlagern erfolgt im Bereich der Autobahnachse mit mobiler Leiter von unten oder von oben. Über das Innere des Widerlagers gelangt man in die Hohlkästen der Überbauten.

2.1.2 Pfeiler

Die Pfeiler in den Achsen 3 bis 11 haben einen Sechseckquerschnitt bei einer Breite von 6,04 m und einer Dicke von 2,30 m am Pfeilerkopf. Die Flußpfeiler in Achse 1 und 2 sind 7,04 m breit, wobei deren Schmalseite etwas spitzer ausgebildet ist, um hydraulisch günstigere Verhältnisse zu schaffen. Alle Pfeiler wurden in Sichtbeton ausgeführt und erhielten keine zusätzliche Mauerwerk-Verblendung.

2.2 Überbau

Die beiden Überbauten von je 17,44 m Breite bestehen aus durchlaufenden, einzelligen Spannbetonhohlkästen (Betongüte: B 45) mit konstanter Bauhöhe von 2,45 m. Die Überbauten wurden längs und quer beschränkt vorgespannt und im Taktschiebeverfahren hergestellt. In allen Stützachsen sind Querscheiben und Stegverbreiterungen vorhanden. Zum Stoß der exzentrischen Längsspannglieder der Muldebrücke sind an den Stegen Lisenen angebracht.

Die etwas ungewöhnliche Breite der Überbauhälften von 17,44 m ist das Ergebnis intensiver Abstimmungsgespräche zwischen allen Beteiligten (Bundes- und Landesbehörden, Naturschützer, DEGES usw.), um hier in Kombination mit der erforderlichen Fahrbahnbreite, reduzierten Kappenbreiten und einem Lichtspalt von 2,44 m für eine größtmögliche Belichtung und Bewässerung der Flächen unterhalb des Bauwerks zu sorgen.

Der relativ lange Kragarm des Überbaus mit fast 5 m resultiert ebenfalls aus dem Aspekt des möglichst umweltschonenden Bauens im Naturschutzgebiet. Auf diese Weise konnte die Breite der Pfeiler und der Bodenplatte gering gehalten werden.

Um zu verhindern, daß Verkehrsteilnehmer im Havariefall (speziell bei Dunkelheit) von einem Überbau zum anderen gelangen wollen und den Abstand zwischen den Überbauten nicht erkennen, wurde das Geländer an den Überbauinnenseiten 1,60 m hoch ausgebildet. Damit ist ein ausreichender Schutz gegen Übersteigen gegeben.

2.2.1 Externe Vorspannung

Wie oben erwähnt, sollte die Muldebrücke mit externen Längsspanngliedern in Mischbauart vorgespannt werden. Bei dieser Vorgehensweise werden die Längsspannglieder, die sonst im Steg des Hohlkastens liegen und damit vollständig von Beton umschlossen sind, in den Hohlkasten selbst verlegt. Die Spannglieder können so jederzeit auf ihren Zustand hin überprüft, an den Verankerungen nachgespannt oder ggf. ausgetauscht werden. Hinsichtlich Instandhaltung und Überwachung hat diese Bauweise deutliche Vorteile.

Außerdem ist damit die Möglichkeit gegeben, mit relativ geringem Aufwand die Tragfähigkeit des Bauwerks nachträglich zu erhöhen. Um im Bedarfsfall zu einem späteren Zeitpunkt problemlos zusätzliche Spannglieder einbringen zu können, wurden die Ankerteile für diese Spannglieder bereits in den Hohlkasten eingebaut.

„In Mischbauart" bedeutet, daß in der Fahrbahn- und in der Bodenplatte des Hohlkastens konventionelle Spannglieder eingebaut und vor dem Taktschieben vorgespannt wurden, um eine ausreichende Bauzustandstragfähigkeit sicherzustellen. Sie liefern dann zur Lastabtragung im Endzustand auch einen kleinen Anteil neben den externen Hauptspanngliedern. Diese können dabei vorteilhaft bei günstiger Witterung eingebaut und verpreßt werden.

Die externe Hohlkasten-Stegvorspannung wurde alternativ zur konventionellen, internen Vorspannung entworfen und ausgeschrieben. Der Alternativentwurf war auf der Basis einer Zustimmung im Einzelfall von Land und Bund genehmigt worden. Ein halbes Jahr nach Auftragserteilung lag dann auch eine bauaufsichtliche Zulassung für die eingesetzten externen Spannglieder mit zugehörigen Verankerungselementen und Umlenkungen vor, was die technische Bearbeitung und Ausführung erleichterte. Die Beauftragung des Alternativentwurfs erfolgte mit leichtem finanziellem Vorsprung vor der konventionellen Lösung.

3. Bauausführung

3.1 Bauablauf

Der Bauablauf für alle Arbeiten des gesamten Bauloses wurde bestimmt durch:
- die Aufrechterhaltung des Verkehrs mit mindestens vier Fahrstreifen auf der A 9 während der gesamten Bauzeit,
- den Neubau der Brücken einschließlich Abbruch der alten Bauwerke.

Unter diesen Prämissen gliedert sich die Baumaßnahme für die Muldebrücke in 3 Abschnitte:
1. Bau der westlichen neuen Brückenhälfte (Richtungsfahrbahn Nürnberg).
2. Abbruch der bestehenden Brücke.
3. Bau der östlichen neuen Brückenhälfte (Richtungsfahrbahn Berlin).

Die Taktfertigungsanlage für die Muldebrücke bzw. Muldeflutbrücke mußte außerhalb des Naturschutzgebietes angeordnet werden, da sonst die Beeinträchtigungen durch den Baubetrieb (Anlieferung der Baustoffe, Dimension der Anlage in Breite und Höhe etc.) zu groß geworden wären. Deshalb wurden die Überbauten der Muldebrücke von Nord nach Süd, die der Muldeflutbrücke von Süd nach Nord geschoben.

3.2 Gründung

Die Gründung aller Unterbauten erfolgte auf Ortbeton-Rammpfählen von 60 cm Durchmesser mit Neigungen bis 4:1 am Widerlager und 8:1 an den Pfeilern. Dabei wurden die Pfähle bis in die mitteldicht bis dicht gelagerten Sande und Kiese gerammt, die etwa 10 m unter Gelände anstehen. Die Pfeiler sind jeweils für sich gegründet, Pfahlgründung und Herstellung der Pfahlkopfplatte der Widerlager erfolgten entsprechend dem Bauablauf in 2 Abschnitten.

Im Flußbereich waren Umspundungen der Baugruben mit Wasserhaltung erforderlich. Nach Abschluß der Gründungsarbeiten wurden die Spundwände bis zur Höhe der Pfahlkopfplatte wieder abgetrennt. Die sonstigen Baugruben konnten mit Abböschungen hergestellt werden.

3.3 Unterbauten

Zunächst erfolgte für die westliche Brückenhälfte die Herstellung der Pfahlgründungen und Pfahlkopfplatten sowie der aufgehenden Widerlagerhälften und der Pfeilerreihe. Aufgrund der Lage der Baustelle in dem ökologisch sehr sensiblen Gebiet der Muldeaue, konnte der Zugang zur Herstellung der Unterbauten nur von Norden her über eine Behelfsbrücke über die Mulde erfolgen.

Zur Pfeilerherstellung im Bereich des ursprünglich vorhandenen Damms zwischen Muldebrücke und nördlicher Flutbrücke wurde im Pfeilerbereich jeweils ein Teil des Damms abgetragen, um die Baugrubensicherung nicht zu aufwendig gestalten zu müssen.

3.4 Überbau

Für die Ausführung der Überbauten wurde von der Firma eine Taktlänge von ca. 36 m gewählt, was der Regelstützweite entspricht. Eine solche Dimension stellt beim Taktschiebeverfahren nahezu die Grenzen des technisch Machbaren dar und wurde in der Form bisher noch nicht ausgeführt. Trotz der großen Taktlänge konnte das Ziel, wöchentlich einen Takt zu erstellen, weitgehend erreicht werden.

Bei den externen Spanngliedern konnte, abweichend vom Ausschreibungskonzept, auf Stützenumlenksättel und Übergreifungsstöße an Steglisenen verzichtet werden. Es wurden überwiegend gerade Spannbündel über der Bodenplatte eingebracht, die an speziellen Steg-Bodenplatten-Lisenen verankert sind. Nur in den 3 Muldefeldern mußten die externen Bündel umgelenkt werden.

3.4.1 Lagerung

In allen Pfeiler- und Widerlagerachsen war unter jedem Steg ein Topfgleitlager vorgesehen. In Achse 6 lag das in Längsrichtung feste Lager. Zur Ausführung kam jedoch ein Sondervorschlag, nämlich die sog. elastische Lagerung in Brückenlängsrichtung mit Elastomerlagern. Bei 13 Lagerachsen sind es $2 \times 3 = 6$ Elastomer-Gleitlager pro Steg an den Brückenenden und 7 Elastomerlager pro Steg in der Brückenmitte.

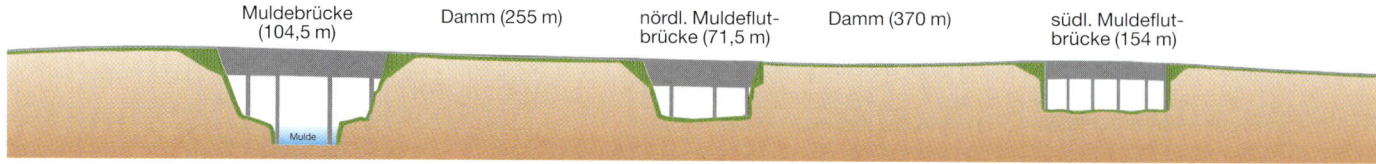

Muldebrücke (104,5 m)   Damm (255 m)   nördl. Muldeflut-brücke (71,5 m)   Damm (370 m)   südl. Muldeflut-brücke (154 m)

Längsschnitt alte Situation

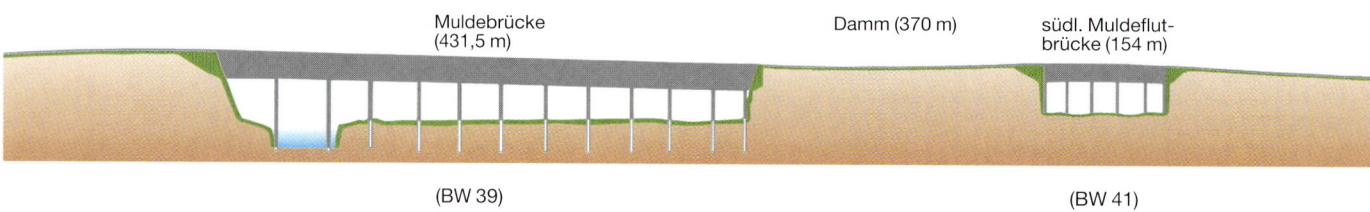

Muldebrücke (431,5 m)   Damm (370 m)   südl. Muldeflut-brücke (154 m)

(BW 39)   (BW 41)

Längsschnitt neue Situation

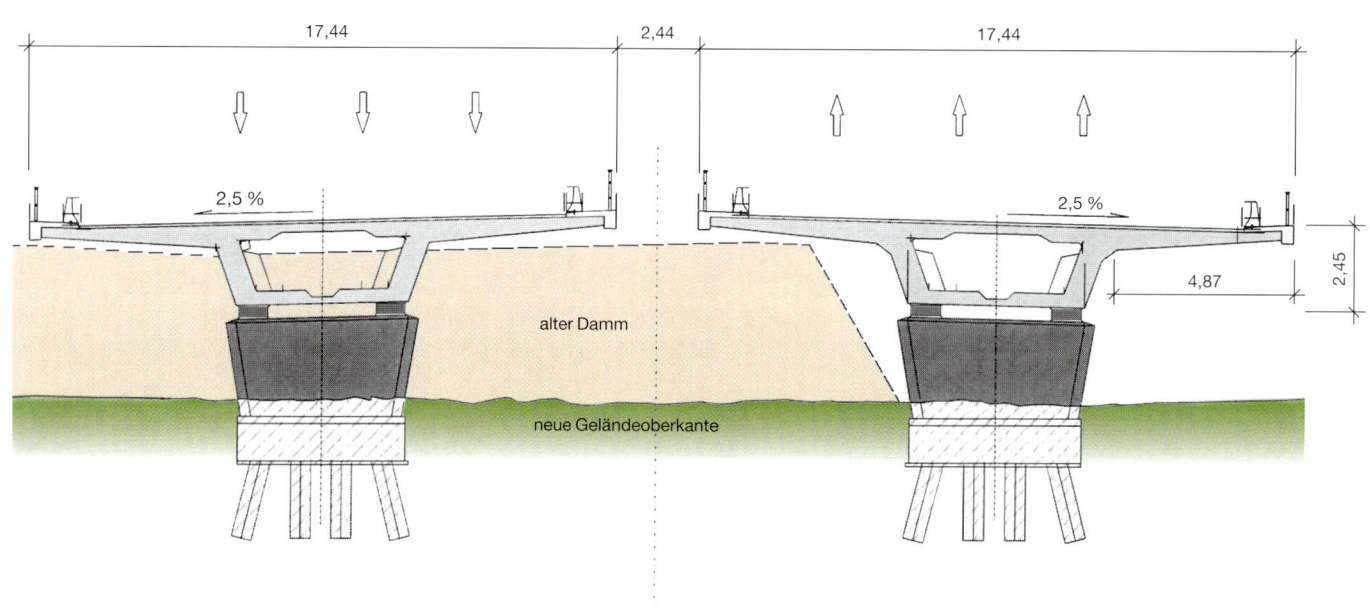

Querschnitt Muldebrücke

Verkehrsprojekt Deutsche Einheit Nr. 12 A 9 Berlin–Nürnberg Sachsen-Anhalt	unten: **Mulde**	Baujahr: **1996–1998** Bauzeit: **36 Monate**	Bauweise: **Spannbeton- hohlkasten**
Entwurf: **Leonhardt, Andrä und Partner, Stuttgart Prof. Eibl und Partner, Dresden**	Bauwerks-Nr.: **BW 39 und BW 41**	Kosten (Mio. DM): **32,5**	Kosten (DM/m²): **1.600**
Prüfingenieur: **Prof. Dr.-Ing. Specht, Berlin**	Gestalterische Beratung: **Architekten BDA Feldmann, Hofmann, Rohde, Schürmeyer, Hannover**		
Bauüberwachung: **Ingenieursozietät BGS, Hannover**	Ausführungsplanung: **Köhler + Seitz, Nürnberg**		
Bauausführung: **Adam Hörnig, Niederlassung Thüringen, Weimar**			

Die neue westliche
Brückenhälfte im
Flußbereich der Mulde.

Sich nach unten verjüngende Pfeiler
tragen Spannbetonhohlkasten und weit
auskragende Fahrbahnplatte des Überbaus.

Schematische Darstellung zum Taktschiebeverfahren

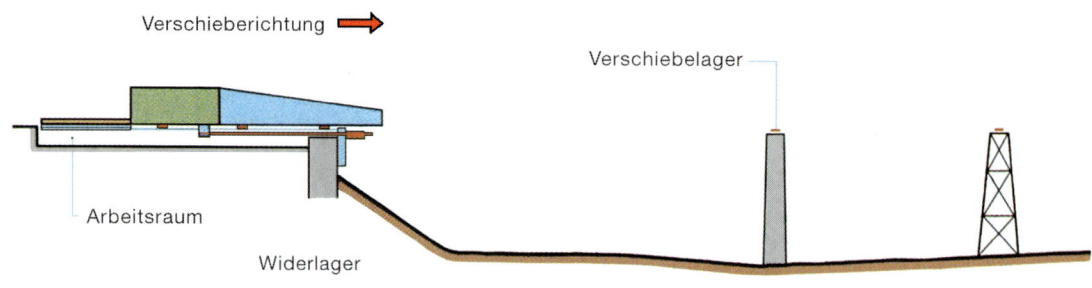

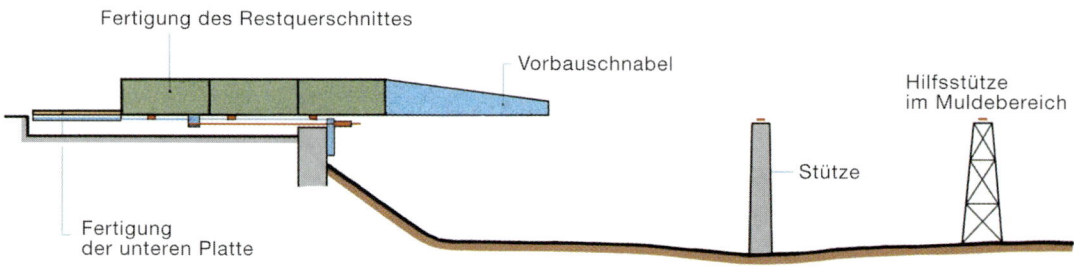

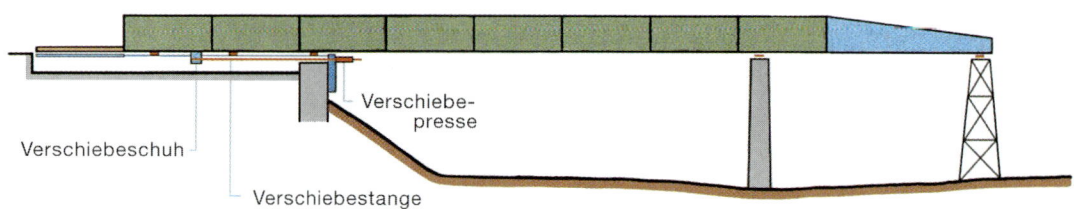

4. Technische Daten (BW 39)

Länge:	431,5 m
Stützweiten:	27,5 m – 44 m – (9×) 36,75 m – 29,25 m
Breite:	37,32 m
Fläche:	16.104 m²
Konstruktions-höhe:	2,45 m konstant
Überbau-bauweise:	Spannbetonhohlkasten
Herstellungs-verfahren:	Taktschiebeverfahren
Stahl (inkl. Spannstahl):	2.100 t
Beton:	14.000 m³

5. Planungsübersicht

Sommer '92	Beginn der Planungen für den Strecken-abschnitt durch DEGES
Januar '95	Fertigstellung Bauwerksentwurf; Sichtvermerk BMV
August '95	Submission
Dezember '95	Plangenehmigung; Auftragserteilung
August '97	Verkehrsfreigabe Überbau West
November '98	Verkehrsfreigabe Überbau Ost

Saalebrücke
Schkortleben (A 38)

1. Aufgabenstellung

Der 1. Rammschlag an der Saalebrücke bei Schkortleben im August 1995 bedeutete gleichzeitig den Beginn der Bauarbeiten im Zuge der A 38/A 143 Göttingen–Halle (Verkehrsprojekt Deutsche Einheit Nr. 13) insgesamt. Dieser frühzeitige Baubeginn wurde ermöglicht, nachdem das Regierungspräsidium Halle bereits im Mai 1995 im Rahmen des Planfeststellungsverfahrens Plangenehmigung für die Saalebrücke bei Schkortleben erteilt hatte.

Damit war die entscheidende Voraussetzung geschaffen, den raumordnerisch und verkehrlich überaus wichtigen Teilabschnitt der A 38 zwischen der Anschlußstelle Leuna (B 91 bei Bäumchen) und der B 87 bei Lützen bereits nach rund zweijähriger Bauzeit im August 1997 für den Verkehr freigeben zu können.

Dieser 9,3 km lange Neubauabschnitt ist für die Autobahnanbindung der Industrie- und Gewerbestandorte im südlichen Teil des sog. Chemiedreiecks (z. B. Weißenfels-Nord, Merseburg-Süd, Buna/Frankleben) von größter Bedeutung. Der eng gesteckte Terminplan des ersten verkehrswirksamen Teilstücks stand jedoch vor allem in Zusammenhang mit der Inbetriebnahme der neuen Raffinerie „Leuna 2000" im Herbst 1997. In der Anfangsphase sollten in der Anlage jährlich 8,7 Mio. Tonnen Erdöl verarbeitet werden. Der Transport eines beträchtlichen Teils der Endprodukte (Kraftstoff, Heizöl, Flüssiggas etc.) erfolgt in Tanklastzügen – also über die Straße.

Eine unmittelbare Anbindung der Raffinerie an das Fernstraßennetz (zunächst über das neue Autobahnkreuz „Rippachtal" an die A 9) ist mithin unerläßlich. Durch bessere Erreichbarkeit und geringere Transportkosten verbessern sich die Marktzugangs- und -absatzchancen der Unternehmen.

2. Bauwerksentwurf

Die Saalebrücke bei Schkortleben ist mit 860 m das zur Zeit längste und ingenieurtechnisch eines der anspruchsvollsten Brückenbauwerke auf der gesamten Strecke des Verkehrsprojektes Deutsche Einheit Nr. 13. Die Trassierungsachse befindet sich zunächst in einer Klothoide mit A = 745 m und geht dann etwa im direkten Saalebereich in einen Radius von R = 2000 m über. Im Aufriß steigt die Gradiente konstant mit 0,8 %. Die Brückenbreite zwischen den Geländern beträgt 30 m (gemäß RQ 29,5 mit 3 m breiten Mittelstreifen).

Aus wirtschaftlichen, gestalterischen und technischen Gründen wurden rund 20 verschiedene Überbauvarianten mit verschiedenen Stützweiten, unterschiedlichen Bauarten in Spannbeton und Stahlverbund mit variierenden Querschnittsformen sowie 5 Varianten für die Pfeiler untersucht. Aus diesen Varianten wurde dann – insbesondere unter Berücksichtigung der Einpassung in den Querschnitt des Saaletals – unter Zustimmung aller Beteiligten eine Vorzugsvariante für Über- und Unterbauten ausgewählt.

Aus wirtschaftlicher Sicht gelangte schließlich beim Überbau ein Sonderentwurf in Spannbeton auf Vorschubrüstung zur Ausführung. (Im Ausschreibungsentwurf war eine Stahl-Verbundbrücke vorgesehen.) Die gestaltwirksamen Architekturmerkmale des Verwaltungsentwurfes wie Pfeilerform, Stützweiten, Überbauhöhe- und Form durften nicht verändert werden und sind im Sonderentwurf übernommen worden.

2.1 Unterbauten

Entsprechend den festgestellten Untergrundverhältnissen steht mit Ausnahme des östlichen Hangbereichs in der Saaleaue unter dem Auelehm mit den Kiesen und Sanden der Niederterrasse ein tragfähiger Untergrund an. In diese Schicht wurden die Unterbauten flachgegründet. Wesentliches Entscheidungskriterium für die Wahl einer Flachgründung waren die zu erwartenden Setzungen und Setzungsdifferenzen.

Im östlichen Hangbereich des Saaletals (Pfeilerachsen 100 und 110) stehen die Kiese und Sande der Niederterrasse erst in Tiefen von ca. 9,0 bis 10,0 m unter Gelände an. Das östliche Widerlager liegt wie das letzte Pfeilerpaar im Bereich geologischer Unregelmäßigkeiten (Solifuktionsschutt). Das Widerlager Ost wurde auf einem Bodenaustausch flachgegründet. Für die Pfeiler in Achse 100 und 110 war wegen der nahen Lage einer Äthylenfernleitung und einer Regelstation ein Bodenaustausch nicht möglich. Hier erfolgte eine Tiefgründung mit Großbohrpfählen.

2.1.1 Vorlandpfeiler

Im Vorlandbereich sind die Pfeiler als querorientierte Stahlbetonrahmen (in B 35) aus Rundstützen mit 2,00 m Durchmesser und einem konischen Querriegel ausgebildet und wurden in die flachgegründeten Fundamente eingespannt. Der Querriegel nimmt die Lagersockel auf und bietet Platz für das Aufstellen von hydraulischen Pressen beim Anheben der Überbauten. Zusätzlich erhielten diese oberen Abschlußbauteile einen Wartungsgang, der vom Hohlkasten der Überbauten aus zugänglich ist. Die Pfeiler sind in ihrer Gesamtlänge betoniert und erhielten in regelmäßigen Abständen umlaufende Nuten, die die vertikale Brettstruktur ausdrucksvoll gliedern. Die sehr schlanken, als säulenartige Rundstützen aufgelösten Pfeilerpaare unterstreichen die Eleganz des sehr schlanken Überbaus und lassen das Bauwerk insgesamt sehr „leicht" erscheinen. Die gewählte Pfeilerform für 9 Achsen gewährt darüber hinaus eine größtmögliche Transparenz des Talraumes in den Hauptblickrichtungen.

2.1.2 Strompfeiler

Die Stützungen des 112 m langen Brückenfeldes über der Saale sind als massive Pfeilerscheiben in 3 m breitem Stahlbeton (B 35) mit einem konischem Oberteil ausgeführt. Die für beide Überbauten getrennten Massivpfeiler sind in die flachgegründeten, umspundeten Fundamente eingespannt. Die robuste, dominierende Pfeilerform unterstreicht so den Kraftverlauf des zu den Stützungspunkten hin gevouteten Überbaus. Sie unterstreichen aus gestalterischer Sicht den Ruhepunkt der Brücke, an dem die Kräfte der großen Feldweiten in unmittelbarer Saalenähe sicher aufgenommen werden. Der ostseitige Strompfeiler ist Festpunkt für die Lagerung des Gesamtüberbaus.

2.1.3 Widerlager

Beide kastenförmigen Widerlager sind flachgegründet und in Stahlbeton (B 25) ausgeführt. Jedes Widerlager wird in Brückenachse durch eine Raumfuge getrennt. Zusätzlich wurden zur Steuerung der Rißbildung neben bewehrungstechnischen Maßnahmen je Widerlagerhälfte zwei Scheinfugen angelegt.

Da durch die großen Fahrbahnübergänge in Brückenlängsrichtung extrem große Abmessungen der Auflagerbreite in den Widerlagern notwendig sind, wurden die aufgehenden Widerlagerwände in 1,0 m breite Scheiben mit einer 75 cm dicken vorderen Abschlußwand aufgelöst. Die Flügel wurden aus der Flügelwand und den Kragflügeln gebildet, die in die Fundamente eingespannt sind.

Die Widerlager sind in ihrer Gesamthöhe von ca. 12 m geschüttet mit vertikaler Brettstruktur und mit einer horizontalen Nut im Bereich der Auflagerbank ausgeführt.

Ein integriertes Treppenhaus im Innern der Widerlager ermöglicht den Zugang zu den Hohlkästen der Überbauten. Im westlichen Widerlager werden außerdem in einem Schacht die Falleitungen der Brückenentwässerung geführt. Von hier aus wird das Wasser in ein Tosbecken weiter in die Vorfluter geleitet.

2.2 Überbau

Der Entwurf für die Talbrücke sah zwei voneinander getrennte Überbauten vor, die als Vollwanddurchlaufträger über 12 Felder mit voutenförmig veränderlicher Bauhöhe im Bereich der großen Felder über bzw. neben der Saale ausgebildet sind. Diese Überbauten sollten in Stahl-Verbundbauweise mit in Längs- und Querrichtung schlaff bewehrter Betonplatte und einem einzelligen, trapezförmigen Hohlkastenquerschnitt hergestellt werden.

Beauftragt wurde schließlich ein Sondervorschlag, der in den wesentlichen geometrischen, gestaltungswirksamen Elementen diesem Entwurf entspricht, bei dem der Überbau jedoch in Spannbeton ausgeführt wird. Der einzellige Hohlkasten (zunächst für die nördliche Brückenhälfte) wurde – in Längs- und Querrichtung beschränkt vorgespannt – abschnittweise auf einem Vorschubgerüst in ca. 20 m Höhe hergestellt. Das Betonieren erfolgte in zwei Arbeitsgängen: zunächst Bodenplatte und Stege, danach die Fahrbahnplatte in Abschnittslängen bis zu 68 m. Die Abschnittsfugen wurden in den Bereichen der Momentennullpunkte angeordnet.

3. Bauausführung

3.1 Unterbauten

Die Pfeiler und Widerlager sind dem Entwurf entsprechend hergestellt, wobei die Fundamentabmessungen dem etwas größeren Eigengewicht des Überbaus angepaßt wurden. Die Herstellung der kompletten Unterbauten erfolgte kontinuierlich für beide Überbauten achsweise von Westen beginnend und wurde bereits Ende 1996 abgeschlossen.

In Saalenähe sind die Fundamentbaugruben hochwassersicher umspundet worden und nach Unterwasseraushub bis zur Gründungsebene mit Unterwasserbeton bis Höhe Fundamentunterseite geschüttet worden.

Die Andienung der Baustelle erfolgte über einen 10 m breiten, parallel geführten Technologiestreifen für eine Fahrspur und eine Kranbahn.

3.2 Sonderentwurf Überbau

Die Wettbewerbsbedingungen, nämlich die als besonders gelungen bewertete Architektur des Verwaltungsentwurfs in den Hauptgestaltungsmerkmalen nicht zu ändern, stellte an alle Beteiligten die außerordentliche Herausforderung, die schlanke Form des Verbundquerschnitts qualitativ gleichwertig in Spannbeton auszuführen.

Die Überbauherstellung erfolgte (beginnend mit der Nordhälfte) von Westen aus. Das Vorschubgerüst ist in Feld 2 außerhalb des Lichtraumes der Kreisstraße, montiert und von dort aus in die erste Betonierstellung nach Feld 1 zurückgefahren worden. Nach

Ausrüstung der „Lehrgerüstfabrik" und Belegung mit horizontaler Brettschalung als Schalhaut begann die Fertigung der Überbauabschnitte in sich wiederholenden Arbeitstakten:

1. Einrichten und Justieren der Schalung.
2. Verlegung von Schlaffstahl und Spannstahl.
3. Stellen der Troginnenschalung.
4. Betonieren des Trogquerschnitts.
5. Ausbau der Troginnenschalung.
6. Teilvorspannung des Trogquerschnitts.
7. Einfahren des Deckenschaltisches.
8. Verlegung von Schlaff- und Spannstahl für die Fahrbahndecke.
9. Betonieren der Fahrbahndecke.
10. Vorspannung des Gesamtquerschnitts.
11. Ablassen, Verfahren, Einrichten des Vorschubgerüstes.

Der einzellige Hohlkasten hat Fahrbahndicken zwischen 25 und 55 cm, Stegdicken von 68 bis 88 cm und Bodenplattendicken von 30 bis 120 cm. Längs enthält der Gesamtquerschnitt 20 bis 56 Spannglieder; die Querspannglieder liegen im Abstand von 60 cm.

3.2.1 Vorschubrüstung

Die sehr großen Stützweiten der Brücke machten ein Vorschubgerüst von beachtlichen Ausmaßen erforderlich: eine Gesamtgerüstlänge (einschließlich Auslegerträger an beiden Enden) von 136,50 m, ein Haupttragwerk von 72 m Länge mit einem Hauptträger von 4 m Bauhöhe.

Den Gerüstquerschnitt bildeten zwei Fachwerkkästen, die durch untenliegende Walzprofilquerträger verbunden sind. Zur Trennung der beiden Fachwerkkästen waren die Querträger mittig mit Schraubstoß ausgerüstet. Die Bodenschalung wurde nach Höhenlage auf den Querträgern aufgeständert. Für die äußere Stegschalung und die Kragplattenschalung waren auf den Fachwerkkästen Schalungsböcke angeordnet.

Zur Abstützung der Vorschubrüstung dienten Joche, die beiderseits der Pfeiler mit Stahlstützen bis auf die Pfeilerfundamente geführt wurden. Die Jochträger waren als Verschubträger für den Querverschub ausgebildet.

Durch die großen Abschnittslängen (bis zu 68 m) konnten Arbeitstakte von 2 Wochen für die Regelfelder mit konstanter Bauhöhe sowie 3 Wochen für die Voutenfelder realisiert werden. Die Komplettierung nach Gesamtfertigung eines Überbaus stellt sich wie folgt dar:
- Herstellung einer Ausgleichsgradiente,
- Abdichtung und Belag,
- Kappenherstellung im Tagestakt von ca. 30 m langen Abschnitten,
- Fahrbahnübergänge und Geländer,
- Einbau der endgültigen Brückenlager.

Im Hauptfeld über dem Strom und dem Nachbarfeld wurde je eine Hilfsstütze benötigt. Diese wurde aus Stahlbeton hergestellt und in einem Spundwandkasten auf Unterwasserbeton gegründet. Zur Herstellung des zweiten Überbaus wurde die Hilfsstütze quer verschoben und später vollständig abgebrochen.

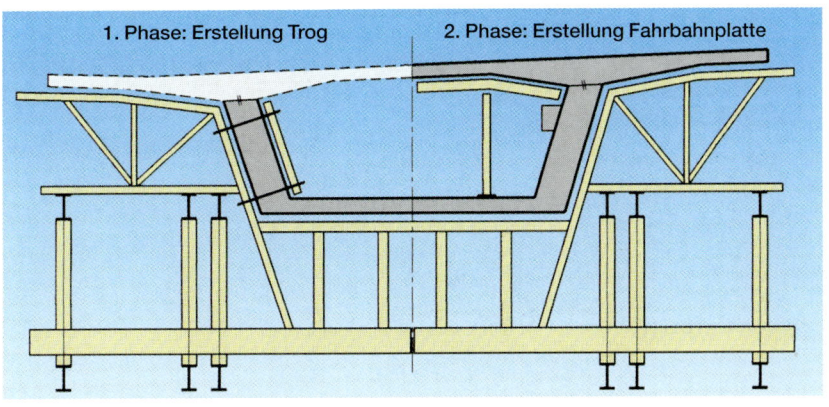

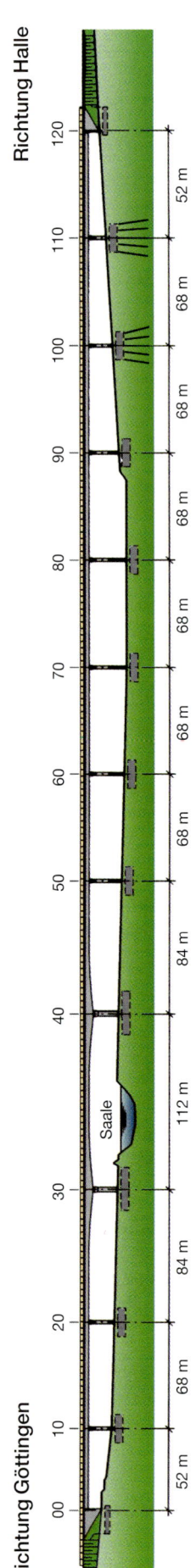

Richtung Halle

120

52 m

110

68 m

100

68 m

90

68 m

80

68 m

70

68 m

60

68 m

50

84 m

40

112 m

Saale

30

84 m

20

68 m

10

52 m

00

Richtung Göttingen

Längsschnitt

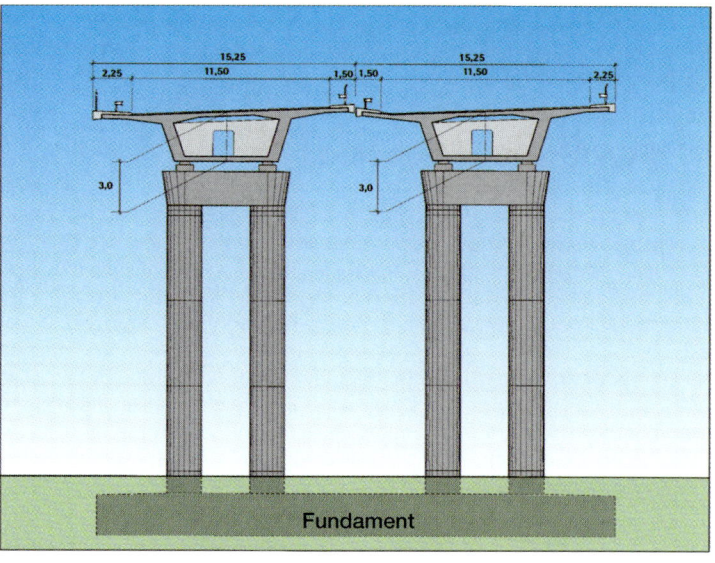

Querschnitt über den Strompfeilern

15,25   15,25
2,25   11,50   1,50 | 1,50   11,50   2,25

5,50   5,50

Fundament

Querschnitt über den Vorlandpfeilern

15,25   15,25
2,25   11,50   1,50 | 1,50   11,50   2,25

3,0   3,0

Fundament

Verkehrsprojekt Deutsche Einheit Nr. 13 A 38 Göttingen–Halle Sachsen-Anhalt	unten: **Saale, Landesstraße L 182**	Baujahr: **1995–1998** Bauzeit: **30 Monate**	Bauweise: **Spannbeton-hohlkasten**
Entwurfsbearbeitung: **SPI – Schüßler Plan Gesellschaft beratender Ingenieure mbH, Düsseldorf**	Bauwerks-Nr.: **BW 3/05**	Kosten (Mio. DM): **53**	Kosten (DM/m²): **2.001,00**
Gestalterische Beratung: **Prof. Hans-Günther Burkhardt, Hamburg**	Bauausführung: **ARGE Walter Bau/Max Bögl, Plauen**		
Prüfingenieur: **Prof. Dr. György Iványi, Velbert**	Ausführungsplanung und Verfassung Sondervorschlag: **Deutsche Bau-Consulting GmbH, Friedberg**		
Bauüberwachung: **Ingenieurbüro Hensel, Kassel**			

Während der Bauphase: Der nördliche Überbau ist nahezu fertiggestellt.

Die Pfeilerpaare mit den säulenartig ausgebildeten Rundstützen und dem konischen Querriegel.

4. Technische Daten

Länge:	860 m
Stützweiten:	52 m – 68 m – 84 m – 112 m – 84 m – (6×) 68 m – 52 m
Breite:	30,5 m
Fläche:	26.230 m²
Konstruktions-höhe:	3,00 m bis 5,25 m
Höhe max.:	24 m über Gelände
Überbau-bauweise:	Spannbetonhohlkasten
Herstellungs-verfahren:	Vorschubrüstung
Betonstahl ges.:	4.000 t
Spannstahl ges.:	1.250 t
Beton:	37.000 m³

5. Planungsübersicht

Sommer '91	Beginn der Planungen (A 38/A 143 insgesamt)
Herbst '93	Raumordnungsverfahren abgeschlossen
Oktober '93 bis Mai '95	Bauwerksplanung
Juni '94	Linienbestimmung (Bad Lauchstädt–Lützen 28,1 km)
11/'94–11/'95	Planfeststellungsverfahren
23. Mai '95	Plangenehmigung für die Saalebrücke
16. Juni '95	Vergabe des Brückenbauwerks
18. August '95	1. Rammschlag – Baubeginn
August '97	Verkehrsfreigabe der nördlichen Brückenhälfte
Sommer '98	Fertigstellung und Verkehrsfreigabe des gesamten Bauwerks

Schrotetalbrücke (A 14)

1.   Aufgabenstellung

Die Bundesautobahn A 14 (101,7 km, DEGES-Anteil: 98,9 km) bildet, ausgehend von der B 71 bei Dahlenwarsleben im Norden, eine für Sachsen-Anhalt bedeutsame Direktverbindung zwischen der Landeshauptstadt Magdeburg und der Wirtschaftsregion Halle.

Damit übernimmt die Fernstraße zunächst die Funktion einer leistungsfähigen Regionalachse zwischen den beiden größten Städten des Landes. Durch die vielfältigen Verknüpfungen der Neubaustrecke mit vorhandenen (A 2 im Norden und A 9 im Süden) bzw. geplanten (über die A 143 zur A 38 im Süden) Autobahnen ist die A 14 ein wichtiger Lückenschluß im deutschen/europäischen Fernstraßennetz.

Für die Städte und Gemeinden im Einzugsbereich bringt die neue Autobahn eine spürbare Verkehrsentlastung.

Bereits im November 1996 wurde der erste 11,6 km lange Streckenabschnitt im südlichen Bereich der A 14 zwischen Könnern und Löbejün für den Verkehr freigegeben. Knapp ein Jahr später konnte ein zweiter verkehrswirksamer Abschnitt des Verkehrsprojektes Deutsche Einheit Nr. 14 in Betrieb genommen werden: das 13,6 km lange Teilstück zwischen den Anschlußstellen Magdeburg-Stadtfeld und Magdeburg-Reform.

Südlich der Anschlußstelle Magdeburg-Stadtfeld quert die Trasse das Tal der Schrote und die Eisenbahnlinie Magdeburg – Hannover. Zur Überführung der neuen Autobahn entstand hier das mit 492 m längste Brückenbauwerk dieses Streckenabschnitts: die Schrotetalbrücke.

2.   Bauwerksentwurf

Wesentliche Ausgangsparameter für die konstruktive Gestaltung der Brücke ergaben sich aus den Feststellungen des Landschaftspflegerischen Begleitplans. So zählt die Schroteaue zu den wenigen naturnahen Lebensräumen in diesem Gebiet. Für das Kleinklima im Raum westlich Magdeburg ist außerdem von Bedeutung, daß der Kaltluftabfluß im Tal der Schrote nicht gestört wird. Hinsichtlich der Zerschneidung des Landschaftsraumes wurde die Brücke als „problematisch" eingestuft.

Diese umweltrelevanten Aspekte gaben schließlich den Ausschlag für eine Stahlverbundbrücke als Entwurfslösung. Mit den relativ großen lichten Weiten zwischen den Pfeilern (42 bis 68 m), der Gestaltung der Überbauten als durchlaufende, einzellige Verbundkastenträger sowie deren Herstellung im Taktschiebeverfahren wurden die genannten Beeinträchtigungen weitgehend minimiert:

- die Brücke hat eine „leichte" und grazile Form, die sich der Landschaft anpaßt,
- der Kaltluftstrom wird relativ wenig beeinträchtigt,
- durch die großen Stützweiten werden die Eingriffe in die Landschaft minimiert.

Für die überführte Autobahn A 14 liegt ein Regelquerschnitt (RQ 29) zugrunde. Der Verkehrsraum auf dem Bauwerk beträgt 2 × 11,50 m, die Mittelkappenbreite 3,00 m. Die Gradiente der Autobahn hat im Bauwerksbereich eine Steigung von 0,5 % (Achse A/Widerlager Süd) bis 0,25 % (Achse B/Widerlager Nord). Das Quergefälle beider Richtungsfahrbahnen der A 14 beträgt 2,5 %.

2.1   Unterbauten

2.1.1   Bodenverhältnisse

Im Bereich der Talbrücke stehen unter dem Oberboden Löß und Geschiebemergel (teilweise mit Schmelzwasserablagerungen abgedeckt und durchzogen), tertiäre Bodenbildungen sowie Festgestein (Tonstein oder Formation Buntsandstein) an.

Die einzelnen Bodenschichten sind bezüglich Konsistenz, Schichtdicken und Festigkeit starken Schwankungen unterworfen. In den Lockergesteinen ist außerdem mit niederschlagsabhängigem Schichtenwasser in stark unterschiedlichen Tiefen zu rechnen.

2.1.2   Widerlager, Flügel

Die Widerlager sind als Kastenwiderlager ausgebildet. Hinter der 1,30 m breiten Auflagerbank gibt es jeweils einen Wartungsgang. Von hier aus ist über eine Öffnung der Überbauhohlkasten zugänglich, um die Wartung der Entwässerungsleitungen und der Lager zu gewährleisten.

Alle Sichtflächen der Widerlager- und Flügelwände wurden unter Einsatz einer Schalung aus gebürsteten Platten mit Holzstruktur hergestellt.

2.1.3   Pfeiler

Als Unterstützung für den Überbau dienen sieben Hohlpfeilerpaare. Die Außenabmessungen der Pfeiler betragen quer zur Brückenachse konstant 4,70 m; in Richtung zur Brückenachse liegt die Breite eines Pfeilers unterhalb des Pfeilerkopfes außen bei 2,30 m und steigt in Abhängigkeit von der Höhe in einem Verhältnis von 1:100 zum Fundamant hin an. Die Wanddicke beträgt 0,35 m.

Die Abmessungen der Pfeilerköpfe sind bei allen Pfeilern gleich und richten sich nach dem Lagerachsabstand, der maximalen Lagergröße und dem Platzbedarf für die hydraulischen Pressen zum Lagertausch. Sie betragen 5,45 m in Querrichtung und 3,05 m in Längsrichtung. Alle Pfeiler wurden mit Zwischenpodesten versehen und zu Begehbarkeit ausgebaut. Die Pfeilerköpfe sind damit sowohl vom Überbau aus als auch über die beleuchteten Innenräume der Hohlpfeiler zugänglich.

2.2   Überbau

In Anlehnung an den Trassenquerschnitt RQ 29 haben die beiden getrennten Überbauten je zwei Fahrstreifen und einen Standstreifen mit einer Gesamtbreite von 11,50 m. Die Kappenbreiten betragen innen 1,45 m, außen 2,00 m.

Wegen der umweltrelevanten Aspekte und des Zwangspunktes über der Eisenbahnstrecke kam für den Überbau nur eine geringe Konstruktionshöhe bei relativ großen Stützweiten (Regelfelder: 68 m) in Betracht. Mit einer Schlankheit L : H von 22,7 in den Regelfeldern in Verbindung mit der Herstellung im Taktschiebeverfahren bot sich eine Stahlverbundbrücke als optimale Lösung an. Jeder Überbau besteht aus einem leicht asymmetrischen U-förmigen Stahlhohlkasten mit Betonfahrbahn im Verbund. Die Konstruktionshöhe beträgt im ersten Feld konstant 2,46 m, vergrößert sich innerhalb des zweiten Feldes auf 3,00 m und bleibt in den restlichen sechs Feldern konstant.

Die Verbundplatte (Beton der Festigkeitsklasse B 45) kragt seitlich bis zum Rand der Außenkappe um 3,40 m aus. Die Plattendicke variiert von 22 cm am Kragarmende bis zu 50 cm am Kragarmanschnitt. Die Platte ist in Längs- und Querrichtung schlaff bewehrt. Die Randkappengesimse wurden aus tausalzbeständigem Beton gefertigt und aus gestalterischen Gründen an den Außenseiten auf 60 cm heruntergezogen.

2.2.1   Lager/Übergänge

Aufgrund der Größe der vorhandenen Lagerkräfte und Verschiebungen wurden Kalottenlager gewählt. Der Festpunkt der Brücke befindet sich in Achse 4.

An den beiden Brückenenden befinden sich wasserdichte Übergangskonstruktionen mit Dilatationen von 460 mm bzw. 520 mm.

2.3 Entwässerung

Jeder Überbau hat 44 Brückenabläufe im Abstand von je ca. 12 m. Das Wasser wird über eine im Hohlkasten geführte Längsleitung abgeleitet. Die Längsleitungen gehen an den Pfeilern in den Achsen 2 und 4 in senkrechte Falleitungen über, die in vor den Pfeilern liegenden Revisionsschächten münden. Von hier aus wird das Wasser über Rohrleitungen in Sickerbecken geleitet.

3. Bauausführung

3.1 Gründung/Unterbauten

Bei den vorgefundenen Bodenverhältnissen wurden Pfeiler und Widerlager auf Großbohrpfählen tief gegründet. Wegen möglicher ungleicher Setzungen bzw. Verkantungen in Querrichtung wurde eine setzungsarme Pfahlgründung gewählt. Die Pfähle haben einen Durchmesser von 1,50 m und eine variable Länge, so daß jeder Pfeiler mindestens 50 cm in die Tonsteinschicht einbindet. Die Großbohrpfähle wurden grundsätzlich lotrecht eingebracht, lediglich unter den Widerlagern mit einer Neigung von 8 : 1. Die Pfahllängen variieren zwischen 6 m und 19 m. Die maximale Pfahllast beträgt ca. 7 MN.

Die Baugruben der Pfeilerfundamente am Bahndamm wurden mittels Berliner Verbau mit Betonausfachung gesichert.

3.2 Überbau

3.2.1 Fertigung

Der Stahlbau wurde in Vazzola, Italien, gefertigt. Durch die gewählte Schußeinteilung war ein umweltfreundlicher Bahntransport von Italien aus zum Bahnhof Niederndodeleben in 3 km Entfernung von der Baustelle möglich. Der Resttransport erfolgte mit Tiefladern zum Montageplatz. Der Stahltrog des Hohlkastens wurde in drei in Längsrichtung getrennten Teilen mit je ca. 12 bis 17 m Länge angeliefert. Die Teile (Steg links, Bodenplatte, Steg rechts) wurden auf dem Montageplatz nach dem Zusammenlegen und Ausrichten durch Längsnähte zu einzelnen Schüssen miteinander verschweißt.

3.2.2 Montage

Hinter dem Widerlager Nord war eine Montagefläche von ca. 100 m × 30 m mit verfahrbaren Zelten zum Zusammenlegen und Ausrichten der angelieferten Einzelteile eingerichtet worden. Der Stahltrog wurde schußweise zusammengeschweißt und mit Aussteifungsverbänden und Verbundmitteln komplettiert. Jede Überbauhälfte bestand aus 30 Schüssen von 12 m bis 17 m Länge. Die

Schüsse 7 bis 30 wurden von der Nordseite her feldweise im Taktschiebeverfahren (ohne Hilfsstützen) eingeschoben. Zur Verringerung des Kragmomentes und Reduzierung der Verformung beim Verschub war ein ca. 17 m langer Vorbauschnabel an die Spitze des Stahltroges montiert.

Die Schüsse 1 bis 3, die wegen der Einhaltung des Lichtraumprofils über der Bahn eine um ca. 50 cm reduzierte Bauhöhe aufweisen, wurden auf der Südseite zusammengeschweißt und vom Widerlager Süd her eingeschoben. Hierzu waren Hilfsstützen erforderlich. Der Lückenschluß erfolgte durch die Schüsse 4 bis 6 des Feldes 2. Diese Schüsse mit variabler Konstruktionshöhe wurden auf einer Montagefläche seitlich des Feldes 2 zusammengeschweißt und eingehoben und schließlich mit den bereits eingeschobenen Brückenüberbauten verschweißt. Die Verschiebelager wurden anschließend gegen die kurz zuvor eingebauten Kalottenlager ausgetauscht.

3.2.3 Korrosionsschutz

Der Überbau erhielt eine Grundbeschichtung auf Epoxidharzgrundlage mit Zinkstaub und 3 Deckbeschichtungen auf Epoxidharz- und Polyurethangrundlage mit Eisenglimmerzusatz (im Hohlkasteninneren 2 Deckbeschichtungen). Die Grundbeschichtung und 2 Deckbeschichtungen wurden bereits im Werk aufgebracht, die 3. Deckbeschichtung vor Ort.

3.2.4 Herstellung der Fahrbahnplatte

Die Herstellung der Fahrbahnplatte erfolgte – ausgehend vom Widerlager Nord – in 23 Abschnitten mit Einzellängen zwischen 16 m und 23 m. Hierzu wurde ein komplett eingehauster Schalwagen (System Murer) eingesetzt. Die Stahlkonstruktion bestand aus einem räumlichen Rahmensystem mit 10 Fachwerkträgern in Querrichtung und 2 Fachwerkträgern in Längsrichtung (Gesamtgewicht mit Einhausung: ca. 110 t). Die beiden Längsträger waren über den Obergurten des Stahltroges angeordnet, die Fachwerkquerträger hatten beidseits Auskragungen für die Kragarmschalung, die hydraulisch abgesenkt werden konnte.

Im Betonierzustand war die Fahrbahnplattenschalung mit Zugstangen am Schalwagen angehängt. Das Eigengewicht des Schalwagens und die Betonierlast wurden über Stahlstempel, die im Abstand von 1,60 m angeordnet waren, in die Stahlobergurte des Überbaus eingeleitet. Mittels 8 Stahlrollen war der Schalwagen sowohl vorwärts als auch rückwärts hydraulisch verfahrbar. Die Deckeninnenschalung wurde separat verfahren.

Die Herstellung der Fahrbahnplatte erfolgte im sog. Pilgerschrittverfahren, bei dem zunächst die Feldabschnitte betoniert wurden. Anschließend wurde der Schalwagen zurückgefahren, um die zunächst ausgelassenen Stützbereiche zu betonieren. Die Zugkräfte in der Fahrbahnplatte in den kritischen Stützbereichen konnten so verringert werden.

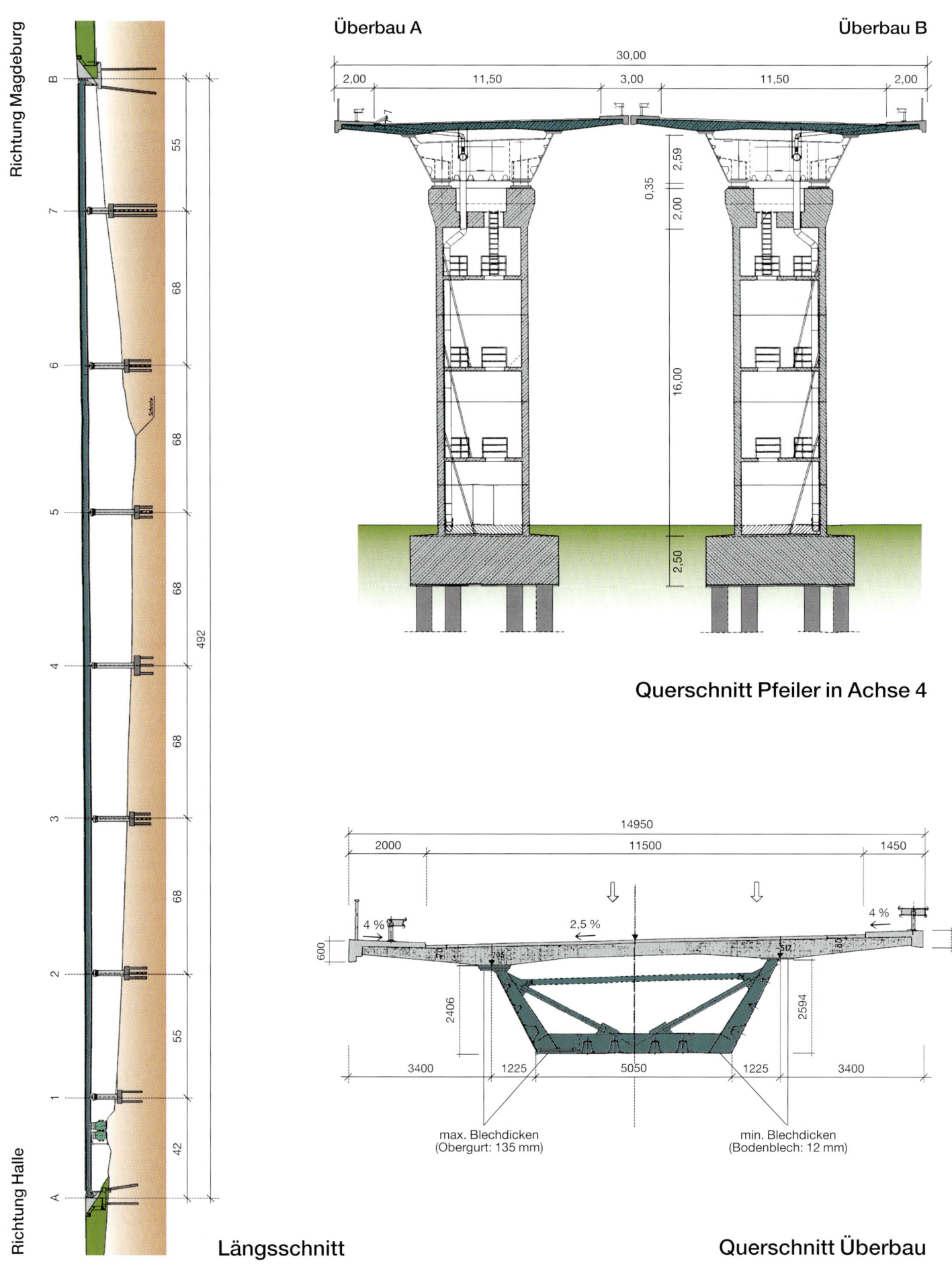

Richtung Magdeburg

B

7
55

6
68

68

5

68

492

4
68

3

68

2

55

1

42

A

Richtung Halle

Längsschnitt

Überbau A

Überbau B

30,00

2,00   11,50   3,00   11,50   2,00

2,59

0,35

2,00

16,00

2,50

Querschnitt Pfeiler in Achse 4

14950

2000   11500   1450

600

4 %   2,5 %   4 %

460

2406   2594

3400   1225   5050   1225   3400

max. Blechdicken
(Obergurt: 135 mm)

min. Blechdicken
(Bodenblech: 12 mm)

Querschnitt Überbau

Verkehrsprojekt Deutsche Einheit Nr. 14 A 14 Magdeburg–Halle Sachsen-Anhalt	unten: **Schrote DB Magdeburg– Hannover**	Baujahr: **1995–1997** Bauzeit: **27 Monate**	Bauweise: **Stahlverbund**
Entwurfsbearbeitung: **Ingenieurgemeinschaft Eriksen, Hannover**	Bauwerks-Nr.: **BW 07**	Kosten (Mio. DM): **28,3**	Kosten (DM/m²): **1.950,00**
Gestalterische Beratung: **Prof. Hans-Günther Burkhardt, Hamburg**	Bauausführung: **ARGE Kirchner/Bonatti, Bad Hersfeld**		
Prüfingenieur: **Dr.-Ing. Udo Weyer, Dortmund**	Nachauftragnehmer für den Stahlbau: **MAEG GmbH, Vazzola (Italien)**		
Bauüberwachung: **Emch + Berger Ingenieure und Planer, Berlin**	Ausführungsplanung: **Verkehrsanlagen Consult, Berlin, und Ingenieur-Consult Haas & Partner, Hannover**		

Die Stahlverbundkonstruktion der Überbauten mit den U-förmigen Stahlhohlkästen und der darüberliegenden Fahrbahnplatte.

Hohlpfeiler mit nach oben breiter werdenden Pfeilerköpfen tragen die Überbauten.

4. Technische Daten

Länge:	492 m
Stützweiten:	42 m – 55 m – (5×) 68 m – 55 m
Breite:	29,5 m
Fläche:	14.514 m²
Konstruktions-höhe:	2,46 m – 3,00 m
Höhe max.:	24 m über Gelände
Überbau-bauweise:	Stahlverbund
Überbau-querschnitt:	2 einzellige Hohlkästen
Herstellungs-verfahren:	Stahltrog im Taktschiebeverfahren, Fahrbahnplatte auf Schalwagen im Pilgerschrittverfahren
Baustahl:	3.300 t
Beton:	5.400 m³ (Überbau B45) 6.300 m³ (einschl. Pfähle B25/B35)
Betonstahl gesamt:	1.900 t

5. Planungsübersicht

November '93	Einleitung Planfeststellungsverfahren für den Streckenabschnitt AS Magdeburg/Stadtfeld bis AS Magdeburg/Sudenburg inkl. Schrotetalbrücke
September '94	Planfeststellungsbeschluß
Mai '95	Baubeginn
Oktober '97	Verkehrsfreigabe 13,6 km Strecke inkl. Schrotetalbrücke

Gestaltungskonzept Brückenbauwerke A 14

1. Veranlassung

Die sieben Verkehrsprojekte Deutsche Einheit – Straße sind im Bundesverkehrswegeplan '92 als „vordringlicher Bedarf" ausgewiesen. Damit dokumentierte die Bundesregierung die primäre Zielsetzung, die Verbesserung der Verkehrsinfrastruktur in den neuen Bundesländern nach Vollendung der Deutschen Einheit mit aller Kraft möglichst zügig voranzubringen.

Mit der Realisierung der VDE – Straße bot sich jedoch auch die einmalige Chance, im Zuge dieser Neu- und Ausbaumaßnahmen die gestalterische Integration technischer Bauwerke in die jeweiligen Landschafts- und Siedlungsstrukturen stärker in den Vordergrund zu stellen, als dies in der Vergangenheit der Fall war. In Abstimmung zwischen dem Bundesministerium für Verkehr (BMV), den neuen Bundesländern und der DEGES wurde deshalb der Beschluß gefaßt, streckenbezogene Gestaltungskonzepte für die einzelnen Fernstraßenprojekte zu entwickeln.

An dem Neubauprojekt der A 14 Magdeburg–Halle lassen sich die auf Landschaft und Siedlungsräume bezogenen ästhetischen Aspekte bei der Bauwerksgestaltung in beispielhafter Weise darstellen.

2. Aufgabenstellung

Um ein schlüssiges und harmonisches Gestaltungskonzept für den gesamten Streckenabschnitt der A 14 zu erhalten, wurde bereits sehr frühzeitig die mit der Gestaltung von Brücken vertraute Planungsgruppe Prof. Laage, Hamburg, mit den verantwortlichen Projektleitern Prof. Burkhardt und Dr. Griebel hinzugezogen. Nach der Linienbestimmung der A 14 wurde die Planungsgruppe mit folgenden Aufgaben betraut:

- Durchführung einer Bestandsanalyse im Bereich der vorgesehenen Trasse; Foto- und Textdokumentation mit Angaben zur Landschafts- und Siedlungstypologie sowie zur vorhandenen Bausubstanz.
- Gestaltungsvorschläge zur Formgebung und Gliederung einzelner Bauwerksteile (Überbau, Widerlager, Stützen, Gesims, Geländer), aber auch zu Materialwahl, Bauteil-Oberflächen, Böschungsbefestigungen, Bepflanzung und weiterer Details.
- Erarbeitung eines Gestaltungskatalogs für die Gesamtstrecke mit Darstellung der ausgewählten Gestaltungselemente für die einzelnen Bauwerkstypen.
- Beratung der Ingenieurbüros bei der Einarbeitung der festgelegten Gestaltungselemente für die Bauwerksentwürfe.

Die einzelnen Entwicklungsphasen wurden unter der Regie von DEGES durchgeführt, die Gestaltungselemente und der Gestaltungskatalog wurden mit dem BMV und den Straßenbauverwaltungen des Landes Sachsen-Anhalt beraten, optimiert und festgelegt. Folgende wesentlichen Ziele wurden dabei formuliert:

1. Die neue Autobahn soll in überschaubare und inhaltlich nachvollziehbare Abschnitte gegliedert werden.
2. Die Abschnittslängen sind in Zeitintervallen (ca. 15–25 min) zu entwickeln, die ausreichend lang erscheinen, um eine in sich variierende Gestaltidee noch zu erfassen.
3. Die Abschnitte sollen eine inhaltliche Beziehung zur anschließenden Landschafts- und Siedlungstypologie herstellen, um den regionalen Charakter aufzunehmen und gleichzeitig auf die landschaftlichen und städtebaulichen Höhepunkte hinweisen.
4. Die Abschnittsbildung soll auch den Ermüdungserscheinungen des Autofahrers entgegenwirken.
5. Das Gestaltungskonzept sollte:
   - in der durch intensive Landwirtschaft geprägten Landschaft Anreize zur Aufwertung des Landschaftsbildes offerieren,
   - die ästhetische Akzeptanz sowohl der Autobahnbenutzer als auch der Anrainer erhöhen,
   - die Durchformung der Standardbauwerke verbessern, ohne ihre Dauerhaftigkeit zu vernachlässigen,
   - Einsparungen durch eine verbesserte Zusammenwirkung von Streckenplanung und Brückenbau anstreben.

3. Bestandsanalyse

3.1 Landschaftliche Vorgaben

Die gesamte Region zwischen Magdeburg und Halle ist stark landwirtschaftlich geprägt (Magdeburger Börde) durch sanfte, hügelige Ackerflächen der höchsten landwirtschaftlichen Wertkategorie, was zu einer immer stärkeren „Ausräumung" der Landschaft geführt hat. Wald, Baumgruppen, Hecken und markante Einzelbäume sind heute kaum mehr vorhanden. Größere Erhebungen oder sonstige auffällige Landschaftspunkte sind nicht vorhanden.

Eine deutliche Zäsur ergibt sich etwa auf halber Strecke durch die Saalequerung, die auch aus topographischer Sicht – auf der Nordseite befindet sich ein Prallhang – gegenüber den anderen kleineren Talquerungen dominiert. Damit bietet sich eine klare Zweiteilung der rund 100 km langen Strecke mit jeweils 25 bis 30 Minuten Fahrzeit an. Diese Gliederung wird zusätzlich unterstrichen durch die unterschiedlichen Gesteinsvorkommen:

- nordwestlich der Saale findet man einen sandbeigen Kalkstein bzw. Muschelkalk vor, am Übergang zur A 2 auch einen roten Sandstein;
- südöstlich der Saale herrscht ein hellroter Porphyr vor mit vereinzelten Vorkommen von rotem Sandstein.

3.2 Siedlungsstruktur, Baumaterialien

Die Strecke ist geprägt durch die jeweilige optische Verknüpfung mit den Großstädten Magdeburg und Halle. Beide sind sowohl als Silhouetten als auch im Nahbereich der Autobahn durch Vorortbebauung erlebbar. Von den sonst tangierten Siedlungen ragt lediglich Bernburg an der Saale heraus.

Die nördlich der Saale vorgefundenen Steinsorten Kalkstein und Muschelkalk finden sich als Baumaterial in den zahlreichen historischen Gebäuden der Städte und Dörfer wieder. Südlich der Saale dominiert bei historischen Gebäuden der rote Löbejüner Porphyr, ein Stein, den man hier auch häufig als Straßenpflaster wiederfindet. Die unter 3.1 beschriebene Zweigliederung der Strecke wird auf diese Weise identisch aufgenommen und unterstrichen.

3.3 Unterschiedliche Sichtweisen

3.3.1 Der Autobahnnutzer

Die Strecke der A 14 wird mit einer durchschnittlichen Geschwindigkeit von 100 bis 120 km/h in 45 bis 60 Minuten durchfahren. Auf dieser Strecke gibt es ca. 95 Brückenbauwerke, davon sind etwa 50 Überführungsbauwerke, die vom Autobahnbenutzer bewußt wahrgenommen werden. Durch Milieuwechsel läßt sich die Aufmerksamkeit des Autofahrers steigern. Da sich landschaftlich kaum Veränderungen ergeben, bietet sich ein Gestaltungswechsel der Bauwerke an der Saalequerung (nach etwa halber Fahrzeit) an. Bei der gefahrenen Geschwindigkeit steht der schnell erfaßbare Zeichencharakter von Einzelbauwerken im Vordergrund.

3.3.2 Der Querverkehr

Bezogen auf die Hauptverkehrsstraßen und ortsnahen Nebenstraßen mit viel Fußgänger- und Radverkehr ergeben sich viele Betroffene, für die die Bauwerke optisch wahrnehmbar bis sehr intensiv wahrnehmbar werden. Hier ist eine hohe Detailqualität gefragt (z. B. Geländer bei Überführungsbauwerken, Ausbildung von Wänden und Decken bei Unterführungsbauwerken), da stets eine stark erlebbare Konfrontation der Benutzer mit einem Bauwerk erfolgt.

3.3.3 Die Anwohner

Bauwerke in unmittelbarer Nähe von Siedlungen haben unmittelbare Auswirkungen auf das Erscheinungsbild der Ansiedlung. Um von den Anwohnern nicht als inakzeptabel störend empfunden zu werden, müssen sie Hochbaudetailqualität besitzen, d. h. eine Feingliedrigkeit aufweisen, die sonst für BAB-Bauwerke aus der Sicht der Benutzer nicht erforderlich ist. Besonders die in der Umgebung vorkommenden Materialien und Pflanzen sowie die vorhandenen Wege und die Blickbeziehungen müssen in die Bauwerksplanung mit einbezogen werden.

3.4 Konstruktionsstandards

Bei den rund 95 Brückenbauwerken im Zuge der A 14 handelt es sich überwiegend um übliche Ü-Bauwerke und A-Bauwerke, im Regelfall also um Ein- oder Zweifeldbauwerke. Aus dem Rahmen fallen sieben größere Talbrücken bzw. Flußquerungen, die gestaltungsmäßig als Sonderbauwerke behandelt werden. Das längste dieser Sonderbauwerke ist die Saalebrücke Beesedau, der auch topographisch eine besondere Bedeutung zukommt.

Die Ü-Bauwerke sind i. d. R. Zweifeldbauwerke mit hochgesetzten Widerlagern und Spannweiten zwischen ca. 2 × 25 m bis ca. 2 × 30 m. Bei diesen Spannweiten hat sich der ein- und zweistegige Spannbeton-Plattenbalken je nach Brückenbreite technisch und wirtschaftlich bewährt.

Die A-Bauwerke reichen von einfachen Durchlässen über Einfeldbauwerke bis zu größeren Zweifeld- mitunter auch Mehrfeldbauwerken. Als Überbauquerschnitte kommen Platten, Plattenbalken und Fertigteilkonstruktionen in Betracht. Diese Konstruktionsformen haben sich ebenfalls bewährt und standen vom Grundsatz her gestalterisch nicht zur Disposition.

Eine besondere Aufgabe bestand also darin, gerade die „üblichen" Ü- und A-Bauwerke unter Beibehaltung der bewährten Konstruktionsstandards mit vertretbarem Kostenaufwand gestalterisch aufzuwerten und im jeweiligen Gestaltungsabschnitt zu erkennbaren Brückenfamilien zusammenzufassen.

4. Gesamtkonzeption

Die Logik einer gestalterischen Gliederung in zwei Milieuabschnitte leitete sich aus den landschaftlichen, siedlungsrelevanten und historisch-architektonischen Vorgaben ab. Die Trennlinie der beiden Abschnitte bildet die Saale. Sowohl durch den Flußlauf als auch durch das die Saale überspannende Bauwerk wird die Zäsur optisch erlebbar. Der Gestaltungsabschnitt Nord reicht also vom AK Magdeburg (A 2/A 14) bis zur Saalequerung, der Gestaltungsabschnitt Süd von der Saalequerung bis zur AS Halle-Nord.

Gestaltet werden alle Überführungsbauwerke, Bauwerke in unmittelbarer Siedlungsnähe sowie A-Bauwerke über verkehrsreichen Straßen: Das entspricht ca. 80–90 % aller Bauwerke.

5. Kosten

Die Verhältnismäßigkeit von besonders ansprechender Gestaltung und Wirtschaftlichkeit kann natürlich nicht außer acht gelassen werden. Die Kosten für die Gestaltung der Bauwerke im Abschnitt Nord mit Klinkerverkleidung liegen bei ca. 3–5 % je Bauwerk und damit in einem durchaus vertretbaren Rahmen. Für die Gestaltung der Bauwerke im Abschnitt Süd mit Löbejüner Porphyr liegen die Kosten höher. Durch Reduzierung der Verblendungsflächen und einer restriktiven Auswahl der zu gestaltenden Bauwerke konnten diese Kosten jedoch reduziert werden, so daß auch im Südabschnitt die Gestaltungskosten – bezogen auf die Gesamtkosten des Abschnitts Süd (Strecke und Bauwerke) – unter 5 % liegen.

6. Gestaltungsmerkmale der Brückenfamilien

	Gestaltung Nord	Gestaltung Süd
Widerlager	abgerundete Ecken, Verklinkerung mit beigefarbenen Klinkern und rötlich abgesetzter Läufer- und Grenadierschicht, Auflagerbank in Sichtbeton	Ecken scharfkantig, mit rötlicher Quarzporphyrverblendung, Widerlager mit Pfeilervorlage (bei zweistegigen Plattenbalken), mit abgeschrägten Widerlagerwänden (bei einstegigen Plattenbalken), Auflagerbank in Sichtbeton mit Verbreiterung nach oben
Stütze	Stützenform oval, Verklinkerung mit beigen Klinkern und rötlich abgesetzter Läufer- und Grenadierschicht, Stützenkopf in Sichtbeton abgesetzt	Stützenform längliches Sechseck, Verblendung mit rötlichem Quarzporphyr, Stützenkopf in Sichtbeton mit Verbreiterung nach oben
Überbau	abgerundete Formen, Brettschalung, versetzte Stöße	eckige Formen, Brettschalung, versetzte Stöße
Gesims	horizontale Gliederung, runde Formen	horizontale Gliederung, eckige Formen
Böschungspflaster	Pflasterung in Naturstein aus der Region, sich nach unten verjüngend	Pflasterung in Quarzporphyr aus der Region, sich nach unten verjüngend

Verkehrsprojekt Deutsche Einheit Nr. 14 A 14 Magdeburg–Halle Sachsen-Anhalt	Gestaltungsraum Nord: Verblendung mit beigen Klinkern und rötlich abgesetzter Läufer- und Grenadierschicht

Entwurf

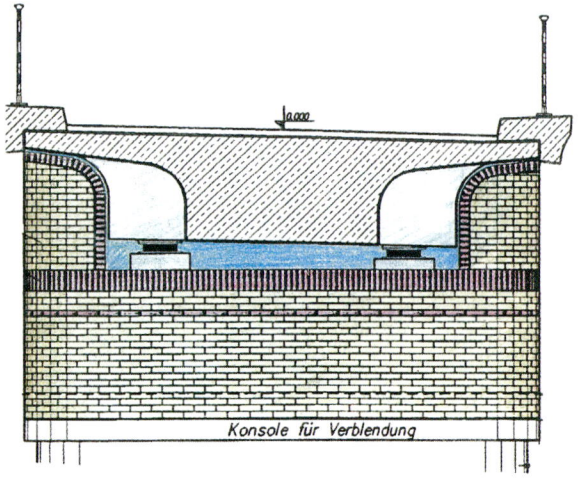

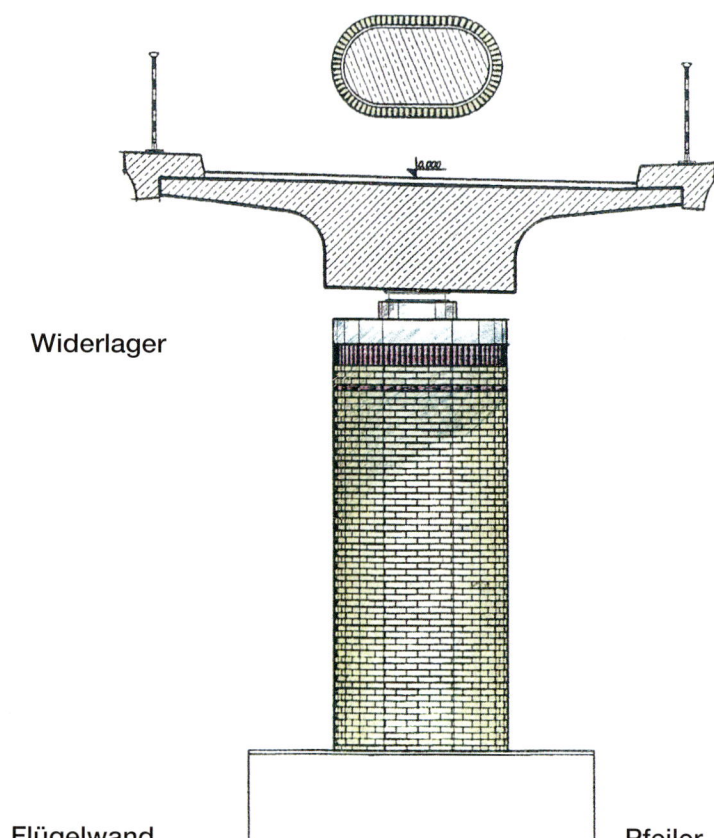

Widerlager

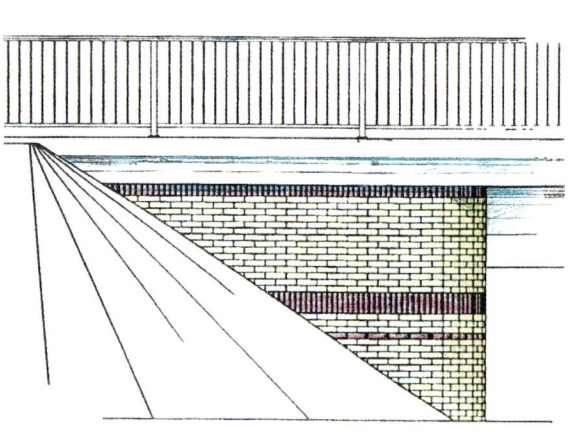

Flügelwand

Pfeiler

Ausführung

Verkehrsprojekt Deutsche Einheit Nr. 14 A 14 Magdeburg–Halle Sachsen-Anhalt	Gestaltungsraum Süd: Roter Löbejüner Porphyr

Ausführung

Entwurf

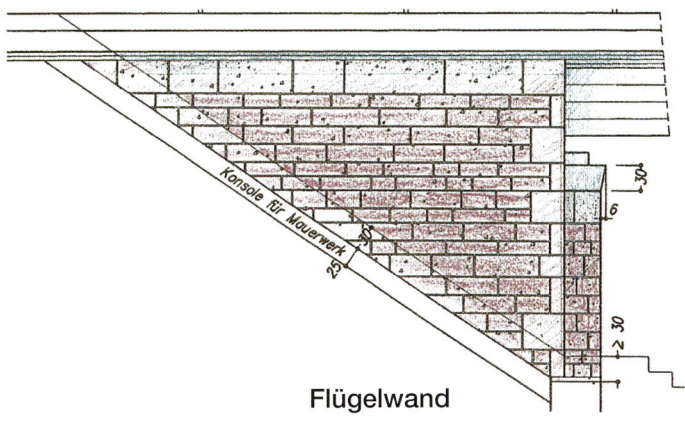

Flügelwand

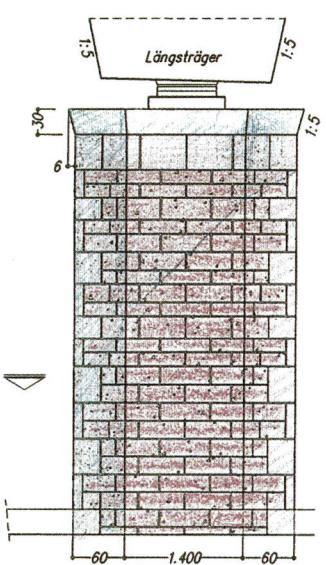

Pfeiler

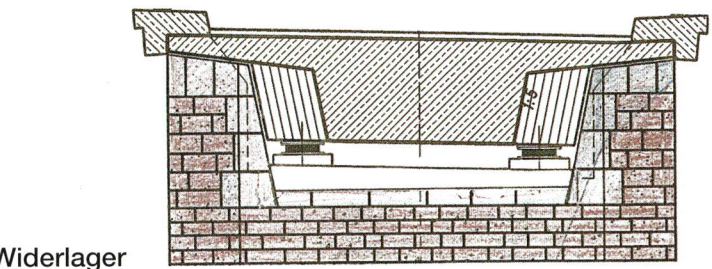

Widerlager

7. Sonderfall Saalequerung

Eine besondere Bedeutung kommt der Saalequerung mit der Saalebrücke Beesedau zu. Sie markiert die Trennlinie zwischen den Gestaltungsabschnitten Nord und Süd. Der besondere Merkzeichencharakter dieser Brücke wird dadurch hervorgehoben, daß sie auf der gesamten Strecke das einzige Bauwerk mit Konstruktionselementen über der Fahrbahn ist. Sie ist somit weithin in der Landschaft sichtbar und wird auch bewußt vom Autofahrer wahrgenommen.

Mit einer Gesamtlänge von 805 m ist die Saalebrücke das längste Bauwerk der A 14. Sie ist gegliedert in eine Vorlandbrücke (495 m) und eine Strombrücke (310 m). Die Strombrücke besteht aus einem echten Bogen pro Richtungsfahrbahn und überspannt mit einer Stützweite von 180 m die Stromöffnung. Die beiden Bögen sind zueinander geneigt und mit sechs Querriegeln ausgesteift.

Die Bogenkräfte werden direkt in die Fundamente abgeleitet, wobei jedoch durch die Anordnung von Schrägstreben – als optische Fortführung des Bogens – ein Teil dieser Kräfte als Zugkräfte in das Fahrbahndeck zurückgeführt wird. Im Bereich der Strombrücke ist das Fahrbahndeck als Stahlverbundquerschnitt mit schlaff bewehrter Fahrbahnplatte konzipiert. Die Konstruktionshöhe beträgt über die gesamte Brückenlänge 3,10 m.

Die Vorlandbrücke ist bei Regelstützweiten von 56,0 m als durchlaufender Spannbetonhohlkasten-Querschnitt entworfen. Die Trennung zwischen Strom- und Vorlandbrücke und gleichzeitig auch die Trennlinie der Gestaltungsräume Nord und Süd bildet ein mächtiger Trennpfeiler, der durch eine kleine Kanzel bewußt betont wird. Der Pfeiler wurde mit rotem Porphyr verkleidet.

7.1 Technische Daten

Gesamtbauwerk
Länge:	805 m
Bauhöhe:	3,10 m
Verkehrsquerschnitt:	RQ 29
Breite:	30,0 m
Höhe über Gelände:	8 m – 11 m

Strombrücke
Länge:	310 m
Hauptöffnung:	180 m
Bogenstich:	34 m
Randfelder:	2 × 65 m
Tragsystem:	Echter Bogen
Bauweise:	
– Bogentragwerk	Stahl
– Fahrbahndeck	Stahlverbundhohlkasten

Vorlandbrücke
Länge:	495 m
Stützweiten:	8 × 56 – 46 m
Tragsystem:	Durchlaufträger über 9 Felder
Bauweise:	Spannbetonhohlkasten

Die Brücke war im Spätsommer 2000 fertiggestellt. Am 30. November 2000 erfolgte die Inbetriebnahme der A 14 auf gesamter Länge.

Saalebrücke Beesedau: Strombrücke.

Pleißetalbrücke
bei Crimmitschau (A 4)

1. Aufgabenstellung

Die neue Trasse der BAB A 4 orientiert sich im vorliegenden Planungsabschnitt zwischen der Landesgrenze Thüringen/Sachsen und dem AD Chemnitz (37,3 km, DEGES-Projekt 351) am Verlauf der bestehenden. Ziel der Ausbaumaßnahme ist es, eine richtlinienkonforme (Steigung: max. 4,5 %; Entwurfsgeschwindigkeit VE = 100 km/h) und optisch flüssige Trassierung zu erreichen, die den hohen Anforderungen einer modernen Fernstraße genügt.

Im Zuge der Erweiterung der alten Trasse von vier auf sechs Fahrstreifen plus Standstreifen (RQ 35,5) müssen extreme Längsneigungen ausgeglichen werden. So liegt westlich der Pleißetalbrücke eine Steigungsstrecke von 5,8 % auf ca. 570 m Länge. Mit der Anpassung der Linienführung an heutige Normen wird eine erhebliche Verbesserung der Strecken- und Verkehrscharakteristik erreicht.

Unter der Vorgabe einer nördlichen Erweiterung der Trasse in dem gesamten Streckenabschnitt wurden zur Optimierung der Linienführung fünf Gradientenvarianten untersucht. Ausschlaggebend für den Verlauf aller Varianten war die Höhenlage der Pleißetalbrücke mit dem Gradiententiefpunkt auf dem Bauwerk, um so unnötige Dammschüttungen bzw. ein Anheben der Brücke und damit zusätzliche Kosten zu vermeiden. Die gewählte Variante ist mit 550 m Bauwerkslänge die kostengünstigste.

1.1 Straßenverdrängte

Ein bislang singuläres Problem im Zuge der Realisierung der Verkehrsprojekte Deutsche Einheit – Straße stellte sich bei der Projektierung der Pleißetalbrücke mit sogenannten „Straßenverdrängten". Damit die technische Planung für das Bauwerk tatsächlich umgesetzt werden konnte, mußten im unmittelbaren Bereich der neuen Brücke 11 bewohnte Gebäude abgerissen und für 30 Menschen neuer Wohnraum geschaffen werden.

Als der richtige Weg erwies sich die Gründung einer Arbeitsgruppe. Unter der Federführung des Baudezernats der Stadt Crimmitschau wirkten Vertreter aller beteiligten Behörden sowie der DEGES mit, individuelle Lösungsmodelle für jeden einzelnen Betroffenen zu erarbeiten. Umfassende Angebote über mögliche Entschädigungsleistungen gehörten ebenso dazu wie die Beratung hinsichtlich der Inanspruchnahme von Fördermitteln.

2. Bauwerksentwurf

Die Pleißetalbrücke führt über einen Teil der Ortslage Frankenhausen hinweg und kreuzt zwei Landesstraßen (Ponitzer Straße und Leipziger Straße), die zweigleisige Eisenbahnlinie Leipzig–Hof, Dorfstraßen sowie das Flußbett der Pleiße. Aufgrund dieser Lage kamen der Gestaltung des Bauwerks und den Maßnahmen zur Lärmminderung besondere Bedeutung zu.

Das alte Bauwerk aus den 30er Jahren hat – obwohl nur 491 m lang – 17 Pfeilerreihen mit Stützweiten von max. 29,1 m. Das knapp 60 m längere neue Bauwerk kommt mit 12 Pfeilerreihen (Stützweiten zwischen 31,0 m und 45,5 m) aus. Damit wird die Durchlässigkeit des Tals gegenüber dem alten Zustand deutlich verbessert.

Der Überbau der neuen Brücke liegt im Grundriß in einer Geraden. Westlich der Brücke hat die Gradiente der A 4 ein Gefälle von 4,5 %, östlich von 3,0 %. Im Bereich der Brücke ist die Gradiente mit einem Wannenhalbmesser von 15.000 m ausgerundet. Durch die Verschiebung der Brückenachse rückte das westliche Widerlager 33 m, das östliche 52 m vom jeweils bestehenden ab. Durch die neu definierte Linien- und Gradientenführung werden bestehende Umweltbeeinträchtigungen reduziert.

Nach Untersuchung mehrerer Varianten für aktive Lärmschutzmaßnahmen wurde als optimale Lösung eine 4,5 m hohe, transparente Lärmschutzwand zu beiden Seiten des Bauwerks angebracht. Die Immissionsgrenzwerte werden damit tagsüber eingehalten. Da die gesetzlichen Grenzwerte nachts niedriger angesetzt sind, bestand bei zahlreichen Gebäuden Anspruch auf passiven Lärmschutz (Lärmschutzfenster, Dachdämmung etc.).

Hinzu kam ein lärmmindernder Fahrbahnbelag, so daß mit der Summe der Maßnahmen der Lärmpegel auf der neuen Brücke gegenüber der alten, die keinerlei Lärmschutzmaßnahmen aufwies, spürbar reduziert werden konnte. Selbst höhere Verkehrsbelastungen als zur Zeit der Messungen, können so kompensiert werden.

2.1 Unterbauten

2.1.1 Pfeiler

Jede der 12 Pfeilerachsen besteht aus jeweils einem Stützenpaar pro Überbau. Die einzelnen Pfeiler sind – in Anlehnung an die Pfeilergestaltung des alten Bauwerkes – säulenhaft schlank (Querschnitt: 2,70 m × 1,60 m) mit abgerundeten Kanten ausgebildet. Eine von unten bis oben durchgehende vertikale Nut an den Längsseiten betont die Schlankheit der Pfeiler. Um den Zugang zu den Lagern zu gewährleisten, wurde jedes Pfeilerpaar mit einer Podestplatte (Fertigteil) versehen, die über einen Durchstieg im Überbau erreichbar ist.

Alle Sichtbetonflächen wurden überwiegend mit gehobelter Brettschalung gestaltet. Durch glatte Schalung besonders hervorgehoben wurden die vertikalen Nuten der Pfeiler und die Vorsprünge an den Widerlagerwänden.

2.1.2 Widerlager

Den Abschluß des Bauwerkes bilden kastenförmige Widerlager, die, wie die Pfeilerachsen, auf Großbohrpfählen gegründet wurden. Die Harmonie in der Gestaltung des Gesamtbauwerks wird an den Widerlagern unterstrichen durch einen Versatz der Ansichtsfläche im Bereich der Auflagerbank, der in einer Flucht liegt mit den Außenkanten der Einzelstützen. Dieser Versatz sowie die Kanten zwischen Widerlagerwand und Flügel wurden in Anlehnung an die Pfeiler ebenfalls abgerundet.

Um eine optische Einengung des Tals zu vermeiden, wurde das Dresdner Widerlager ca. 50 m von der Ponitzer Straße aus zurückgesetzt. Zwischen Überbau und Gelände ergibt sich hier eine lichte Höhe von 5,50 m.

Durch die deutliche Gradientenanhebung der neuen Strecke mußte das Widerlager Eisenach hinter das vorhandene verschoben werden. Damit entfiel ein vorhandener Durchlaß für einen Wirtschaftsweg, der nun vor der Böschung des neuen Widerlagers vorbeigeführt wird. Dieses Widerlager bei Achse 13 ist ein hochgesetztes Kastenwiderlager, das erst nach erfolgter Vorschüttung des Dammes (ca. 17 m) gegründet wurde.

2.2 Überbau

Der Überbau hat einen Querschnitt RQ 36,5 und eine Querneigung von 2,5 %. Die getrennten Überbauten mit einer Breite von je 18,25 m (Randkappe 2,25 m, Fahrbahnbereich 14,50 m, Mittelkappe 1,50 m) wurden als einzellige Hohlkästen in Spannbeton hergestellt. Die Tragkonstruktion ist ein Durchlaufträger über 551,00 m mit einer Höhe von 3,0 m.

Die Querträger über den Stützen sind K-förmig nach oben offen, wodurch eine für das Taktschiebeverfahren günstige konstant durchlaufende Fahrbahnplatte ausgeführt werden konnte. Bodenplatte und Stege sind zur Verstärkung des Stützbereichs vor den Querträgern angevoutet.

Die Lagerung erfolgt auf Topflagern. Festpunkte in Längsrichtung sind für die Überbauten die Pfeilerachsen 6 und 7. Alle übrigen Achsen verfügen über allseits und einseits bewegliche Lager.

3. Bauausführung

3.1 Vorleistungen

Im Gegensatz zu manchen anderen Großbrücken aus den 30er Jahren im Zuge der BAB A 4 befand sich die alte Pleißetalbrücke in einem sehr schlechten baulichen Zustand. Insbesondere die Gerbergelenke des alten Bauwerks waren infolge der jahrzehntelangen Tausalzbelastungen sehr stark korrodiert. Der Nordbereich mußte deshalb bereits behelfsweise saniert werden, im Südbereich wurden die Gerbergelenke zudem mit Hilfsstützen gesichert. Um Kosten für weitere, aufwendige Sanierungsmaßnahmen zu sparen, hat man den unumgänglichen Neubau der Brücke zeitlich vorgezogen.

3.2 Gründung/Unterbauten

Die Gründung der Pfeiler und Widerlager erfolgte auf Großbohrpfählen (1,50 m Durchmesser; 3 bis 20 m Länge). Für die Gründung der 2 × 12 Pfeilerpaare und der beiden Widerlager wurden 1940 lfdm. Bohrpfähle im anstehenden Schluff- und Tongestein hergestellt.

Vor Beginn der Gründungsarbeiten mußten 11 Wohn- und Nebengebäude abgebrochen werden sowie die Gleisanlagen der DB AG bzw. die querenden öffentlichen Straßen durch Spundwandverbau oder ausgesteifte Spundwandkästen gesichert werden. Aufgrund des geringen Abstandes zwischen alter und neuer BAB-Achse im Bereich der Achsen 11 bis 13 konnte erst nach Inbetriebnahme des nördlichen Überbaus mit einer 4+0-Verkehrsführung die komplette Herstellung der Unterbauten für die südliche Brückenhälfte erfolgen.

Mit Belastung der Pfeilerachse 9 beim Verschub des Überbaus Nord traten Setzungen bis zu 60 mm sowie eine Verkantung der Pfahlkopfplatte mit Schiefstellung des Pfeilerschaftes am Kopf von max. 70 mm aus der Lotrechten ein. Ursache hierfür war ein in dieser Achse stärker entfestigter Baugrund. Nach Ertüchtigung der Bohrpfahlgründung durch 20 Kleinbohrpfähle sowie einer Rückabspannung des Pfeilerkopfes über Stabspannglieder während des weiteren Vorschiebens konnte die Achse stabilisiert werden.

3.3 Überbau

Die Herstellung der Überbauten erfolgte im Taktschiebeverfahren. Der Überbau ist in Längs- und Querrichtung vorgespannt. Für die Herstellung jedes Überbaus in 25 Takten wurde hinter dem östlichen Widerlager eine zweiteilige Fertigungsanlage aus Vorfertigung und Taktkeller mit zusätzlichen Nacharbeitsbühnen bzw. Nachbehandlungstakt eingerichtet.

Die Verschubanlage und der Absetzblock wurden am Widerlager plaziert. Die Horizontalkräfte aus dem Verschub werden durch die Steifigkeit und die erdseitige Hinterfüllung des Widerlagers aufgenommen. Für den Verschub des Überbaus mußte aufgrund des zwischengeschalteten Nachbehandlungstaktes und zu geringer Vertikallast aus dem 27 m langen Vorbauschnabel Takt 1 teilweise mittels Stabspanngliedern aus dem Taktkeller herausgezogen werden. Die Kontrolle der Pfeilerkopfauslenkung erfolgte mittels Zugdraht und Grenzwertgeber an jedem Verschiebelager.

Die Herstellung des Überbauquerschnitts erfolgte nach konventioneller Methode im Wochen- bzw. 4-Tagesrhythmus. Bereits beim Verschub des letzten fertiggestellten Taktes wurde die Trogbewehrung mit Hüllrohraufständerungen und Hüllrohren in den Taktkeller gezogen, so daß am darauffolgenden Tag der Trogquerschnitt mit einer mittleren Einbauleistung von 25 m³/h betoniert werden konnte.

3.4 Besonderheiten

Als Besonderheit ist die zeitgleich zur Überbaufertigung durchgeführte Rand- und Mittelkappenherstellung im Takt- bzw. Wochenrhythmus zu erwähnen. Um aufgetretene Verzögerungen aufzuholen, wurden schon während der Herstellung des Nordüberbaus Kappentakte eingerüstet und betoniert. Zeitgleich mit der Überbaufertigung Süd wurde bei Pfeilerachse 2 eine stationäre Gerüstturmkette mit der Schalhaut für die Außenkappe erstellt, so daß nach ausreichender Reduzierung der Betonrestfeuchte noch mit entsprechendem zeitlichem Vorlauf die Abdichtung unter den Kappen aufgebracht werden konnte.

Die Bewehrung der Kappentakte wurde örtlich geflochten. Das Ausschalen erfolgte zeitgleich mit den Vorbereitungsarbeiten für den Verschub. Unter Berücksichtigung intensiver Vermessungsarbeiten zur Bestimmung der Ausgleichsgradiente ist dieses Verfahren eine geeignete Maßnahme, um die Bauzeit nach dem Endverschub zu minimieren. Qualitätseinbußen wurden durch dieses Verfahren nicht festgestellt.

3.5 Bauphasen

Aufgrund der Lage der neuen Brücke nördlich des bestehenden Bauwerks wurde zunächst der nördliche Überbau ohne Beeinträchtigung des Verkehrs hergestellt. Bis auf die Achsen 11, 12 und 13 erfolgten die Gründungen für die Pfeiler beider Brückenhälften gleichzeitig. Nach Umlegung des Verkehrs mit 4+0 auf den fertiggestellten neuen nördlichen Überbaus konnte mit dem Abbruch des alten Bauwerks begonnen werden. Es erfolgte die Herstellung der ausstehenden Gründungen und der noch fehlenden Pfeiler, während der südliche Überbau vom Dresdener Widerlager aus über die Pfeiler geschoben wurde.

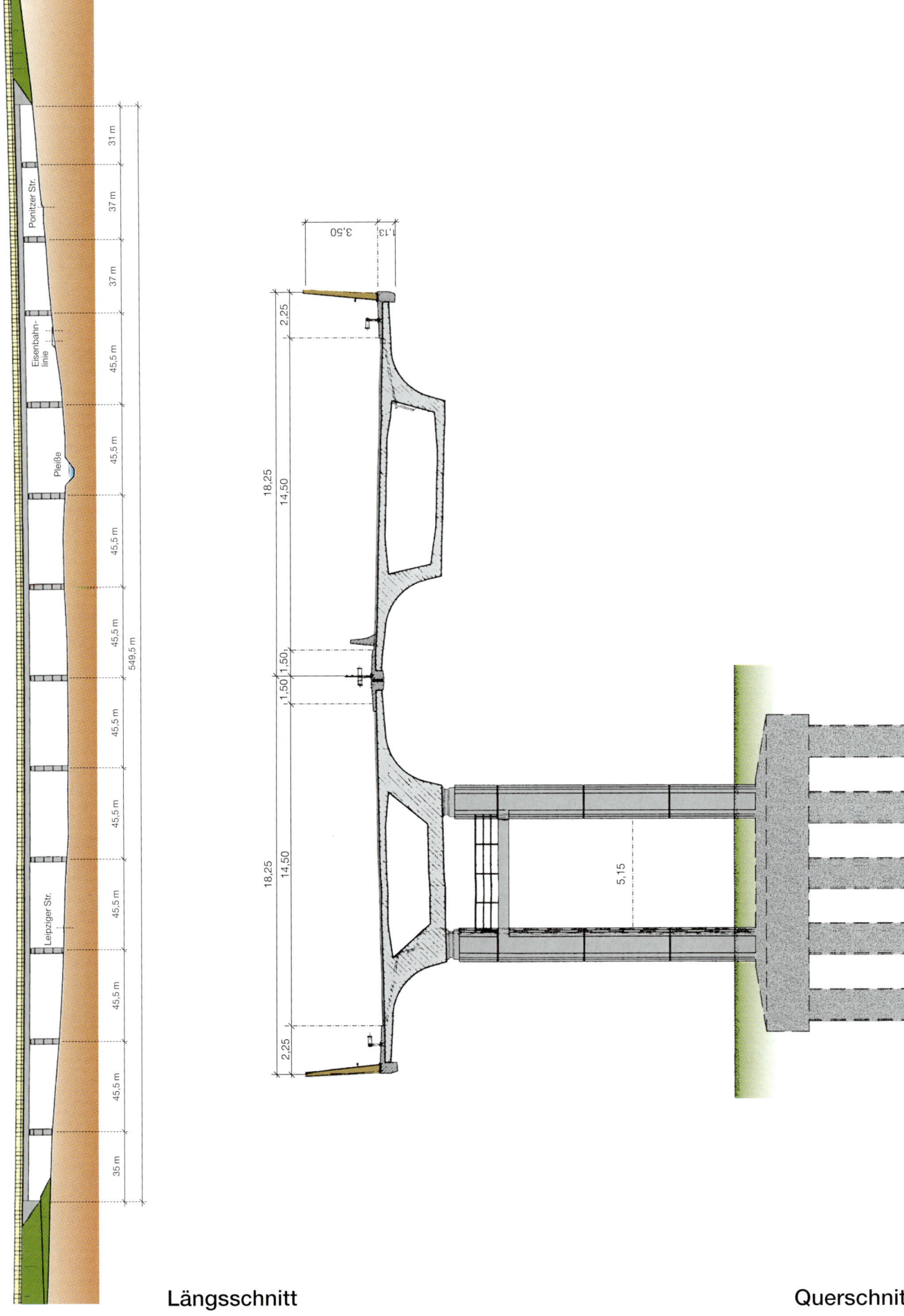

Richtung Dresden

Richtung Eisenach

31 m

37 m

Ponitzer Str.

37 m

45,5 m

Eisenbahn-
linie

45,5 m

Pleiße

45,5 m

45,5 m

549,5 m

45,5 m

45,5 m

45,5 m

Leipziger Str.

45,5 m

45,5 m

45,5 m

35 m

Längsschnitt

Querschnitt

3,50

1,13

2,25

18,25

14,50

1,50 1,50

18,25

14,50

5,15

2,25

Verkehrsprojekt Deutsche Einheit Nr. 15 A 4 Eisenach–Görlitz Freistaat Sachsen	unten: Pleiße, DB-Strecke Leipzig–Hof, Ponitzer Str., Leipziger Str.	Baujahr: 1995–1997 Bauzeit: 27 Monate	Bauweise: Spannbeton- Hohlkasten
Entwurf: König und Heunisch, Frankfurt/M.	Bauwerks-Nr.: BW 122	Kosten (Mio. DM): 38	Kosten (DM/m²): 1.847
Gestalterische Beratung: Frank Berwinkel, Pforzheim	Bauausführung: ARGE Muller Travaux Publics, Boulay/ Satis GmbH, Saarbrücken-Bübingen		
Prüfingenieur: Dr.-Ing. Tilman Zichner			
Bauüberwachung: SEIB Ingenieur Consult, Würzburg	Ausführungsplanung: Leonhardt, Andrä u. Partner, Stuttgart		

Das neue Bauwerk kurz vor Vollendung des nördlichen Überbaus. Links im Bild die alte Brücke.

Vorbauschnabel über einem Pfeilerpaar.

Anbringen einer Podestplatte zwischen den Pfeilern.

4. Technische Daten

Länge:	550 m
Stützweiten:	9 × 45,5 m; 2 × 37 m; 1 × 35 m; 1 × 31 m
Breite:	36 m
Fläche:	19.800 m²
Konstruktions-höhe:	3 m
Höhe max.:	23 m
Überbau-bauweise:	Spannbetonhohlkasten
Herstellungs-verfahren:	Taktschiebeverfahren
Stahlbeton:	15.400 m³ (Überbau)

5. Planungsübersicht

Frühjahr '92	Planungsbeginn durch das Autobahnamt Sachsen
Herbst '92	Übernahme der Planung durch DEGES
Dezember '94	Fertigstellung des Bauwerksentwurfs, Sichtvermerk BMV
April '95	Submission
August '95	Planfeststellung
September '95	Baubeginn
Dezember '96	Verkehrsfreigabe Überbau Nord
Dezember '97	Verkehrsfreigabe Überbau Süd

Talbrücke
Kleine Striegis (A 4)

1. Aufgabenstellung

Bereits 1993 wurden auf dem Streckenabschnitt der BAB A 4 zwischen den Anschlußstellen Hainichen und Berbersdorf täglich bis zu 30.000 Kfz gezählt. Zur Überführung der Autobahn über das Tal der Kleinen Striegis stand aber nur in der Richtungsfahrbahn Chemnitz ein Bauwerk von 8,5 m Breite zwischen den Borden zur Verfügung, das den Verkehr für beide Fahrtrichtungen mit jeweils nur einem Fahrstreifen übernehmen mußte. Diese Gewölbebrücke, die in den Jahren 1952–1954 als Ersatz für eine 1936 gebaute und 1945 gesprengte Stahlbrücke gebaut worden war, stellte mithin ein Nadelöhr dar, das den Verkehrsfluß außerordentlich behinderte.

Als eine der ersten Maßnahmen im Zuge des Ausbaus der BAB A 4 (Verkehrsprojekt Deutsche Einheit Nr. 15) wurde deshalb schon 1992 mit dem Bau einer neuen Brücke (Spannbetonhohlkasten im Taktschiebeverfahren) für die Richtungsfahrbahn Dresden begonnen. Nach Fertigstellung im November 1993 wurde der Verkehr auf das 19 m breite Bauwerk umgeleitet.

Jetzt konnten die Bauarbeiten an der Nordbrücke in Angriff genommen werden. Unter der Prämisse, die vorhandene Gewölbebrücke zu erhalten, ging es nun darum, auf die Bogenkonstruktion aus den 50er Jahren eine ausreichend breite Fahrbahnplatte aufzulegen, um den in diesem Abschnitt für den Ausbau der A 4 festgelegten RQ 37,5 auch auf der Talbrücke über die Kleine Striegis beizubehalten.

2. Bauwerksentwurf

Das vorhandene Bauwerk ist einschließlich der Widerlager der ursprünglichen Stahlbrücke – jedoch ohne die sich auf Dresdner Seite anschließenden 26 m langen Stützmauern – ca. 330 m lang. Der Abstand der Pfeilerachsen beträgt 28,36 m, und die Gewölbe sind von Stirnmauer zu Stirnmauer 9,82 m breit. Die Fahrbahn liegt max. 40 m über der Talsohle. Im Grundriß ist die Brücke gerade und hat ein konstantes Längsgefälle in Richtung Chemnitz von rd. 1 %.

Das Gelände im Tal ist nicht bebaut. Das Bauwerk überführt die eingleisige Eisenbahnstrecke Niederwiesa–Roßwein, den Flußlauf der Kleinen Striegis, einen Mühlgraben sowie Wirtschafts- und Wanderwege.

Aus statischen Gründen durfte die Gewölbebrücke im Querschnitt nur symmetrisch verbreitert werden. Dies hatte zur Folge, daß die Achse der Autobahn bei dem Ausbau auf RQ 37,5 um 3,075 m nach Süden verschwenkt werden mußte. Um aufwendige Steinmetzarbeiten an den vorhandenen Steinmauern zu vermeiden wurde die Gradiente um ca. 0,6 m angehoben.

2.1 Unterbauten

2.1.1 Gewölbereihe

Die Geometrie der vorhandenen – und in das neue Bauwerk integrierten – Brücke weist 11 halbkreisförmige Bögen mit einem Pfeilerabstand von 28,36 m auf. Die Bogenstärke beträgt 1,55 m am 30°-Kämpfer und 1,00 m im Scheitel. In Pfeilerbereichen über den 30°-Kämpfern gibt es jeweils drei Sparbögen mit ca. 3,12 m lichter Weite und 0,6 m dicken Zwischenwänden. Die Dicke der Sparbögen beträgt 0,6 m.

Selbständige Stirnmauern von ca. 0,9 m Dicke sind nur über den Pfeilern als Abschluß der Spargewölbe vorhanden. Im Bereich über den Hauptgewölben wurden keine selbständigen Stirnmauern ausgebildet. Die Betonauffüllung geht zwischen den Stirnverblendsteinen über den gesamten Brückenquerschnitt fugenlos durch.

Die 11 Hauptgewölbe stellen eine Besonderheit dar. Ab den 30°-Kämpferfugen bestehen sie nämlich aus Mauerwerk. Für die

Sichtflächen (Leibung und Stirn) wurden Natursteine, im Innern vorgefertigte Betonblöcke verwendet. Durch die ungleiche Dicke der Leibungssteine entstand ein guter Verband zwischen Betonformsteinen und Werksteinverblendung. Dabei war die Größe der Betonformsteine so eingerichtet, daß ein Stein genügte, um die volle Gewölbestärke herzustellen.

Für die Pfeiler und Stirnmauern kam als Verblendung Roter Meißner Granit zum Einbau. Nur bei den Gewölben wurde in der Leibung und Stirn zu 40 % auch Löbejüner Porphyr verwendet. Die Sichtflächen der Leibung, Sims-, Krag- und Kranzsteine sind gespitzt, alle anderen Flächen sind bossiert.

2.1.2 Neue Endfelder

Die vorhandenen Flügelbauwerke der Widerlager aus Stahlbeton mit Natursteinverkleidung stehen noch von der ersten, 1936 errichteten Stahlbrücke. In diese sind die Endwiderlager der vorhandenen Gewölbebrücke eingebaut worden. Für den Endzustand des Ausbaus auf RQ 37,5 waren diese Bauwerke zu schmal, nicht genügend tragfähig und zu angegriffen im Bauzustand. Auch die sich an das Dresdner Widerlager anschließenden Stützmauern konnten nicht weiter genutzt werden.

Deshalb wurden die alten Widerlager-Flügelbauwerke durch je ein neues Endfeld mit längs- und quervorgespannter Platte ersetzt. Dabei bilden die neuen Endwiderlager der Brücke beider Fahrtrichtungen konstruktiv und gestalterisch eine Einheit. Die Gesamtlänge des Bauwerks wurde damit auf 356 m vergrößert.

Eine weitere Besonderheit ergab sich aus der notwendigen Abstützung der alten Gewölbewiderlager, da neben den Vertikallasten der Endfelder gleichzeitig die Horizontalkräfte der Gewölbeüberschüttung aufgenommen werden mußten. Damit klare konstruktive und statische Verhältnisse vorliegen, wurden die längsbeweglichen Lager und damit die Übergangskonstruktionen auf der Seite der Gewölbebrücke und nicht an den Endwiderlagern angeordnet.

2.2 Überbau

Die notwendige Verbreiterung des Überbaus wurde durch Auflegen einer weit auskragenden, quer vorgespannten Fahrbahnplatte erzielt. Die Besonderheit hier ist, daß die Fahrbahnplatte durchgehend auf dem Bogentragwerk aufliegt und so das Gewölbe weiterhin eine tragende Funktion beibehält. Die Fahrbahnbreite des neuen Überbaus ist mit 15,25 m ausgelegt für drei Fahrstreifen und einen Standstreifen. Mit Kappen von 2,25 m Breite zwischen Bord und Sims bzw. 2,00 m Breite zwischen Bord und neuer Autobahnachse ergibt sich eine Gesamtbreite des Überbaus von 19,50 m.

3. Bauausführung

3.1 Vorleistungen

Eine 1991 im Auftrag des Autobahnamtes Sachsen vom Entwurfs- und Ingenieurbüro Straßenwesen, Dresden, durchgeführte Untersuchung hatte ergeben, daß sich die vorhandene Gewölbebrücke durch Auflegen einer weit auskragenden Spannbetonplatte auf das erforderliche Maß von 1/2 RQ 37,5 verbreitern läßt. Dabei wurden die Bauzustände, die vorhandenen Baustoffestigkeiten, der Baugrund sowie konstruktive und statische Belange berücksichtigt. Die geforderte Tragfähigkeit für Brückenklasse 60/30 nach DIN 1072 konnte uneingeschränkt eingehalten werden. Eine weitere Prüfung durch die Beratenden Ingenieure Leonhardt, Andrä u. Partner hat diese Ergebnisse bestätigt.

Voraussetzung für den Baubeginn an der vorhandenen Brücke war der Neubau der Südbrücke, der im November 1993 nach ca. 18 Monaten Bauzeit abgeschlossen werden konnte.

3.2 Instandsetzung

Die Instandsetzungsarbeiten hatten das Ziel, die vorhandene Bausubstanz so zu ertüchtigen, daß die Gewölbereihe die erheblich höheren Lasten aus der von ca. 8,50 m auf 19,50 m vergrößerten Brückenbreite aufnehmen konnte. Die wesentlichen Maßnahmen waren:

- Verpressen der aus „Betonsteinen" aufgebauten, auf der Unterseite mit Natursteinmauerwerk verkleideten Gewölbe mit Feinstzementsuspension über Schrägbohrungen von der Fahrbahn aus (Verpreßmenge: ca. 61.000 l).
- Verpressung der Pfeiler unterhalb der Spargewölbe bis zu den Bogenkämpfern mit Feinstzementsuspension von unten (Verpreßmenge: ca. 31.000 l).
- Risseverpressungen in den Spargewölben und Natursteinverkleidungen mit Feinstzementsuspension sowie Vernadelung von Rissen.
- Verbindung der Natursteinmauerwerk-Vorsatzschale der Pfeiler mit dem Kernbeton durch Edelstahlanker und Teilverpressung mit Zementsuspension (Verpreßmenge: ca. 23.000 l; 500 Anker).
- Neuverfugung schadhafter Fugen im Natursteinmauerwerk.

Zur Durchführung der Instandsetzungsarbeiten wurde das Bauwerk in Abschnitten von jeweils drei Feldern auf die volle Höhe eingerüstet. Im Mai 1994 war die Instandsetzung beendet.

3.3 Fahrbahnverbreiterung

Noch vor Beendigung der Instandsetzungsmaßnahmen wurde im April 1994 mit den Arbeiten für die Verbreiterung der Fahrbahn begonnen. Dabei wurde der Füllbeton oberhalb der tragenden Gewölbe teilweise entfernt und im oberen Bereich durch einen bewehrten Ausgleichsbeton ersetzt, um eine ebene Unterlage für die neue Fahrbahnplatte und darüber hinaus eine zugfeste Verbindung zwischen den Gewölbestirnwänden zu schaffen.

3.3.1 Fahrbahnplatte

Die Fahrbahnplatte mußte feldweise in jeweils zwei Betonierabschnitten hergestellt werden, damit die Gewölbereihe nicht durch unsymmetrische Belastungen überansprucht wurde. Dazu wurden zwei Varianten diskutiert:

1. Horizontale Arbeitsfuge im Massivteil der Platte auf Höhe der Kragplattenunterkante.
2. Vertikale Arbeitsfuge am Kragplattenschnitt.

Nach Abwägung der Vor- und Nachteile wurde letztlich der Variante 2. der Vorzug gegeben.

Zwischen dem Massivteil der Fahrbahnplatte mit einer Dicke von 1,00 m und der Betonausgleichsschicht wurde durch Einbau einer zweilagigen Bitumenbahn eine Gleitschicht geschaffen, um eine in Längsrichtung zwängungsfreie Lagerung zu erhalten. In den Gewölbescheiteln ist diese Gleitschicht unterbrochen und die neue Fahrbahnplatte mit den tragenden Gewölben vernadelt. Mit den jeweils in Pfeilerachse angeordneten Fugen der Fahrbahntafel ergeben sich einzelne Plattenabschnitte, die jeweils in Gewölbemitte ihren Festpunkt haben.

Die feldweise Herstellung der Kragplatten erfolgte im Wochentakt mit einer auf dem Massivteil der Fahrbahnplatte abgestützten fahrbaren Rüstung, von der aus auch die Spannglieder für die Quervorspannung eingefädelt und gespannt wurden.

Die Abdichtung der in Pfeilerachse angeordneten Fugen zwischen den einzelnen Überbauabschnitten erfolgte durch in der Schutz- und Deckschicht ausgebildete wasserdichte Übergänge in bituminöser Bauweise. Die für diese Übergangskonstruktionen schädlichen Scherbeanspruchungen durch feldweise Verkehrsbelastung auf den weit ausladenden Kragarmen werden durch in Längsrichtung bewegliche Querkraftverdübelungen verhindert.

3.3.2 Umbau der Pfeiler

An jedem Pfeilerfuß sind Einstiegsschächte für begehbare Pfeileraufstiege angeordnet. Diese Zugänge zu den Spargewölben wurden mit neuen Leiteraufstiegen, Zwischenpodesten und Geländern ausgebaut bzw. ergänzt und innen beleuchtet.

3.4 Endreinigung

Als abschließende Maßnahme zur Instandsetzung des Bauwerks erfolgte im Sommer 1997 die Endreinigung der Natursteinoberflächen. In einer ca. zweijährigen Wartezeit seit Verkehrsfreigabe der Nordbrücke konnte die vorhandene Bausubstanz vollständig austrocknen. Die an den Oberflächen vorhandenen Aussinterungen wurden mit Höchstdruckwasserstrahlgeräten (bis ca. 2.400 bar) entfernt. Bei der Gelegenheit wurden noch festgestellte schadhafte Fugen überarbeitet.

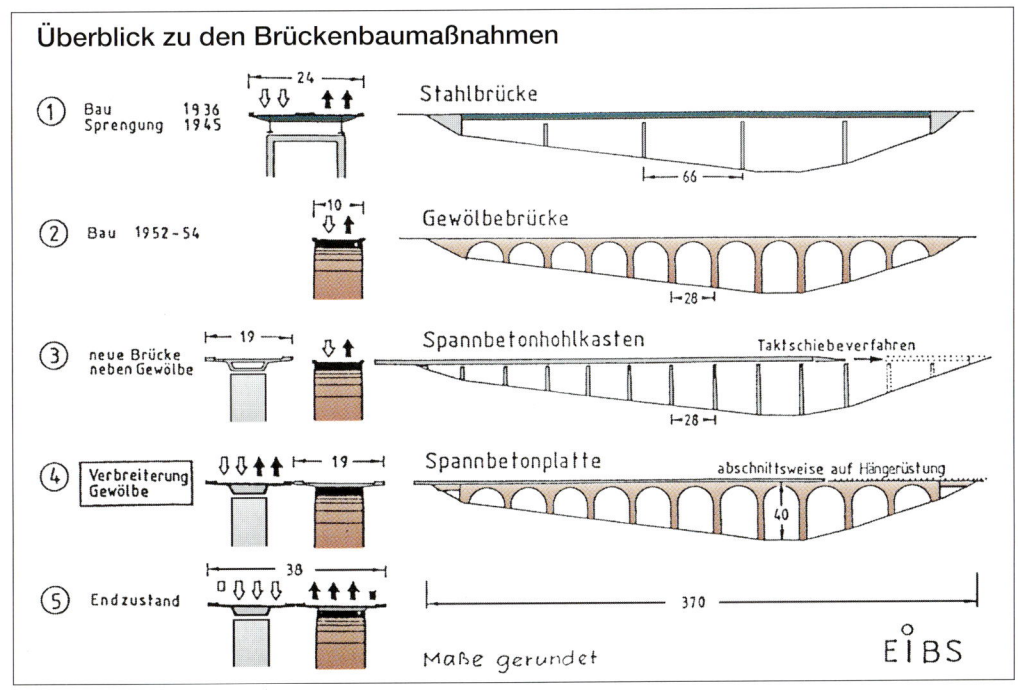

Richtung Chemnitz

Richtung Dresden

DB-Strek-ke

Kleine Striegis

20,57

30,49

28,36

28,36

28,36

28,36

28,36

28,36

28,36

28,36

30,53

20,53

360,46

Längsschnitt

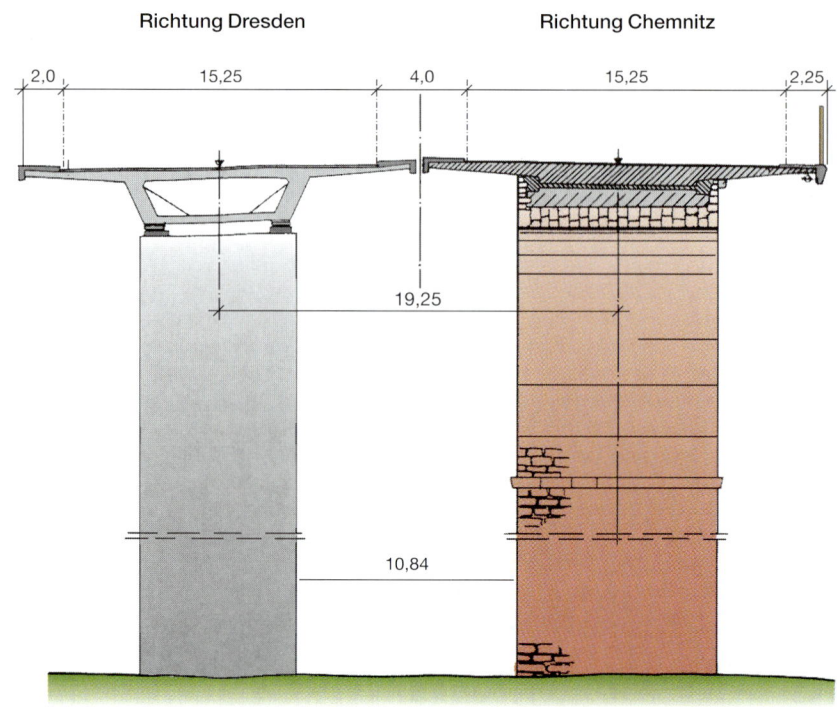

Richtung Dresden

Richtung Chemnitz

2,0

15,25

4,0

15,25

2,25

19,25

10,84

Querschnitt im Pfeilerbereich

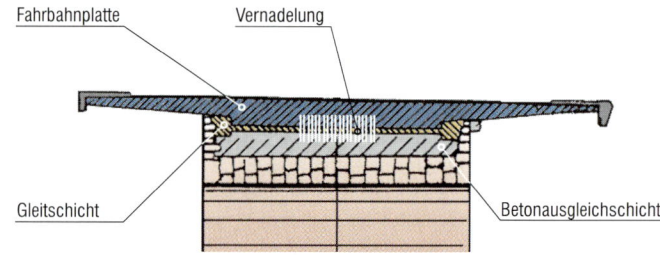

Fahrbahnplatte

Vernadelung

Gleitschicht

Betonausgleichschicht

Überbau am Bogenscheitel

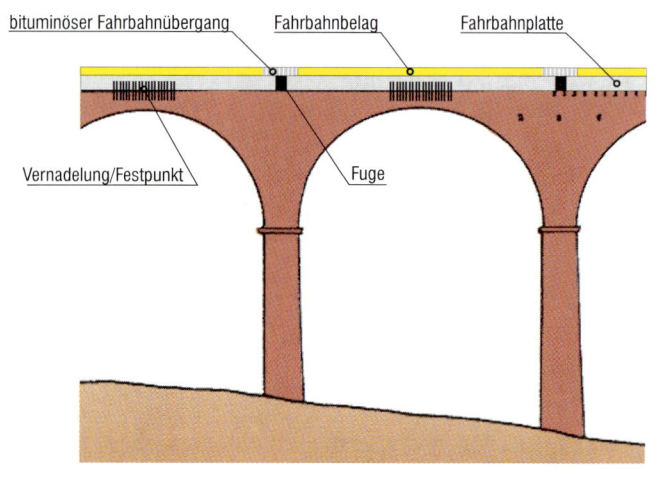

bituminöser Fahrbahnübergang

Fahrbahnbelag

Fahrbahnplatte

Vernadelung/Festpunkt

Fuge

Detail zur Überbauherstellung

Verkehrsprojekt Deutsche Einheit Nr. 15 A 4 Eisenach–Görlitz Freistaat Sachsen	unten: **Kleine Striegis, DB-Strecke Niederwiesa–Roßwein**	Baujahr: **1993–1995** Bauzeit: **21 Monate**	Bauweise: **Spannbetonplatte auf Gewölbereihe**
Entwurf: **EIBS Entwurfs- und Ingenieurbüro Straßenwesen, Dresden**	Bauwerks-Nr.: **BW 58**	Kosten (Mio. DM): **24**	Kosten (DM/m²): **3.122**
	Bauausführung: **ARGE Rödl/Max Bögl, Nürnberg** (Instandsetzung, Reinigung, Unterbauten) **Bau Union Süd, Leipzig** (Verbreiterung Fahrbahnplatte)		
Prüfingenieur: **Dipl.-Ing. Wilhelm Zellner, Stuttgart**			
Bauüberwachung: **Köhler + Seitz, Nürnberg**	Ausführungsplanung: **EIBS und Dipl.-Ing. Walter Rosa, Nürnberg**		

Die mit Natursteinmauerwerk verkleidete Gewölbereihe trägt die weit auskragende Fahrbahnplatte.

Detail des letzten Bogens vor dem Widerlager Dresden.

Unteransicht des Bauwerks: Betonpfeiler der Südbrücke; Gewölbereihe der Nordbrücke.

4. Technische Daten

Länge:	356 m
Stützweiten:	11 Bogen mit 28,36 m Pfeilerabstand 2 Endfelder von 20,60 m
Breite:	19,50 m
Fläche:	6.942 m²
Lichte Höhe:	40 m
Überbau- bauweise:	Spannbetonplatte
Herstellungs- verfahren:	Feldweise Betonierung
Stahlbeton:	4.500 m³ (Überbau)
Betonstahl:	600 t (Überbau)

5. Planungsübersicht

Frühjahr '92	Planungsbeginn durch das Autobahnamt Sachsen
Herbst '92	Übernahme der Planung durch DEGES
September '93	Fertigstellung des Bauwerkentwurfs; Sichtvermerk BMV
Juni '94	Plangenehmigung

Instandsetzung Gewölbebrücke

August '93	Submission/Baubeginn
Mai '94	Fertigstellung

Verbreiterung Fahrbahnplatte

November '93	Submission
März '94	Baubeginn
Mai '95	Fertigstellung
Sommer '95	Verkehrsfreigabe
Sommer '97	Endreinigung

Talbrücke Hirschfeldtal
(A 4)

1. Aufgabenstellung

Im Zuge der sechsstreifigen Erweiterung der BAB A 4 (Verkehrsprojekt Deutsche Einheit Nr. 15) mußte auch die Querung des Hirschfeldtals den technischen Parametern der neuen Trasse angepaßt werden. Es galt also, das alte Bauwerk aus den Jahren 1936/37 von RQ 24 auf RQ 37,5 zu verbreitern. Wesentliche Vorgabe war, die außergewöhnlich gelungene Architektur der historischen Brücke mit ihren granitverblendeten Pfeilern und Widerlagern grundsätzlich nicht zu verändern und möglichst viel der vorhandenen Bausubstanz zu erhalten.

Die neu zu errichtenden Brückenteile, also die neuen nördlichen Pfeiler und Widerlager, waren in Form und Gestaltung den vorhandenen Unterbauten anzupassen und mit dem Granitmauerwerk der abgebrochenen Pfeiler und Widerlagerteile zu verblenden, so daß der ästhetische Gesamteindruck des Bauwerks nicht gestört wird.

Durch eine Verschiebung der Autobahntrasse nach Norden wurde es möglich, die nördliche Pfeilerreihe und Widerlager wiederzuverwenden. Gleichzeitig wurde mit dieser Lösung (kompletter Neubau der Nordhälfte, Instandsetzung Pfeiler und Neubau Überbau der Südhälfte) auch die zweite unabdingbare Vorgabe erfüllt, nämlich während der gesamten Bauzeit eine vierstreifige Verkehrsführung zu gewährleisten. Die südliche Pfeilerreihe mußte bis OK Fundament abgebrochen werden. Die nördlichen Unterbauten wurden saniert, umgebaut und gereinigt, so daß sie den neuen Überbau (Süd) aufnehmen konnten. Der bestehende Stahlüberbau wurde demontiert und durch einen Spannbetonüberbau (Hohlkasten im Taktschiebeverfahren) ersetzt.

2. Bauwerksentwurf

Das gelungene ästhetische Aussehen der Unterbauten sollte auch bei der neuen Brücke erhalten bleiben. Deshalb erfolgte die Gestaltung der Unterbauten analog der alten Talbrücke. Die gesamte Geometrie des neuen Bauwerks orientiert sich grundsätzlich an der des alten: fünf Felder bei einer Gesamtlänge von rd. 160 m, je zwei Einzelpfeiler pro Pfeilerachse.

Die Gradiente der Autobahn liegt im Bauwerksbereich in einer Kuppe, wodurch für die Brücke ein variables Längsgefälle entsteht. Die maximale Querneigung beträgt 5 %.

Im Bauwerksbereich ist die Autobahn in einem Radius von R = 1.100 m trassiert, die vorhandene Talbrücke dagegen mit einem Radius R = 1.200 m. Die durch diesen Unterschied in der Trassierung hervorgerufenen Achsdifferenzen (ca. ± 6,0 cm) im Pfeilerbereich mußten im Überbauquerschnitt ausgeglichen werden.

2.1 Unterbauten

2.1.1 Pfeiler

Die Pfeiler haben am Kopf die Abmessungen 1,80 × 9,00 m. Zum Fuß hin verbreitern sie sich entsprechend des beidseitigen Anzuges (Schmalseite 60 : 1, Breitseite 45 : 1). Jeder Pfeiler besitzt eine Öffnung von 2,60 m Breite. Die dadurch entstehenden Pfeilerhälften sind durch einen Riegel mit einem Halbkreisbogen als Unterkante miteinander verbunden.

Bedingt durch die Neutrassierung der Strecke sowie durch die neuen Überbauten und Lager mußten die vorhandenen Pfeilerköpfe der (alten) nördlichen Brückenhälfte um ca. 0,2–1,0 m erhöht werden. Dazu wurde der alte Pfeilerkopf bis OK Natursteinverkleidung entfernt und neu aufgebaut.

Die bestehende südliche Pfeilerreihe wurde bis OK Fundamente abgebrochen. Das Abbruchmaterial (graublauer Lausitzer Granit) wurde dann bei der neuen Pfeilerreihe, die mit den gleichen Gestaltungsparametern nördlich der bisherigen Nordhälfte der Brücke gebaut wurde, wiederverwendet. Auch die Anordnung der

verschiedenen Mauerwerksarten (Quader- und unregelmäßiges Schichtenmauerwerk) wurde von den alten Pfeilern übernommen.

2.1.2 Widerlager

Die vorhandenen Widerlager bestehen aus unbewehrtem Stampfbeton. Die Auflagerbänke dagegen sind bewehrt und haben die gleichen Abmessungen wie die Pfeiler. Alle sichtbaren Flächen der Widerlager und der Flügelwände sind analog den Pfeilern natursteinverblendet.

Die vorhandenen (und beibehaltenen) Widerlager für die (neue) Südhälfte der Brücke wurden soweit umgebaut, daß die Zugänglichkeit dem heutigen Standard entspricht. Von den über die gesamte Widerlagerbreite reichenden Wartungsgängen ist nun eine Besichtigung der Übergangskonstruktion und der Hohlkästen möglich.

Um das zu erreichen, mußten die Widerlagerwände und die Auflagerbänke abgebrochen und in Stahlbeton erneuert werden. Die Widerlager für die (neue) Nordhälfte wurden entsprechend neu gebaut und im äußeren Erscheinungsbild mit Natursteinverkleidung den alten angepaßt.

2.2 Überbau

Die zwei getrennten Überbauten wurden als durchlaufende einzellige Spannbetonhohlkästen im Taktschiebeverfahren hergestellt. Jeder Überbau ist in Längs- und Querrichtung beschränkt vorgespannt. Der Hohlkasten mit einer lichten Höhe von ca. 2,0 m gewährt eine ausreichende Begehbarkeit der Konstruktion. Die Fahrbahnbreite pro Überbau beträgt 15,25 m, die Gesamtbreite zwischen den Geländern 38,0 m.

2.2.1 Lagerung

Dem Sondervorschlag entsprechend, erfolgte die Lagerung elastisch auf Elastomer-Lager. Die Horizontalkräfte werden gleichmäßig auf alle Lagerachsen verteilt. Zusätzlich erfolgt eine Querfesthaltung auf den inneren Lagern an den Widerlagern.

3. Bauausführung

3.1 Instandsetzung

Die vorhandene Bausubstanz der Brückenteile, die für das neue Bauwerk weiterverwendet wurde, mußte so instand gesetzt werden, daß sie den höheren Lasten aus dem verbreiterten Überbau und aus den entsprechend höheren Verkehrsbelastungen dauerhaft standhalten kann. Die wesentlichen Maßnahmen waren:
- Verpressen der Schüttfugen im Stahlbeton der Pfeiler sowie von Fehlstellen im Beton des Widerlagers Eisenach. Zum Verpressen wurden die Schüttfugen durch Schrägbohrungen aufgeschlossen. Wegen Undichtigkeiten der alten Fugen mußten alle Fugen vor dem Verpressen komplett erneuert werden.
- Verpressen der Granitsteinvormauerung, die nach Auswertung von Probebohrungen nur an ca. 50 % der Flächen mit dem Beton der Pfeiler verbunden war. Insgesamt wurden 45 l/m^3 Microzementsuspension verarbeitet.

3.2 Gründung

Am östlichen Widerlager steht oberflächennah Gneis an, der östlich zu Tage tritt. Das Festgestein fällt unter ca. 30 Grad in südwestlicher Richtung ab. Im östlichen Hangbereich wird der Gneis von Verwitterungsprodukten mit einer Mächtigkeit von 1 m bis 3 m überdeckt.

Zur Talsohle hin sind über dem Festgestein pleistozäne Ablagerungen aus schluffigen Sanden und Kiesen größerer Mächtigkeit mit Schlufflinsen und untergelagertem Schwemmlehm vorhanden. Der Grundwasserstand liegt im Tal in Höhe der Geländeoberkante.

Wie bei der alten Brücke, wurden für die neuen Unterbauten Flachgründungen ausgeführt. Das östliche Widerlager und der Pfeiler im östlichen Hangbereich sind auf Festgestein gegründet. Die Gründungssohle der beiden Talpfeiler, des Pfeilers im westlichen Hangbereich und des westlichen Widerlagers liegt im Lockergestein.

Für die beiden Talpfeiler erfolgte die Gründung im Schutz von ausgesteiften Spundwandkästen mit offener Wasserhaltung. Die Spundwände wurden nicht, wie ursprünglich geplant, nach dem Herstellen der Fundamente gezogen, sondern erst nach dem vollständigen Einschub des Überbaus. Die Vibration beim Ziehen in Verbindung mit der hohen Auflast führte zu einer Verdichtung des Lockergesteins und damit zu Setzungen bis zu 7 cm. Bei einem Talpfeiler ergab sich zusätzlich ein Verkanten in Querrichtung mit einer Kopfauslenkung von 15 cm. Um die Standsicherheit zu gewährleisten, wurde mittels Soilfrac-Verfahren eine Konsolidierung des Baugrundes durchgeführt.

3.3 Unterbauten

Für die Richtungsfahrbahn Dresden war die Nutzung der nördlichen Pfeilerreihe und der Widerlager der alten Brücke vorgesehen. Widerlager und Pfeilerköpfe wurden profilgerecht abgebrochen und in Stahlbeton mit Natursteinverblendung errichtet. Das verbleibende alte Mauerwerk erhielt eine Hohlraumverpressung mit Microzementsuspension.

Das westliche Widerlager der neuen Brücke mußte mit Rücksicht auf die Gründungsverhältnisse aufgelöst als Pfeilerwiderlager ausgebildet werden. Der Stahlbetonkern der neuen Pfeilerschäfte hat einen gestreckten achteckigen Querschnitt. Nach Herstellung der Pfeilerschäfte für einen Pfeiler in Takten von 3,30 m Höhe wurde der Pfeilerkopf (Riegel) aufbetoniert. Die Verblendarbeiten konnten erst nach Abbruch der südlichen Pfeilerreihe der alten Brücke (Juni–Oktober '97) durchgeführt werden.

3.4 Überbauten

Die Herstellung der 160 m langen Überbauten erfolgte im Taktschiebeverfahren. Für jeden Überbau waren 9 Takte mit einer Taktlänge bis 18 m vorgesehen. Der Taktkeller mit der hydraulischen Verschubanlage und der Fertigungsanlage befand sich auf der östlichen Seite der Brücke. Herstellung und Verschub eines Taktes erfolgten im wöchentlichen Rhythmus. Das Betonieren wurde für den Trog und die Fahrbahnplatte getrennt im Abstand von 3 Tagen durchgeführt. Zur Vorfertigung der Trogbewehrung war dem Taktkeller streckenwärts ein Bewehrungskeller vorgelagert.

Die Unterbaukonstruktion der Fertigungsanlage bestand aus einem Stahlbetonrost, auf dem die Verschubträger lagerten. Der Aufbau der Schalung für Kragarme, Stegaußenseite und Bodenplatte erfolgte auf einem pressengelagerten Stahlrost. Nach dem Vorspannen der Querspannglieder und der Primärvorspannung erfolgte jeweils der Verschub der Überbautakte über die Pfeiler.

3.5 Bauablauf

Die einzelnen Bauphasen mußten so aufeinander abgestimmt werden, daß der Verkehrsfluß auf der A 4 nicht gestört und eine vierstreifige Verkehrsführung während der gesamten Bauzeit gewährleistet war:

1. Die komplette neue nördliche Brückenhälfte wurde hergestellt (die Unterbauten zunächst noch ohne Natursteinverkleidung).
2. Nach Umlegung des Verkehrs in 4+0-Führung auf die neue Brückenhälfte wurde der alte Stahlüberbau vollständig demontiert.
3. Abbruch der vorhandenen südlichen Pfeilerreihe und Umbau der verbleibenden Pfeiler und Widerlager der nördlichen Brückenhälfte.
4. Auf diesen Unterbauten konnte nun die (neue) südliche Überbauhälfte hergestellt werden.
5. Natursteinverblendung von Pfeiler und Widerlager der (neuen) nördlichen Brückenhälfte.
6. Verkehrsumlegung auf beide Brückenhälften in 3+3-Führung.
7. Sanierung der alten Unterbauten.
8. Endreinigung.

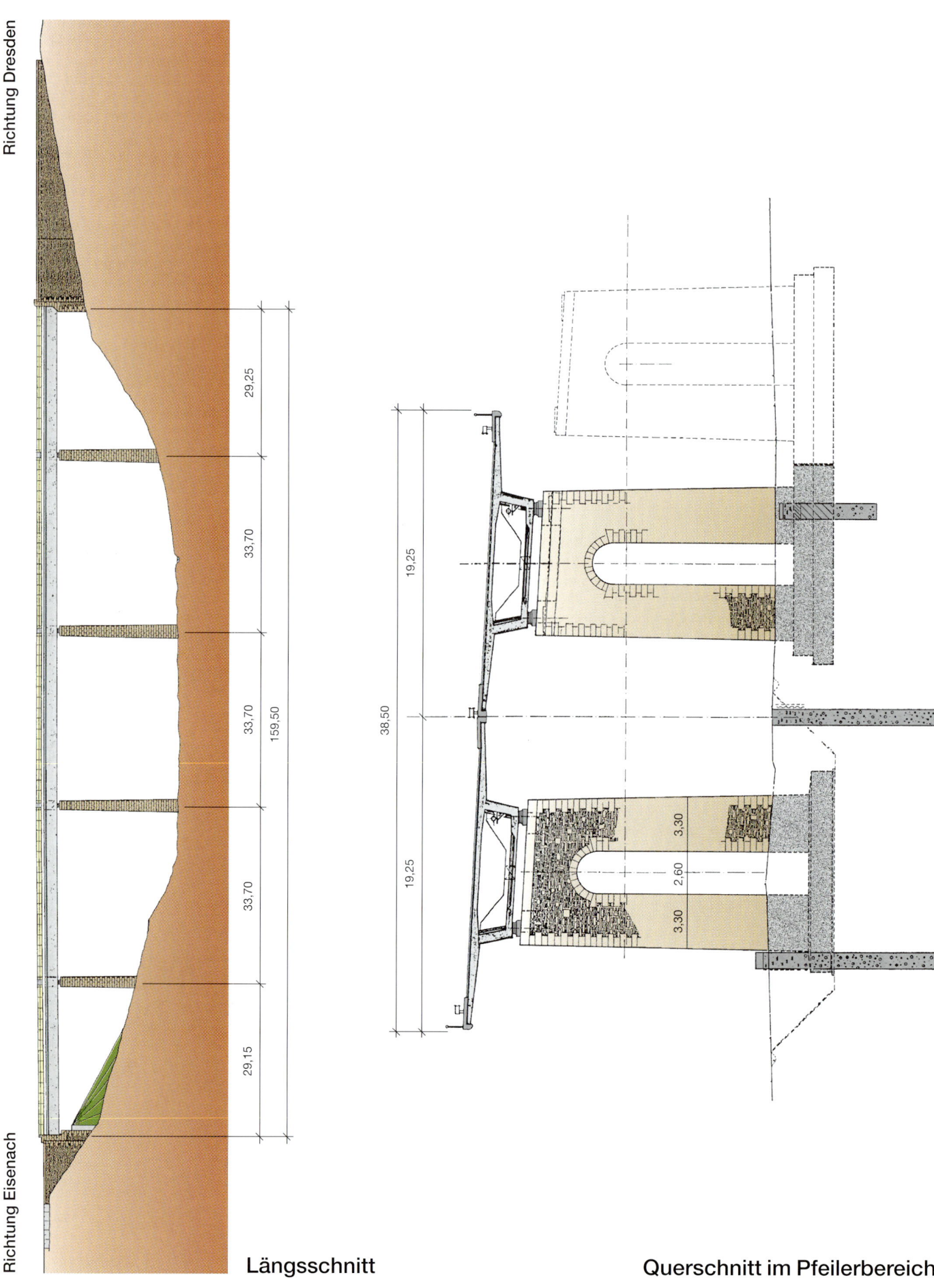

Richtung Dresden

Richtung Eisenach

29,25

33,70

33,70

159,50

33,70

29,15

19,25

19,25

38,50

3,30

2,60

3,30

Längsschnitt

Querschnitt im Pfeilerbereich

Verkehrsprojekt Deutsche Einheit Nr. 15 A 4 Eisenach–Görlitz	unten: Bachlauf, Wirtschaftsweg	Baujahr: 1994–1997 Bauzeit: 34 Monate	Bauweise: Spannbeton-Hohlkasten
Freistaat Sachsen			
Entwurf: Krebs und Kiefer Ingenieur-Consulting, Darmstadt	Bauwerks-Nr.: BW 44	Kosten (Mio. DM): 14	Kosten (DM/m²): 2.155
Gestalterische Beratung: Krebs und Kiefer Ingenieur-Consulting	Bauausführung: Adam Hörnig Baugesellschaft, Niederlassung Thüringen, Weimar		
Prüfingenieur: Prof. Josef Eibl, Dresden			
Bauüberwachung: Emch und Berger, Dresden	Ausführungsplanung: Köhler + Seitz, Nürnberg		

Der Charakter der Brücke blieb durch die Um- und Neubauten unverändert.

Das Bauwerk wirkt durchlässig und fügt sich gut in die Landschaft.

Natursteinverkleidung der Pfeiler mit blaugrauem Lausitzer Granit.

4. Technische Daten

Länge:	160 m
Stützweiten:	29,15 m – 3 × 33,7 m – 29,25 m
Breite:	38 m
Fläche:	6.061 m²
Konstruktionshöhe:	2,55 m
Höhe max.:	23 m über Gelände
Überbaubauweise:	Spannbetonhohlkasten
Herstellungsverfahren:	Taktschiebeverfahren – Überbau Süd auf bestehenden Pfeilern – Überbau Nord auf neuen Pfeilern
Stahlbeton:	15.400 m³ (Überbau)

5. Planungsübersicht

Frühjahr '92	Planungsbeginn durch das Autobahnamt Sachsen
Herbst '92	Übernahme der Planung durch DEGES
Oktober '93	Bauwerksentwurf
Juni '94	Sichtvermerk BMV
September '94	Planfeststellung
Mai '95	Submission
September '94	Baubeginn
Dezember '96	Fertigstellung/Verkehrsfreigabe

Krebs und Kiefer Beratende Ingenieure für das Bauwesen GmbH
- Darmstadt 0 61 51 / 8 85-0   - Berlin 0 30 / 21 73 42-0   - Erfurt 03 61 / 420 64-11
- Freiburg 07 61 / 296 66-0   - Karlsruhe 07 21 / 35 08-0   - www.kuk.de

KREBS UND KIEFER

Talbrücke Triebischtal (A 4)

1. Aufgabenstellung

Der sechsstreifige Ausbau der Bundesautobahn A 4, Eisenach–Görlitz orientiert sich grundsätzlich an der bestehenden Trasse. Eine Ausnahme bildet der östlich an das Autobahndreieck Nossen anschließende Abschnitt zwischen Betriebs-km 31,5–23,6. Im Bereich der ökologisch wertvollen Triebischtäler wurde die Trasse in die nördliche Hanglage verlegt. Damit wurde der durch extreme Gefälle- und Steigungsstrecken geprägte Unfallgefahrenbereich das „Tanneberger Loch" weitgehend umgangen und der unterbrochene Lebensraum der Triebischtäler wieder geschlossen.

Im Zuge dieser Neutrassierung wurden drei große Talbrücken gebaut. Die Brücke über das Triebischtal (BW 36) ist aufgrund ihrer Größe und Gestaltung das markanteste Bauwerk in diesem Verkehrsabschnitt.

2. Bauwerksentwurf

Die Trasse verläuft im Bauwerksbereich etwa in West-Ost-Richtung. Sie weist in der westlichen Brückenhälfte einen Kreisbogen mit dem Radius R = 3.500 m auf und geht beim Bau-km 4,5+32 (23 m vor Achse 50) in eine Klothoide mit dem Parameter A = 600 m über. Der Autobahnquerschnitt besteht aus drei Fahrstreifen und einem Standstreifen mit einer Gesamtfahrbahnbreite von 15,25 m für jede Richtungsfahrbahn. Wegen der großen Fahrbahnbreiten und dem hohen Quergefälle im Bereich der Klothoiden sind die Gradienten der beiden Richtungsfahrbahnen leicht unterschiedlich, damit an der Mittelfuge zwischen den Überbauten keine zu großen Höhendifferenzen (< 20 cm) entstehen. Beide Gradienten liegen am westlichen Brückenende im steigenden Ast einer Wannenausrundung mit dem Halbmesser H = 20.000 m, wobei die nördliche in eine konstante Neigung von 0,75 % und die südliche in eine konstante Neigung von 0,70 % übergeht. Das Quergefälle liegt innerhalb des Kreisbogens bei 2,5 % und vergrößert sich innerhalb der Klothoide bis auf 5,5 % am östlichen Brückenende.

2.1 Unterbauten

2.1.1 Bodenverhältnisse

Die im Jahre 1995 vorgenommenen Baugrunderkundungen ergaben, daß ein gut tragfähiger Fels in einer Tiefe von 2 bis 7 m ansteht und in jeder Achse flach gegründet werden kann.

Am Westhang steht unter einer Schicht aus Hanglehm bzw. Hangschutt ein Fels, der sich zum großen Teil aus einer engen Wechsellagerung von Alaunschiefer, Tonschiefer und Kalkstein (Metakarbonat) zusammensetzt, an. Im Talbereich wurde über dem vorgenannten Fels eine Schicht von Auelehm und Bachschotter angetroffen. Der Osthang ist geologisch-tektonisch stärker gestört als der Westhang. Hier treten zusätzlich auch Wechselfolgen zwischen Diabastuff und Tonschiefer sowie Kalkstein und Tonschiefer auf. Das Einfallen der Schichtung/Schieferung sowie die Ausbildung von Klüften wurde bei entsprechender Gründungstiefe als unkritisch bewertet.

Die Fundamente wurden dem Verlauf der Felsoberfläche folgend abgetreppt. Während die Widerlager jeweils zwei Stufen in Brückenlängs- und Querrichtung aufweisen, wurden die beiden Stufen bei den Hangpfeilern um 45° gegen die Brückenlängsrichtung gedreht, in Richtung des Hanggefälles, angeordnet. Als oberer Grenzwert wurde s = 1 MN/m² für die zulässige Bodenpressung angesetzt.

2.1.2 Widerlager, Flügel

Der kontinuierliche Übergang zwischen Straßendamm und Brückenbau wird durch kastenförmige Widerlager gewährleistet. Die Widerlager Nord und Süd sind um 10 m bzw. 13 m gegeneinander versetzt, so daß jeweils neben den beiden außenliegenden Flügelwänden eine dritte, in Bauwerksachse angeordnete Stützwand erforderlich war.

2.1.3 Pfeiler

Zur Abstützung der Überbauten dienen in die Fundamente eingespannte Stahlbeton-Hohlpfeiler mit kreisförmigem Querschnitt und einem Anzug der Wände von 50 : 1. Der kleinste Außendurchmesser beträgt 4,30 m, während am Pfeilerkopf durch die trompetenförmige Verbreiterung ein Durchmesser von 9,0 m erreicht wird. Die Wanddicke ist mit 40 cm über die gesamte Pfeilerhöhe konstant, während die Verbreiterung am Pfeilerkopf massiv ausgebildet wurde.

2.2 Überbauten

Die Überbauten wurden als parallelgurtige Durchlaufträger mit einzelligem Hohlkasten-Querschnitt in Stahlverbundbauweise ausgeschrieben. Bei einer Konstruktionshöhe von h = 4,80 m betragen die Stützweiten des Überbau-Nord 61 m – 72 m (2×) – 84 m – 72 m – 51 m und des Überbau-Süd 51 m – 72 m – (2×) 84 m – 72 m – 64 m, so daß sich ein Verhältnis l/h von maximal 17,5 ergibt. Die Gesamtbreite der Fahrbahnplatte Nord und Süd beträgt jeweils 18,10 m.

Die Fahrbahnplatte wurde in Brückenquerrichtung beschränkt vorgespannt. Die geplante Kragplattenlänge beträgt beidseitig 4,25 m und die Kastenbreite an der Unterseite 7,0 m, so daß für die Stegneigung beidseitig 1,30 m verbleibt. Da die Fahrbahnplatte ein Quergefälle aufweist, während das Bodenblech des Hohlkastens in Querrichtung horizontal verläuft, sind die Stegneigungen auf der Kurvenaußenseite und der Kurveninnenseite bei einer beidseitigen gleichen Anschnittsdicke der Kragplatten von 60 cm unterschiedlich und in Abhängigkeit von der Fahrbahnplattenquerneigung variabel.

Durch die lineare Verstärkung der Kragplatte von 0,28 m am Ende auf 0,60 m am Anschnitt ergibt sich eine in bezug auf die Innenplatte ausgewogene Quervorspannung und andererseits eine ausreichend große Betondeckung unter den Entwässerungsquerleitungen. Die innere Fahrbahnplatte erhält im Mittelbereich zwischen den Stegen eine konstante Konstruktionshöhe von 0,30 m und wird beidseitig zu den Stegen hin angevoutet.

Der Stahlobergurt erhielt einen konstanten Überstand nach außen, um ein einheitliches Erscheinungsbild zu gewinnen, während die dem Schnittkräfteverlauf angepaßte variable Gurtbreite und evtl. erforderliche Zulagen innerhalb des Hohlkastens liegen.

Analog zum Obergurt wurden die Untergurtpakete abgestuft und alle Verstärkungen innerhalb des Hohlkastens angeordnet. Steg- und Bodenbleche wurden durch längslaufende Trapezbleche und Quersteifen ausgesteift. Jede dritte Quersteife erhielt einen Verband in K-Form. Über den Stegsteifen innerhalb und außerhalb des Hohlkastens wurden die Lager- und Pressenkräfte in den Hohlkasten eingeleitet.

Die Geometrie des Überbaus wurde auf der Grundlage der Streckenführung mit Kreisbogen und Klothoide festgelegt. Für diese Randbedingungen wurde die Voraussetzung für ein Taktschieben der Stahlüberbauten untersucht. Dementsprechend wurden die Überbauten von der Westseite auf Ersatzradien mit alternierenden Ausmitten bis zu maximal 36 cm eingeschoben. Die herstellungsbedingten Ausmitten wurden durch veränderliche Kragarmbreiten kompensiert.

3. Bauausführung

3.1. Sondervorschlag

Abweichend vom Verwaltungsentwurf wurde der Überbau als Spannbeton-Hohlkasten im Taktschiebeverfahren von der Baugesellschaft J. G. Müller mbH, Wetzlar, angeboten und im Oktober 1996 beauftragt. Zur Reduzierung der Stützweiten beim Taktschieben waren in allen Feldern zusätzliche Hilfsstützen mit kraftgesteuerten Lagern erforderlich. Die Unterbauten sowie Bodenplatte und Stege des Überbaus liegen auf einem Ersatzkreis, die Fahrbahnplatte verläuft entlang der Gradiente. Die maximale Abweichung des Ersatzkreises, dessen Ausgleich in den Kragarmen erfolgt, beträgt w = 55 cm bei einer maximalen Kragarmbreite von 4,80 m.

3.2. Gründung/Unterbauten

Entsprechend dem Baugrundgutachten stand in den Gründungstiefen gut tragfähiger Fels an. Für die Baugruben der Pfeiler in Achse 20, 30 und 60 (Hanglagen) erfolgte eine bauzeitige Sicherung mit Spritzbeton und Felsnägeln. Die Ausführung von Kreisfundamenten unter den Pfeilern erwies sich sowohl hinsichtlich der Technik als auch hinsichtlich der Wirtschaftlichkeit als gute Lösung.

Die Herstellung der Pfeiler erfolgte mit einer Kletterschalung mit einer Höhe von 5 m pro Pfeilerschuß. Der alternierende Pfeilerradius wurde mit paßgenauen Segmenten für den jeweiligen Pfeilerschuß hergestellt. Für die Podeste der Pfeiler kamen Fertigteil-Elemente zum Einsatz. Aufgrund der hohen Betonierlast wurde der Pfeilerkopf in zwei Abschnitten betoniert.

3.3. Überbauten

Der Überbau wurde als parallelgurtiger, längs und quer beschränkt vorgespannter Durchlaufträger mit einzelligem Hohlkasten ausgeführt.

Die Stegdicken betragen 60 cm mit Kragarmanschnitten von minimal 56 cm. Die Breite der Bodenplatte – ohne Quergefälle – beträgt 8,0 m. Der Ausgleich der geometrischen Unregelmäßigkeiten erfolgt durch eine Veränderung der mittleren Bauhöhe des Kastens und nicht durch Aufbringen von Zwängungen auf den Hohlkasten. Im Bereich der Wanne wurden beide Steghöhen vergrößert; im Bereich der Klothoide erfolgt die Änderung der Querneigung durch eine Drehung um die Gradiente. Für einen berührungsfreien Verschub wurde ein Ersatzkreis von R = 3.000 m ermittelt, mit einer zusätzlichen Reduzierung der nördlichen Innenkappe um 10 cm und einer Verkürzung des südlichen Kragarmes um 10 cm.

Die Längsvorspannung besteht aus zwei Anteilen. Der erste zentrische Anteil (Primärvorspannung) ist für die bauzeitigen Beanspruchungen während des Verschubes ausgelegt und wurde wechselseitig über zwei Takte gespannt und gekoppelt (Spannverfahren BBV 14 × L 12). Die durchgehende zentrische Vorspannung in der Fahrbahn- und Bodenplatte reduziert außerdem die Rißbildung aus Wechselbeanspruchungen (Verkehrslasten, Zwänge) im Bereich der Momentennullpunkte (ständige Lasten). Der zweite, exzentrische Anteil (Sekundärvorspannung) wurde nach dem Verschub eingefädelt, gespannt und verpreßt. Zur Ausführung gelangte das Spannverfahren BBV, L 19 mit maximal 12 Spanngliedern pro Steg und einer maximalen Länge von 190 m.

Die Überbauten wurden vom Widerlager Achse 10 (Westseite) aus mit einem konstanten Längsgefälle (0,75 % bzw. 0,70 %) bergauf geschoben. Die Taktschiebeanlage befand sich 7,5 m (Nord) bzw. 17,5 m (Süd) hinter dem Widerlager und wurde für die Herstellung des zweiten Überbaus (Süd) quer verschoben. Sie war geteilt in einen ortsfesten Teil, die Rutschträger, und einen auf Pressen sitzenden Teil, der nach dem Spannen zusammen mit der Schalung abgesenkt wurde. Die Fertigungsanlage (Rutschträger und Schalung) verliefen im Grundriß in der Verlängerung des Ersatzradius und im Aufriß in Verlängerung der Längsneigung.

Der Vorbauschnabel bestand aus einem 5 m langen Stahlteil und einem 20 m langen Spannbetonteil. An der Schnabelspitze war eine Hubvorrichtung zum Auffahren auf die Stützen (max. Durchbiegung = 12 cm) angebracht.

Die Taktlängen betrugen in der Regel 24 m und 20 m, lediglich in den Endfeldern war der Takt kürzer. Beide Überbauten haben 20 Takte.

Zum Verschub des Überbaus wurde eine hydraulische Hub-Reibe-Anlage mit einer maximalen Hubkraft von 2 × 7850 KN und einer Schubkraft von 2 × 2 × 1600 KN eingesetzt. Sie war kombiniert mit dem hydraulischen Absetzblock, auf dem der Überbau in Längsrichtung in der Ruhelage gehalten wurde, sowie mit einem gefederten Taktschiebelager mit 10 mm Überhöhung.

Die Kopfauslenkungen der Pfeiler und Hilfsstützen wurden beim Verschub an einem von Widerlager zu Widerlager gespannten Steuerseil kontrolliert. Überstieg die Auslenkung die zulässigen Werte, wurde der Verschub automatisch unterbrochen.

3.4. Lagerung/Übergänge

Alle Pfeiler- und Widerlagerachsen wurden unter jedem Steg mit einen Topflager ausgeführt. Als Festpunkte dienen die Achsen 40 + 50 (Rahmen) mit auf dem Innensteg allseitig festem Lager und auf dem Außensteg quer beweglichem Lager. Alle übrigen Lager sind auf dem Innensteg längs beweglich und quer fest und auf dem Außensteg allseitig beweglich.

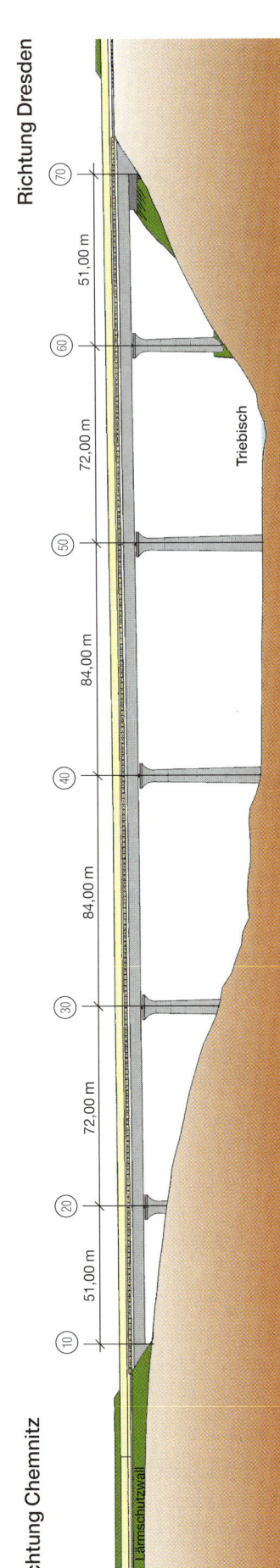

Richtung Dresden

70

51,00 m

60

72,00 m

Triebisch

50

84,00 m

40

84,00 m

30

72,00 m

20

51,00 m

10

Lärmschutzwall

Richtung Chemnitz

Ansicht

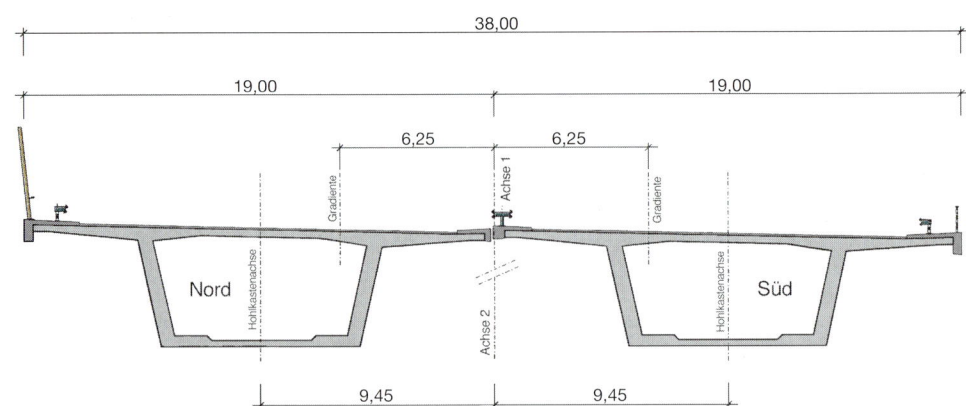

38,00

19,00

19,00

6,25

6,25

Gradiente

Achse 1

Gradiente

Nord

Hohlkastenachse

Achse 2

Hohlkastenachse

Süd

9,45

9,45

Regelquerschnitt

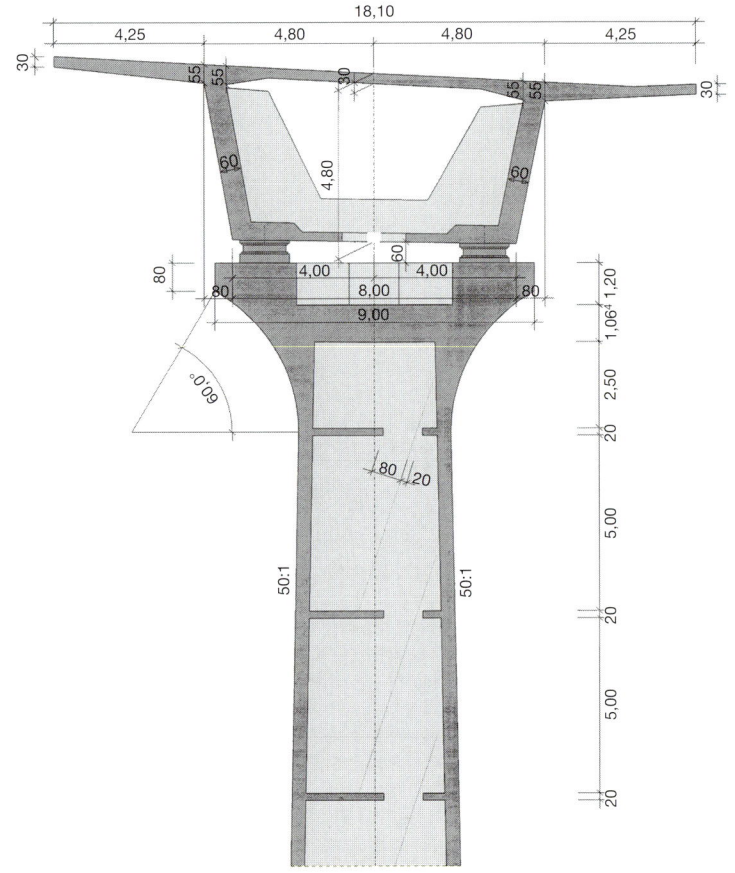

18,10

4,25

4,80

4,80

4,25

30

55

55

30

55

55

30

60

4,80

60

80

60

4,00

60

4,00

1,20

80

80

8,00

80

1,06

9,00

2,50

60,0°

80 / 20

50:1

50:1

5,00

20

5,00

20

Pfeilerkopfquerschnitt

Verkehrsprojekt Deutsche Einheit Nr. 15 A 4 Eisenach – Görlitz Freistaat Sachsen	unten: Triebischbach, K 98 Tanne- berg – Groitsch	Baujahr: 1996 – 1999 Bauzeit: 35 Monate	Bauweise: Spannbeton- Hohlkasten
Entwurfsbearbeitung: BGS Ingenieursozietät, Frankfurt am Main	Bauwerks-Nr.: BW 36	Kosten (Mio. DM): 28,9 (netto)	Kosten (DM/m²): 1.825,00
Gestalterische Beratung: A. Speer & Partner,	Bauausführung: Baugesellschaft J. G. Müller mbH, Wetzlar		
Prüfingenieur: Dr.-Ing. Eisert, Frankfurt am Main	Ausführungsplanung: Kinkel + Partner, Neu-Isenburg		
Bauüberwachung: BUNG GmbH, Niederlassung Dresden			

Die neue Trasse mit der Brücke über das Triebischseitental in Hanglage. Im Vordergrund die alte Trasse der A 4.

Ein Überbau ist fertiggestellt, während der zweite über die Pfeiler geschoben wird (links). Die Überbauten lagern auf den trompetenförmig aufgeweiteten Pfeilerköpfen (rechts).

4. Technische Daten

Länge:	Nord 424 m, Süd 427 m
Stützweiten:	
NORD:	61 m – 72 m – (2×) 84 m – 72 m – 51 m
SÜD:	51 m – 72 m – (2×) 84 m – 72 m – 64 m
Breite:	37,50 m
Fläche:	15.850 m^2
Konstruktions-höhe:	4,88 m
Lichte Höhe:	46,7 m
Überbau-bauweise:	einzelliger Spannbetonhohlkasten
Herstellungs-verfahren:	Taktschiebeverfahren
Beton:	11.650 m^3 (Unterbauten B 35)
	12.810 m^3 (Überbau B 45)
Betonstahl:	1.220 t (Unterbauten)
	1.550 t (Überbau)
Spannstahl:	650 t

5. Planungsübersicht

März 1993	Vertiefende Untersuchung zur „Trassenverlegung Triebischtäler"
Juli 1994	Planfeststellungsverfahren eingeleitet
Juli 1996	Planfeststellungsverfahren abgeschlossen
Nov. 1996	Baubeginn
Januar 1999	Verkehrsfreigabe Überbau-Nord Verkehrsführung 4+0
Ende 1999	Gesamt Verkehrsfreigabe

Elbebrücke Dresden (A 4)

1. Aufgabenstellung

Nach der deutschen Wiedervereinigung ist auch auf der BAB A 4 Eisenach–Görlitz das Verkehrsaufkommen sprunghaft angestiegen und hat in den zurückliegenden Jahren stetig zugenommen. Einer der am stärksten belasteten Abschnitte befindet sich zwischen dem AD Nossen (A 14) und dem AD Dresden (A 13) mit durchschnittlich rund 40.000 Kfz/24 h. Die Prognosen für das Jahr 2010 gehen hier von einer Zunahme der Verkehrsmengen um 50 bis 100 % aus.

Diese hohen verkehrlichen Anforderungen einerseits und die Notwendigkeit einer leistungsfähigen Verkehrsinfrastruktur im Interesse der wirtschaftlichen Entwicklung in den neuen Bundesländern andererseits gaben den Ausschlag für die Entscheidung der Bundesregierung, den Ausbau der BAB A 4 Eisenach–Görlitz (382 km) in Verbindung mit dem Neubau der BAB A 44 Kassel–Eisenach (56 km) in die Liste der 17 Verkehrsprojekte Deutsche Einheit (VDE Nr. 15) aufzunehmen.

Die sechsstreifige Erweiterung des Streckenabschnitts zwischen AD Chemnitz und AD Dresden (79,2 km) mit einem Regelquerschnitt RQ 37,5 liegt im Verantwortungsbereich der DEGES. Wichtigstes Ingenieurbauwerk in dem ca. 32 km langen Teilabschnitt AD Nossen–AD Dresden ist die knapp 500 m lange Elbebrücke (BW 15).

Das vorhandene Bauwerk aus dem Jahr 1935 setzt sich zusammen aus der eigentlichen Strombrücke (378 m, Stahlfachwerk) und einem Anschlußbauwerk (106 m, Stahlbalkenbrücke), das eine Eisenbahnlinie und die B 6 überquert. Im Zuge des sechsstreifigen Ausbaus der A 4 in diesem Bereich muß der Überbau von 24 m (alte Breite) auf 43 m (inkl. beiderseitige Geh- und Radwege) verbreitert werden.

2. Bauwerksentwurf

Wegen der exponierten Lage an der Peripherie der Landeshauptstadt Dresden wurde das neue Bauwerk auch unter Wahrung der gestalterischen Gesichtspunkte konzipiert.

Die vorhandenen Unterbauten des alten Bauwerks wurden z. T. weiterverwendet und in die neue Konstruktion integriert. Dies betrifft die Pfeiler 1–4 (vom östlichen Widerlager aus gesehen), die entsprechend den neuen Erfordernissen verlängert und gleichzeitig in der Höhe angepaßt wurden. Beide Widerlager sowie die Pfeiler der Achsen 5 und 6 sind neu errichtet worden.

Während das alte Bauwerk aus zwei unterschiedlichen Systemen (Stahlfachwerk- bzw. Stahlbalkenkonstruktion) bestand, ist die neue Brücke als durchlaufender Hohlkastenträger in Verbundbauweise mit voutenförmiger, veränderlicher Bauhöhe (3,42 m bis 5,92 m) ausgebildet. Um das starke Längsgefälle in Richtung Elbebrücke abzuflachen, wurde eine Gradientenkorrektur vorgenommen. Das Anhebemaß beträgt am Altstädter (westlichen) Widerlager ca. 2,60 m, am Neustädter (östlichen) Widerlager ca. 0,90 m.

Mit der konstruktionsbedingt vergrößerten Bauhöhe im Bereich des Anschlußbauwerks, der Gradientenkorrektur und der gleichzeitigen Zurückverlegung der Vorderkante des neuen Altstädter Widerlagers wird eine Verbesserung des Freiraums unter der Brücke für die Meißener Landstraße (B 6) sowie für die Eisenbahnstrecke Leipzig–Dresden erreicht. Damit ist auch für eine eventuelle ICE-Trasse das erforderliche Lichtraumprofil gegeben.

Im Grundriß liegt das neue Bauwerk auf einer Geraden, die an den Brückenenden jeweils in Klothoiden übergeht. Das dachförmige Quergefälle bleibt jedoch auf ganzer Brückenlänge konstant und ändert sich erst außerhalb der Fahrbahnübergangskonstruktionen. Die neue Brückenachse ist geringfügig gegenüber der alten Achse verschoben.

2.1 Unterbauten

Die Neubau- und Verbreiterungsmaßnahmen müssen im Zusammenhang mit den Abbrucharbeiten und den Behelfsmaßnahmen für die provisorische Lage und den Querverschub des neuen oberstromigen Überbaus gesehen werden.

2.1.1 Verlängerung der Pfeiler 1–4

Für die Verlängerung der Pfeilerscheiben wurden zunächst die vorhandenen halbkreisförmigen Abrundungen bis OK Fundament abgebrochen. Als Konsequenz aus der Verschiebung der neuen Autobahnachse um das Maß von ca. 1,60 m–2,00 m in Richtung Oberstrom sind die Verlängerungen unsymmetrisch zur alten Pfeilerachse ausgebildet.

Die Verlängerungen der Pfeilerscheiben (im Mittel ca. 13,5 m nach Oberstrom und ca. 10,0 m nach Unterstrom) setzen sich auf Großbohrpfähle ab.

Die verlängerten Pfeiler haben eine Gesamtlänge von 43,50 m und eine Breite von 4,00 m. Die Verlängerungen wurden, wie beim alten Bestand, halbkreisförmig abgerundet. Die alten und neuen Bauteile sind mit Verbundankern schubfest verbunden. Den oberen Abschluß der Pfeiler bildet ein 1,00 m hoher Auflagerbalken in Sichtbeton. Bis zum Auflagerbalken sind die Pfeiler entsprechend ihrer historischen Gestaltung mit Granitsteinen verblendet.

2.1.2 Neubau Pfeiler (Achse 5)

Der mächtige, ca. 10 m breite Gruppenpfeiler zwischen Strombrücke und Anschlußbauwerk wurde abgebrochen. Unmittelbar daneben entstand ein neuer Pfeiler von ca. 9,40 m Höhe. Die Grundrißform wurde von den Pfeilern 1–4 übernommen. Die Gründung des Pfeilers 5 erfolgte in einer Tiefe von ca. 5,00 m auf verwittertem Festgestein.

2.1.3 Neubau der Pfeiler (Achse 6)

In Konsequenz aus dem Zwangspunkt „Verlauf der Meißener Landstraße" liegen die Pfeiler in einer schiefwinkligen Achse zur Brückenlängsachse. Nach Abbruch der alten wurden vier einzelne, auf dem anstehenden verwitterten Festgestein gegründete, massive Rundstützen mit einem Durchmesser von 2,50 m betoniert.

2.1.4 Neubau der Widerlager

Beide Widerlager sind – entsprechend dem Bestand – als kastenförmige, flachgegründete Widerlager mit um 20 Grad nach hinten gekippten Frontwänden ausgebildet. Unverändert blieb auch die Lage zur Brückenlängsachse: rechtwinklig auf Neustädter Seite, schiefwinklig (entsprechend Pfeilerachse 6) auf Altstädter Seite – hier allerdings um ca. 2,75 m zurückversetzt. Analog zu den Pfeilern wurden die Sichtflächen (mit Ausnahme der Auflagerbalken) mit Granitsteinen verblendet.

2.2 Überbau

Die beiden voneinander getrennten Überbauten der Elbebrücke sind ausgebildet als Durchlaufträger mit voutenförmig veränderlicher Konstruktionshöhe (3,25 m an den Brückenenden, 6,00 m über den Strompfeilern, 3,50 in der Strommitte). Durch den voutenförmigen Verlauf wird dem ungleichen Stützweitenverhältnis eher entsprochen als mit dem alten, parallelgurtigen Tragwerk. Außerdem wird so die Hauptstützweite über dem Elbestrom (130 m) besonders betont.

Die Überbauten sind in Verbundbauweise mit schlaff bewehrter Platte konzipiert. Jeder der beiden Überbauten weist eine Breite von 21,50 m (jeweils von Mittelachse bis Innenkante Geländer) auf. Mit Rücksicht auf diese große Breite wurden für jeden Überbauquerschnitt zwei Hohlkästen gewählt, über die die Fahrbahnplatte in ein günstiges Durchlaufsystem über drei Felder mit beidseitigen, relativ geringen Auskragungen überführt wird.

Abbruch des alten Bauwerkes

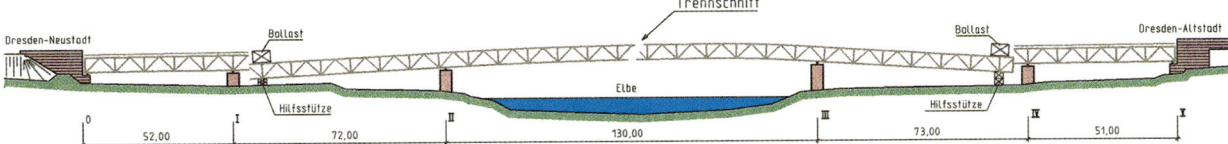

Der Abbruch der alten Überbauten der Strombrücke mußte so erfolgen, daß die Schiffahrt zu keinem Zeitpunkt behindert wird. Damit waren Hilfsunterstützungen dort nicht sinnvoll.
Durch Abbruch der Fahrbahnplatte und der Fahrbahnlängsträger von oben wurde die Konstruktion weitestgehend entlastet.
Nach Einbau der Hilfsunterstützungen vor den Pfeilern 2 und 4

wurde die Konstruktion in diesem Bereich getrennt und auf die Hilfsstützen umgelagert. Durch hydraulisches Absenken auf den Hilfsstützen um ca. 70 cm wurden die Hauptträger in Strommitte nahezu spannungsfrei und konnten dort getrennt werden (Bild 1). Die Lagesicherung auf den Hilfsstützen wurde dabei durch jeweils ca. 80 t Ballast erreicht.

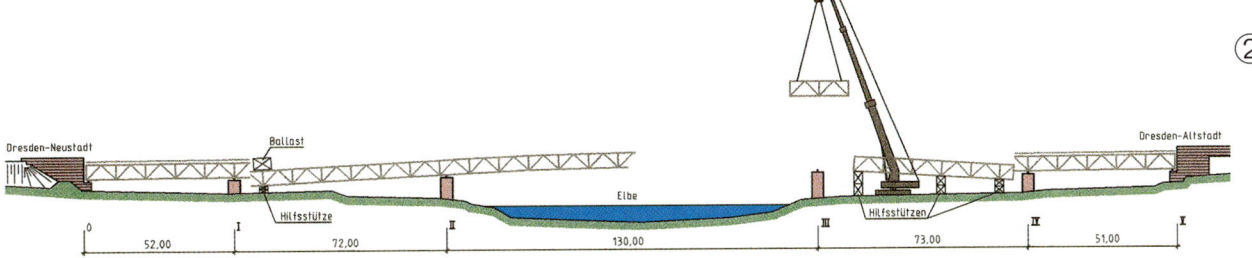

Bei der Trennung des alten Überbaus Oberstrom stellte sich ein Höhenversatz der beiden Kragarmspitzen von ca. 8 cm ein. Dieser geringe Versatz resultiert auch daraus, daß der Trennschnitt wegen eines dort vorhandenen Fachwerkknotens nicht genau in Brückenmitte geführt werden konnte.

Nach dem Trennschnitt in Brückenmitte wurden die Fachwerkträger des Flußfeldes mit neben den Pfeilern stehenden 600-t-Autokränen im Freirückbau abschnittsweise demontiert (Bild 2).

Vorgehensweise/Bauphasen

Neben dem vorhandenen Bauwerk wird der neue südliche Überbau in provisorischer Lage (auf Hilfspfeilern) erstellt. Der Verkehr fließt ungehindert auf der alten Brücke.

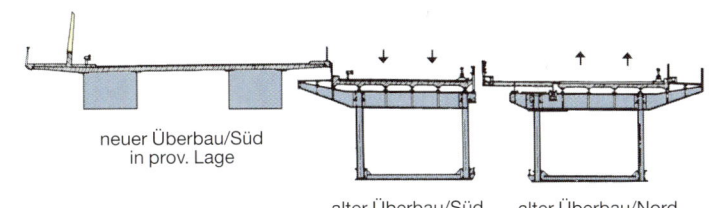

Nach Fertigstellung dieser Brückenhälfte wird der Verkehr umgeleitet: in Fahrtrichtung Bautzen (dreistreifig) auf den neuen Überbau, in Fahrtrichtung Chemnitz (zweistreifig) auf die alte südliche Brückenhälfte. Der alte nördliche Überbau wird abgebrochen und durch einen Neubau ersetzt.

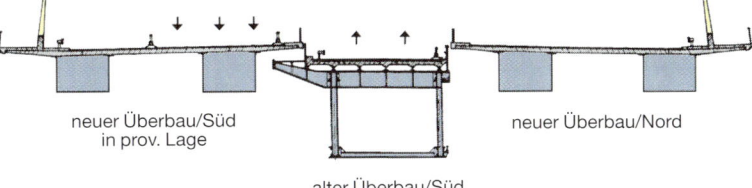

Nun wird der Verkehr in Fahrtrichtung Chemnitz von der alten südlichen Brückenhälfte (dreistreifig) auf die neue nördliche Brückenhälfte verlegt. Der alte südliche Überbau wird abgebrochen.

Bis zur endgültigen Freigabe fließt der gesamte Verkehr vorübergehend über die nördliche neue Brückenhälfte. Der komplette neue südliche Überbau wird um 10,5 m querverschoben und in seine endgültige Position gebracht. Nach Beseitigung der Provisorien (Hilfspfeiler etc.) kann das Bauwerk vollständig für den sechsstreifigen Verkehr freigegeben werden.

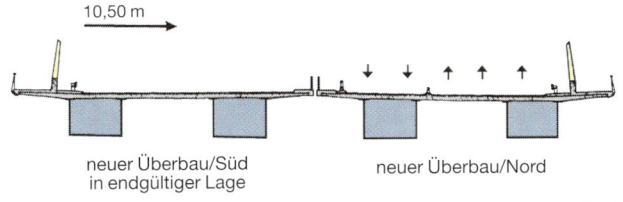

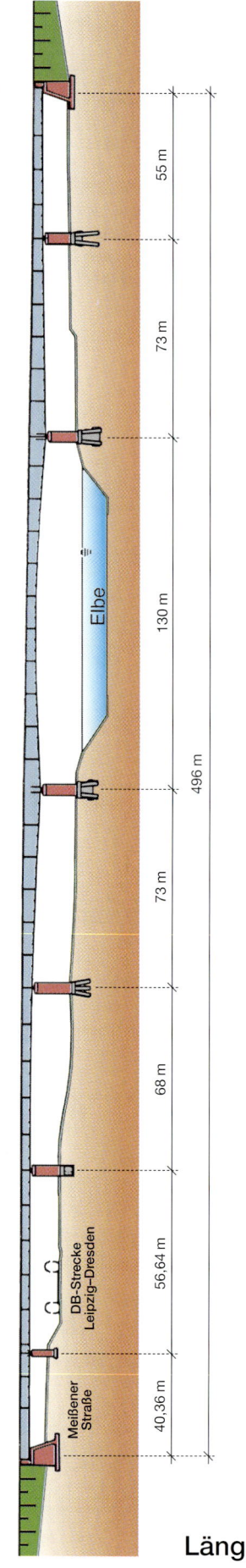

Richtung Bautzen

Richtung Chemnitz

55 m

73 m

130 m

496 m

73 m

68 m

56,64 m

40,36 m

Elbe

DB-Strecke Leipzig-Dresden

Meißener Straße

Längsschnitt

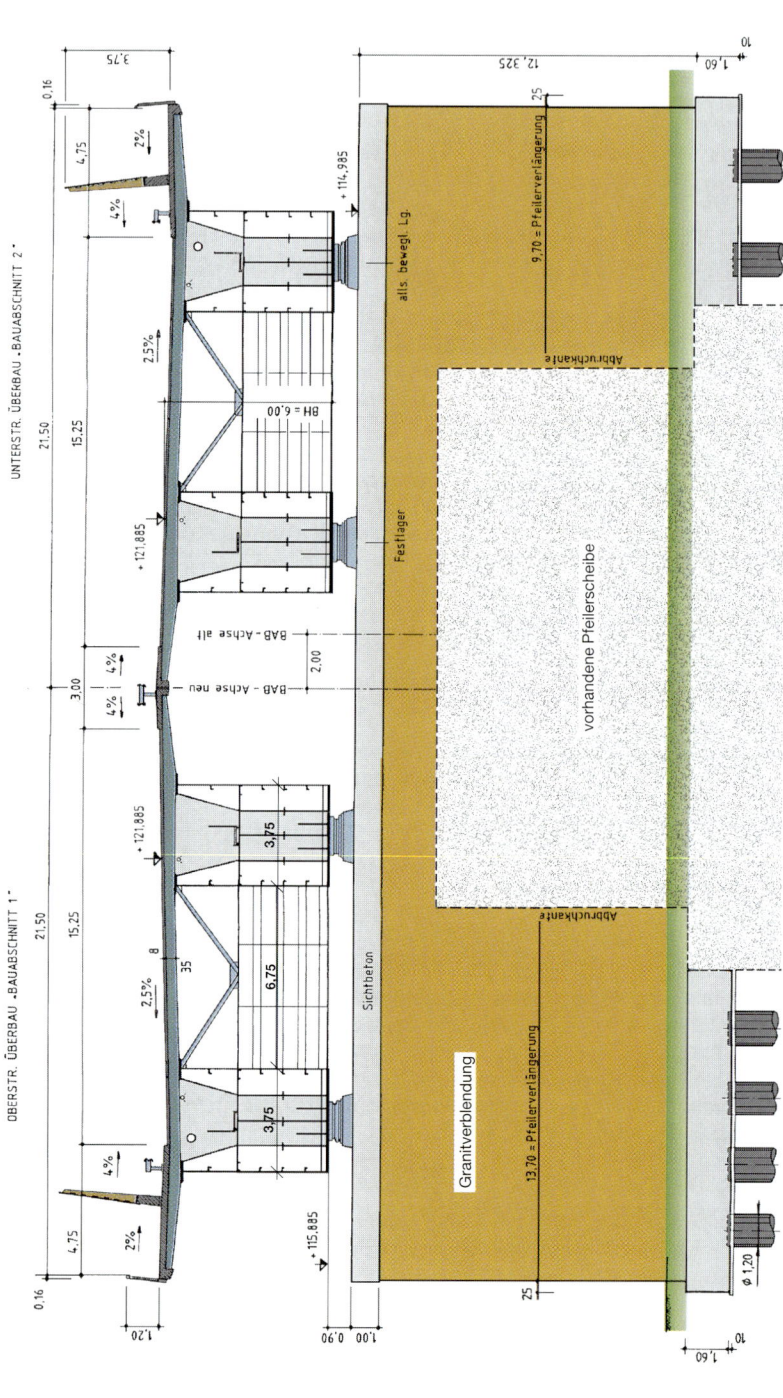

Querschnitt am Pfeiler 3

Verkehrsprojekt Deutsche Einheit Nr. 15 A 4 Eisenach–Görlitz Freistaat Sachsen	unten: **Elbe,** **DB-Strecke** **Leipzig–Dresden**	Baujahr: **1995–1998** Bauzeit: **41 Monate**	Bauweise: **Doppelhohl-** **kasten im** **Stahlverbund**
Entwurf: **Schüßler-Plan Stahlbau,** **Düsseldorf**	Bauwerks-Nr.: **BW 15**	Kosten (Mio. DM): **61**	Kosten (DM/m²): **2.845**

Gestalterische Beratung: **Prof. Peter Kulka, Köln**	Bauausführung: **Adam Hörnig, Weimar**
Prüfingenieur: **Dipl.-Ing. Klaus-Peter Schmidt, Düsseld.**	Nachauftragnehmer für den Stahlbau: **Brückenbau, Plauen/Aelterman, Gent (Belgien)**
Bauüberwachung: **Köhler + Seitz, Nürnberg**	Ausführungsplanung: **Adam Hörnig, Baugesellschaft mbH & Co,** **Aschaffenburg** **Schmitt, Stumpf, Frühauf und Partner, München**

Der neue südliche Überbau mit dem über den Strompfeilern gevouteten Durchlaufträger.

Verlängerter Pfeiler auf der Oberstromseite.

Auskragungen (3,91 m außen; 3,50 m innen), Kastenbreiten (3,75 m) und Kastenabstand (6,75 m) wurden so gewählt, daß die Betonfahrbahnplatte in einer Dicke von nur 35 cm ausgeführt werden konnte, ohne dadurch einen zu hohen Bewehrungsgrad zu bedingen. Die beiden Kastenträger sind in Abständen von 12–13 m durch Fachwerkquerverbände zu einem torsionssteifen Trägerrostsystem miteinander verbunden.

2.2.1   Lagerung

Jeder Hohlkasten liegt pro Auflagerachse auf einem Kalottenlager. Die festen Lager befinden sich unter den beiden Innenkästen über dem Strompfeiler 3. Quergerichtete Horizontalkräfte werden nur in den beiden Widerlagerachsen, den Achsen der beiden Strompfeiler und in der Achse des neuen Pfeilers 5 aufgenommen.

3.   Bauausführung

3.1   Vorleistungen

Wegen des sehr schlechten baulichen Zustandes wurde das alte Bauwerk 1992 instand gesetzt. Bei der Gelegenheit erfolgte eine Verbreiterung des nördlichen Überbaus zur Aufnahme einer vierstreifigen (4+0) Verkehrsführung, da eine Erstellung des neuen südlichen Überbaus zunächst ohne Querverschub geplant war. Im Dezember 1994 wurde jedoch am nördlichen Überbau ein Obergurtschaden festgestellt. Eine kurzzeitige Vollsperrung der Richtungsfahrbahn Chemnitz war unerläßlich, was zu massiven Verkehrsbehinderungen im Großraum Dresden führte. Aufgrund dieser Erfahrungen und um den provisorisch verbreiterten Überbau durch den 4+0-Verkehr nicht noch zusätzlich zu beanspruchen, wurde das Alternativkonzept „Querverschub" entwickelt. Damit war während der gesamten Bauzeit eine ständige 2+2-Verkehrsführung gewährleistet und eine 4+0-Verkehrsführung auf dem bestehenden Überbau vermieden.

3.2   Gründungen

Entsprechend der im Bereich der Elbaue vorherrschenden weichen Deckschichten aus holozänem Auelehm auf Ablagerungen aus holozänen Flußsanden und Flußkiesen wurden die Verlängerungen der Pfeiler 1–4 tief gegründet. Die Herstellung der Großbohrpfähle mit einem Durchmesser von 1,20 m erfolgte durch verrohrtes Bohren. Aufgrund des Bauwasserstandes bei Pfeiler 2, 3 und 5 wurden die Baugruben abgespundet. Die wasserdichte Spundwand fungierte als verlorene Schalung der Pfahlkopfplatte sowie der Unterwasserbetonsohle.

3.3   Herstellung Überbau

3.3.1   Teilfertigung/Transport

Die Stahltröge für den Überbau wurden von Stahlbaufirmen in Plauen bzw. Gent (Belgien) vorgefertigt und stückweise zur Baustelle transportiert. Die Stahlteile aus Plauen kamen auf schweren Transportfahrzeugen auf dem Straßenweg. Um Verkehrsbehinderungen weitgehend zu vermeiden, erfolgten die Schwertransporte überwiegend zur Nachtzeit. Parkplätze in der Nähe der Baustelle dienten als vorübergehende Zwischenlager.

Da die auf dem Transportweg liegenden Überführungsbauwerke nur begrenzte Durchfahrtshöhen hatten, mußten Teile mit Höhen von mehr als 4 m liegend transportiert und vor Ort um 90 Grad gedreht werden. Die in Belgien gefertigten Stahlteile wurden auf dem Wasserweg herantransportiert.

3.3.2   Montage

Die Montage der Strahlkonstruktion erfolgte im Freivorbau, im Normalbereich mit Schußlängen von ca. 19 bis 27 m. Über der Eisenbahnlinie und der Straße an der Westseite der Brücke (Dresden-Altstadt) wurden zur hilfsstützenfreien Überbrückung der Verkehrswege Teile mit einer Länge von bis zu 45 m (Stückgewichte bis zu 75 t) montiert.

Im Vorlandbereich wurden die vorgefertigten Stahlteile mit Autokränen von den Transportern genommen, eingehoben und in Position gebracht. Am Kran hängend erfolgte der temporäre Anschluß an die bereits montierten Teile mit Laschen und HV-Verschraubung. Bis zur Montage der nächsten Teile wurden die Baustellenstöße geschweißt. Im Flußbereich erfolgte die Montage der einzelnen Teile mittels Schwimmkran.

4.   Technische Daten

Länge:	496 m
Stützweiten:	55 m – 73 m – 130 m – 73 m – 68 m – 56,6 m – 40,4 m
Breite:	43,3 m
Fläche:	21.328 m²
Konstruktionshöhe:	3,42 m – 5,92 m
Höhe max.:	38 m
Überbaubauweise:	Doppelhohlkasten im Stahlverbund
Herstellungsverfahren:	Freivorbau, teilweise mit Hilfsstützen
Stahlkonstruktion:	5.200 t (Überbau)
Stahlbeton:	23.900 m³ (Über- u. Unterbauten)
Betonstahl:	2.500 t (Über- u. Unterbauten)

5.   Planungsübersicht

Frühjahr '92	Planungsbeginn durch das Autobahnamt Sachsen
Herbst '92	Übernahme der Planung durch DEGES und Fertigstellung des Bauwerksentwurfs/Sichtvermerk BMV
Dezember '94	Planfeststellung
März '95	Submission
Mai '95	Baubeginn
Dezember '96	Provisorische Verkehrsfreigabe Überbau Oberstrom
April '98	Provisorische Verkehrsfreigabe Überbau Unterstrom
Dezember '98	Endgültige Verkehrsfreigabe

Unionbrücke Dresden
(A 4)

1. Aufgabenstellung

Die A 4 ist die wichtigste Ost-West-Verkehrsachse im Freistaat Sachsen. Sie verbindet den Freistaat nach Westen mit Thüringen und Hessen, nach Osten mit Polen und Osteuropa. Um dem hohen und stetig steigenden Verkehrsaufkommen gerecht zu werden, wird die A 4 von den vorhandenen vier Fahrstreifen auf den Querschnitt RQ 37,5 mit sechs Fahr- und zwei Standstreifen verbreitert.

Zwischen Bau-km 25+863 und 26+117 kreuzt die A 4 die Strecke Leipzig–Dresden der Deutschen Bahn AG, die Gleisanlagen des Bahnhofs Radebeul-Ost und die Leipziger Straße. An dieser Stelle, einem der am stärksten befahrenen Abschnitte der A 4 zwischen der AS Dresden-Neustadt und der AS Dresden Wilder Mann, wurde das BW 9, die alte Unionbrücke, durch einen Neubau an gleicher Stelle ersetzt. Die Funktion der unter dem Brückenbauwerk verlaufenden vier Durchfahrtgleise von Bahn und S-Bahn sowie der acht Rangiergleise des Bahnhofs und der Straße konnte während der Bauphase aufrechterhalten werden.

Das bestehende Bauwerk mußte vollständig abgebrochen werden. Lediglich die Massivpfeiler an der Leipziger Straße (Achse 8) und an der Grenze zur Bahn (Achse 5) konnten für den Neubau verwendet werden. Während der gesamten Bauphase sollte eine 4+0-Verkehrsführung gewährleistet sein. Darum wurde die BAB an dieser Stelle in zwei Abschnitten hergestellt. Zuerst wurde die neue Richtungsfahrbahn südöstlich des Altbaus gebaut, während der Verkehr auf dem bestehenden Bauwerk weiterlief. Nach der Verkehrsumleitung auf den neuen Überbau wurde mit dem Abbruch der alten Brücke und der Erstellung der zweiten Richtungsfahrbahn begonnen.

2. Bauwerksentwurf

Gestaltung und Entwurf der neuen Brücke orientierten sich am bestehenden Brückenbauwerk, einem genieteten Stahlüberbau auf zwei massiven Pfeilern und 5 Stützenpaaren mit einer Natursteinverkleidung aus rötlichem Meißener Granit. Diese Ansicht sollte in etwa erhalten bleiben. Das neue Brückenbauwerk hat je Richtungsfahrbahn einen eigenen Überbau. Auf der südöstlichen Außenkappe ist eine 4,50 m hohe Lärmschutzwand angebracht.

Die Brücke ist ein Durchlaufträger über 8 Felder in Stahlverbundbauweise. Die Überführung der Gleis- und Straßenanlagen machte eine lichte Höhe von mindestens 6,50 m für die Fern- und S-Bahntrasse und 4,90 m für den Straßenbahnbetrieb auf der Leipziger Straße erforderlich. Weitere Planungsbedingungen waren die vorliegende Verschiebung der Achse um 10,1 m nach Südost und die Neigung der Fahrbahn von 0,4 % durch den konstanten Radius der Autobahnachse an dieser Stelle.

2.1 Unterbauten

2.1.1 Widerlager

Die Widerlager sind Kastenwiderlager, deren Ansichtsflächen mit Naturstein verkleidet sind. Hierzu wurde die vorhandene Verkleidung der abzubrechenden Widerlager verwendet. Die Ergänzung erfolgte im gleichen Farbton. Die Flügel erhielten auf der Südostseite eine Bastion mit Treppenhaus als Zugang zu den Widerlagern. Oberhalb von 2,50 m sind die Bastionen analog den anschließenden Lärmschutzwänden mit trapezförmigen Porenbetonelementen verkleidet.

2.1.2 Pfeiler

Die Achsen 5 und 8 des ersten Abschnitts des neuen Bauwerks erhielten neue Massivpfeiler, wobei die vorhandenen Pfeiler des alten Bauwerks in die Bauwerksgestaltung des zweiten Abschnitts

integriert wurden. Die Pfeiler wurden mit Granit verkleidet. Als Unterstützung des Überbaus sind in den Achsen 2 bis 4, 6 und 7 rechteckige Stahlverbundstützen mit kelchartig aufgeweiteten Stützenköpfen angeordnet.

2.2 Überbau

Die Überbauten der Richtungsfahrbahnen wurden als zweistegige Plattenbalken mit zwei Hauptträgern in Stahlverbundbauweise ausgeführt. Die Ortbetonfahrbahnplatte in B 45 ist in Längsrichtung schlaff bewehrt (BSt 500 S) und in Querrichtung beschränkt vorgespannt. Die Quervorspannung erfolgte im Verbund in Spannstahl St 1570/1770. Zur Ausführung kamen Hüllrohre aus Kunststoff. Die Konstruktionshöhe beträgt 1,60 m. Durch die Gleis- und Straßenüberführung liegen die Stützen unterschiedlich weit auseinander. Die Stützweiten betragen zwischen 25 m und 35 m.

2.2.1 Stahlteil

Für die Stahlkonstruktion wurde Baustahl St 52-3 (S355 J2 G3) verwendet. Die Hauptträger sind 1,30 m breite luftdicht verschweißte Hohlkästen. Der seitliche Gurtüberstand beträgt 75 mm. Entsprechend der Fahrbahn wurde der Obergurt mit 3 % Querneigung ausgeführt. Zur Aussteifung sind in ca. 4 m Abstand Schotte eingebaut. Da der Obergurt zuletzt verschweißt wurde, konnten die Schotte nicht an den Obergurt geschweißt werden. Sie haben daher seitlich einen Saum, der mit den Kastenstegen verschweißt wurde. Dadurch wird eine Kraftübertragung in Querrichtung über die Halsnaht ermöglicht.

In den Pfeilerpunkten sind die Untergurte für die Pressenpunkte verbreitert. Ober- und Untergurte sind durch im Hohlkasten liegende Zulagelamellen verstärkt. Die Mindestdicke des Obergurtes von 25 mm ist durchgehend sichtbar ausgebildet, ebenso wie die des Untergurtes von 40 mm im niedrigen und 30 mm im höheren Hauptträger. Es sind Hohlkastenquerträger eingebaut, die mit der Platte nicht in Verbund stehen. Nur an den Widerlagern sind die Obergurte der Querträger mit der Überbauplatte verbunden

2.2.2 Lager

Die Überbauten werden in Längsrichtung in der Achse 5 und in der Querrichtung in den Achsen 1, 5 und 9 festgehalten. Für die Achsen 2 und 8 wurden Verformungslager eingebaut, für die Achsen 1 und 9 wegen der größeren Verschiebewege Verformungsgleitlager. An beiden Überbauenden sind Übergangskonstruktionen und an beiden Widerlagern Wartungsgänge angelegt.

2.2.3 Entwässerung

Die Entwässerung erfolgt über Brückenabläufe mit Abständen von 10 bis 19 m in eine an der Unterseite der Fahrbahn angehängte Rohrleitung und wird durch die Kammermauer der Streckenentwässerung zugeführt. Die Durchdringung der Entwässerungsleitungen durch die Querträger wurde ohne Durchschneidung der Ober- und Untergurte ausgeführt. Die Entwässerung der Widerlagerhinterfüllungen erfolgt durch Versickerung des anfallenden Wassers über eine Sicker- und Drainschicht in den Untergrund.

3. Bauausführung

3.1 Vorbereitung

In Abstimmung mit der Deutschen Bahn AG wurden während der Bauphase Teile der Gleiskörper einschließlich der Oberleitungen zeitweilig rückgebaut und im Baubereich liegende Kabel und Leitungen freigelegt, gesichert, geschwenkt und anschließend wieder zurückgelegt.

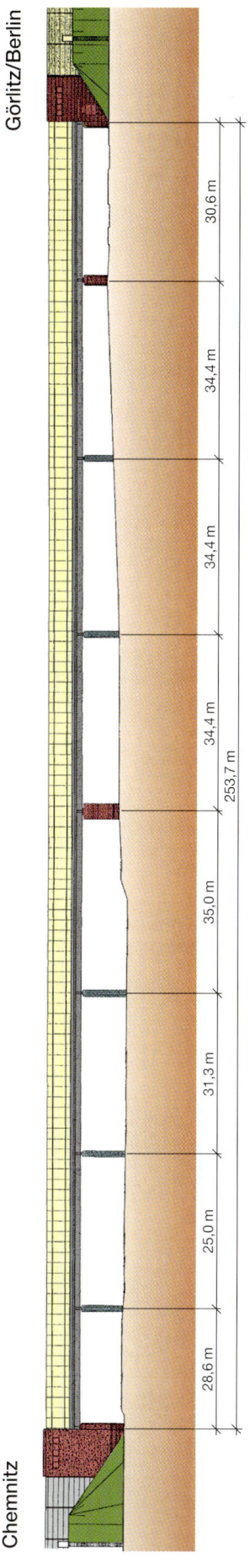

Görlitz/Berlin

Chemnitz

30,6 m

34,4 m

34,4 m

34,4 m

253,7 m

35,0 m

31,3 m

25,0 m

28,6 m

Ansicht

1,0 m

2,25 m

Überbau Süd

20,25 m

16,50 m

Tragwerksachse

Gradiente

BAB-Achse neu

1,50 m

1,50 m

39,0 m

18,75 m

15,25 m

Überbau Nord

Gradiente

Tragwerksachse

2,0 m

1,25 m

Regelquerschnitt

Verkehrsprojekt Deutsche Einheit Nr. 15 A 4 Dresden – Bautzen Freistaat Sachsen	unten: DB AG Leip- zig – Dresden u. Leipz. Str.	Baujahr: 1997 – 2000	Bauweise: Stahlverbund
Entwurfsbearbeitung: Köhler + Seitz	Bauwerks-Nr.: BW 09	Kosten (Mio. DM): 18,077 (netto)	Kosten (DM/m²): 1.863,0
Prüfingenieur: Prof. Dr. Ing. Breitschuh, Berlin Prof. Dr. Ing. Schmackpfeffer, Berlin	Bauausführung: ARGE Adam Hörnig Baugesellschaft/Brückenbau Plauen		
Nachauftragnehmer Stahlbaumontage: IMO Leipzig	Ausführungsplanung: Adam Hörnig Baugesellschaft		
Bauüberwachung: BUNG GmbH, Niederlassung Dresden			

Die Stahlkonstruktion mit den luftdicht verschweißten Hohlkastenträgern und den Querträgern.

Mit dem Kran wurden die Hohlkastenträger abschnittweise eingehoben (rechts).
Die Stahverbund-Überbauten lagern auf rechteckigen Stahlverbund-Stützen mit aufgeweiteten Stützenköpfen.

3.2 Gründung/Unterbauten

Aufgrund des Bodengutachtens mußte vor den Gründungsarbeiten ein Bodenaustausch vorgenommen werden. Die Stahlkonstruktion der Stützen wurde werkseitig hergestellt und in das vorbereitete Fundament gesetzt und vergossen. Anschließend erfolgte das Einbringen des Verbundbetons. Die Gründung der Unterbauten erfolgte als Flachgründung, wobei die Fundamentunterkanten ca. 2 m unter der Geländeoberfläche liegen. Im Bereich der Bahnstrecke ist aus Sicherheitsgründen der Baugrubenverbau teilweise im Boden verblieben.

3.3 Überbauten

3.3.1 Stahlteil

Die Hohlkastenträger und die Querträger wurden komplett im Werk hergestellt. Die bis zu 38 m langen Träger wurden auf Spezialtransportern über die Autobahn zur Baustelle gebracht.

Die Montage wurde beginnend von Achse 1 mit Autokränen durchgeführt. Für die Montage zwischen den Achsen 1/2 und 8/9 waren kurzzeitige Sperrungen im Bereich der DB AG bzw. der Straßenbahn erforderlich. Die Verwendung windgeschützter Kabinen beim Verschweißen der Querstöße der Längsträger ermöglichte ein halbautomatisches Schweißen.

3.3.2 Fahrbahnplatte

Die Fahrbahnplatte entstand ausgehend vom Widerlager 100 (West) in 16 Abschnitten. Die Überbaueinzellängen von ca. 11 bis 18 m wurden im Pilgerschrittverfahren hergestellt. Als Schalwagen wurde eine Einzelfertigung verwendet, wobei sich das Oberteil auf den Hauptträgern abstützte und das Unterteil auf Hilfsquerträgern gefahren wurde. Die Abstützpunkte des Schalwagens auf den Stahlteilen waren besonders verstärkt. Der Transport des Schalwagens erfolgte manuell mit Seilzügen. Manuell wurde auch das Senken und Anheben der Schalung durchgeführt (Spindeln).

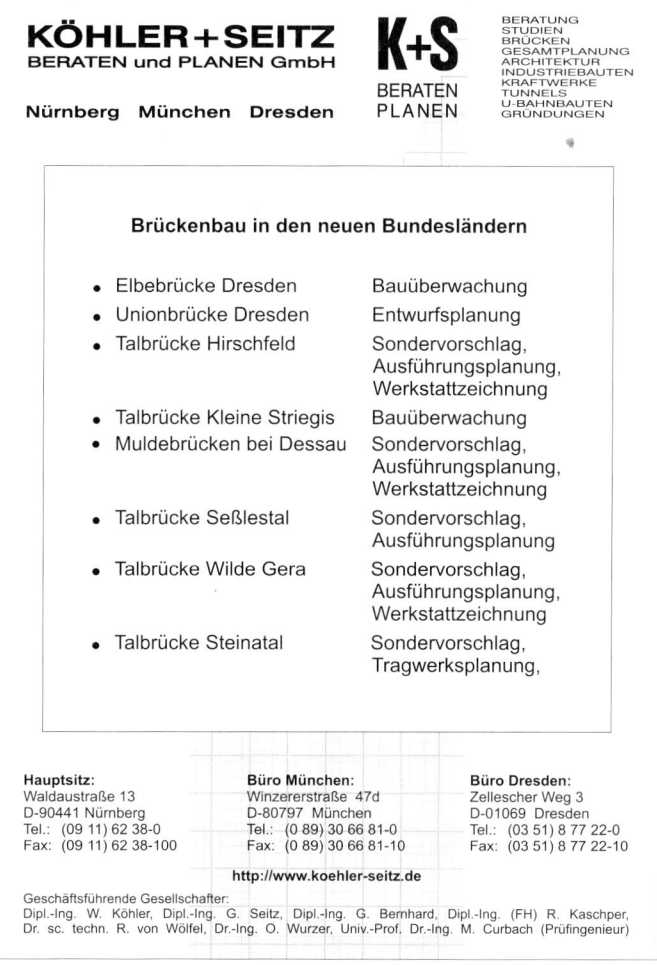

KÖHLER + SEITZ
BERATEN und PLANEN GmbH

Nürnberg   München   Dresden

K+S
BERATEN
PLANEN

BERATUNG
STUDIEN
BRÜCKEN
GESAMTPLANUNG
ARCHITEKTUR
INDUSTRIEBAUTEN
KRAFTWERKE
TUNNELS
U-BAHNBAUTEN
GRÜNDUNGEN

Brückenbau in den neuen Bundesländern

• Elbebrücke Dresden	Bauüberwachung
• Unionbrücke Dresden	Entwurfsplanung
• Talbrücke Hirschfeld	Sondervorschlag, Ausführungsplanung, Werkstattzeichnung
• Talbrücke Kleine Striegis	Bauüberwachung
• Muldebrücken bei Dessau	Sondervorschlag, Ausführungsplanung, Werkstattzeichnung
• Talbrücke Seßlestal	Sondervorschlag, Ausführungsplanung
• Talbrücke Wilde Gera	Sondervorschlag, Ausführungsplanung, Werkstattzeichnung
• Talbrücke Steinatal	Sondervorschlag, Tragwerksplanung,

Hauptsitz:	Büro München:	Büro Dresden:
Waldaustraße 13	Winzererstraße 47d	Zellescher Weg 3
D-90441 Nürnberg	D-80797 München	D-01069 Dresden
Tel.: (09 11) 62 38-0	Tel.: (0 89) 30 66 81-0	Tel.: (03 51) 8 77 22-0
Fax: (09 11) 62 38-100	Fax: (0 89) 30 66 81-10	Fax: (03 51) 8 77 22-10

http://www.koehler-seitz.de

Geschäftsführende Gesellschafter:
Dipl.-Ing. W. Köhler, Dipl.-Ing. G. Seitz, Dipl.-Ing. G. Bernhard, Dipl.-Ing. (FH) R. Kaschper, Dr. sc. techn. R. von Wölfel, Dr.-Ing. O. Wurzer, Univ.-Prof. Dr.-Ing. M. Curbach (Prüfingenieur)

4. Technische Daten

Länge:	253,7 m
Stützweiten:	28,6 m + 25,0 m + 31,3 m + 35,0 m + (3×) 34,4 m + 30,6 m
Breite:	38,25 m
Fläche:	9.700 m²
Konstruktionshöhe:	1,60 m
Lichte Höhe:	4,70 m – 6,90 m
Überbaubauweise:	Stahlverbund
Überbauquerschnitt:	4 luftdicht verschweißte Hohlkästen
Stützen:	Stahlverbund
Pfeiler:	Stahlbeton massiv
Herstellungsverfahren:	Stahlkästen: Kranmontage in jeweils 8 Abschnitten; Fahrbahnplatte: Schalwagen und Pilgerschrittverfahren

3.3.3 Korrosions-/Oberflächenschutz

Der Überbau erhielt das Korrosionsschutzsystem Nr. 3 nach ZTV KOR 92 mit einer Grundbeschichtung auf EP-Zinkstaub-Basis und einer Deckbeschichtung auf EP-Basis bereits im Werk. Auf der Baustelle wurde schließlich der letzte Deckanstrich auf PUR-Basis aufgetragen. Die Fugen zwischen Stahlteilen und Beton wurden mit einer dauerelastischen Silikonmasse verschlossen.

5. Bautermine

Herbst 1997	Baubeginn Abschnitt 1
Herbst 1998	Bauende Abschnitt 1
Januar 1999	Baubeginn Bauabschnitt 2
Mitte 2000	Bauende Bauabschnitt 2

Sechs Überführungsbauwerke

Nicht nur die großen Flußbrücken und Talbrücken, die schon auf Grund ihrer Lage kühnen Konstruktionen und innovativen Bauverfahren den Betrachter in den Bann ziehen, sollen in dieser Publikation vorgestellt werden.

Die überwiegende Zahl der Brücken im Zuge einer Autobahn sind kleinere, weniger spektakuläre Bauwerke, also „gewöhnliche" Brücken. Doch auch bei den „gewöhnlichen" Autobahnbrücken und Überführungsbauwerken gibt es eine Vielzahl unterschiedlicher Formen und Konstruktionen.

Die Form und Gestaltung einer Brücke wird wesentlich durch ihre Funktion, ihre Lage, örtlichen Bedingungen (landschaftliche Vorgaben, Siedlungsstruktur), Umweltanforderungen, aber auch durch die Anwendung bewährter Konstruktionsstandards beeinflußt.

Dies kann zu unterschiedlichen Ergebnissen führen. So lassen sich abschnittweise mehrere gleichartige Bauwerke in Konstruktion, Formgebung und Material zu sog. Brückenfamilien zusammenfassen. Bei besonderer Funktion, exponierter Lage oder anderer Besonderheiten können aber auch einzelne Bauwerke bewußt eine Solitärstellung einnehmen.

Durch die Verwendung unterschiedlicher Gestaltungselemente, die aus der Umgebung und Topologie entwickelt werden, durch unterschiedliche Formen, Materialen und besonderer Betonung von Einzeldetails haben auch diese Bauwerke ihren Reiz.

Stellvertretend für die Vielzahl „gewöhnlicher" Brücken werden im folgenden Bauwerke im Zuge der A 20, der A 9 und der A 38 vorgestellt, die nicht durch ihre Größe und Spannweite beeindrucken, sondern durch Funktionalität, zurückhaltende Gestaltung, behutsame Einpassung in die Landschaft und gelungene Formgebung.

Es werden folgende Brückenbauwerke vorgestellt:

- Wildbrücke im Zuge der A 20 bei Grevesmühlen (Begrünte Brücke über die Autobahn)

- Kreuzungsbauwerk am Autobahnkreuz A 19/A 20 (Kreuzungsbauwerk als Fertigteilbrücke)

- Hagenbrücke bei Klein Marzehns im Zuge der A 9 (alt und neu nebeneinander)

- Brücke über die A 9 Abfahrt Dessau-Süd (Stahlverbundbrücke aus Walzträgern)

- Brückenbauwerke am Autobahnkreuz A 9/A 38 Rippachtal (Beton als formbares Material)

- Überführung eines Wirtschaftsweges im Zuge der A 38 bei Nordhausen (Schrägstielrahmen im tiefen Einschnitt)

Wildbrücke (A 20)
Begrünte Brücke über die Autobahn

1. Aufgabenstellung

Die Bundesregierung hat im Rahmen der Verkehrsprojekte Deutsche Einheit (VDE) im Jahre 1991 das Projekt A 20 Lübeck–Bundesgrenze (A 11) beschlossen. Mit dem Bau der Verkehrseinheit Grevesmühlen bis Wismar-West auf der Grundlage des Planfeststellungsbeschlusses vom 25. 07. 1994 wurde auch mit dem Bau der ersten Wild- bzw. Grünbrücke an der A 20 begonnen. Gleichzeitig war es die erste Wildbrücke im Rahmen der VDE. Die vergleichsweise geringen Erfahrungen, die zum Zeitpunkt der Planung vorlagen, wurden ausgewertet und in enger Zusammenarbeit zwischen Ingenieuren, Umweltplanern und Forstbehörden den Erfordernissen des Autobahnbaus und des Naturraumes angepaßt. Dabei waren folgende fachliche Anforderungen zu berücksichtigen:

Standortentscheidung:
- Der Bau von Wild- bzw. Grünbrücken beschränkt sich auf besondere Einzelfälle. Entlang der ca. 320 km langen A 20 sind insgesamt acht Grünbrücken vorgesehen.
- Alternativ wurde die Anpassung geplanter Durchlässe und Brücken an die Erfordernisse der Wildtierpassage geprüft.
- Die Nachbarschaft von Störfaktoren (z. B. Siedlungen) wurde weitgehend vermieden.

Ökologische Konstruktions- und Gestaltungsgrundsätze:
- Die ökologisch nutzbare Bauwerksbreite beträgt ca. 40 m.
- Die Abschirmung von Störungen erfolgt durch eine Kombination von Wall und Blendschutzwand.
- Die erwünschte Leitfunktion wird durch eine trichterförmige Bauwerksgestaltung erreicht.
- Naturnahe Gestaltung durch Bodenüberdeckung (ca. 60–80 cm) und Eingrünung.

Die Errichtung der Wildbrücke wirkt im Rahmen der Eingriffsminimierung der Zerschneidung von Lebensräumen durch die Autobahntrasse entgegen. Der Gesamtlebensraum mit seinen Vernetzungsfunktionen und einem bedeutenden Wildwechsel konnte somit erhalten werden.

Die Verkehrseinheit wurde 1997 dem Verkehr übergeben. Seitdem belegen die Fährten der Tiere die Akzeptanz der Wildbrücke.

2. Bauwerksentwurf

Die Trasse der A 20 verläuft im Bauwerksbereich mit einem Radius von 2.850 m in einem Einschnitt. Der Regelquerschnitt RQ 29 mit einem 3 m Standstreifen wird durch das Zweifeld-Bauwerk in einem Winkel von 100 gon überspannt. Die Brücke hat eine Gesamtlänge zwischen den Endauflagern von 36,75 m mit Stützweiten von 19,25 m bzw. 17,50 m; die Breite zwischen den Geländern beträgt 39,50 m.

Die aufgeweiteten Flügel (Trichterwirkung) in Kombination mit der Bepflanzung stellen eine Leitfunktion zum Bauwerk dar.

2.1 Bauwerksgestaltung

Das für den Streckenabschnitt Groß Grönau–Rostock entwickelte Gestaltungskonzept wurde bei der Wildbrücke mit folgenden Gestaltungselementen berücksichtigt:
- Schalung der Untersicht des Plattenquerschnittes mit gehobelter Brettschalung,
- Sichtflächenschalung der Pfeiler aus gehobelten, lotrecht verlaufenden Brettern und Betonung der Pfeilerköpfe mit Strukturschalung,
- Verblendung der Widerlagerflügel mit roten Klinkersteinen,
- Gliederung der Widerlagerwandansicht mit lotrechter Brettschalung und Strukturschalung,
- vorgezogene Auflagerbank.

2.2 Gründung/Unterbauten

Die Widerlager wurden auf schluffigen Feinsanden bzw. Geschiebemergel flach gegründet. Für die Gründung der Mittelpfeiler wurde eine Bodenverbesserung in Form einer Rüttelstopfverdichtung in den anstehenden Baugrund eingebracht.

Die Kastenwiderlager sind aus Stahlbeton hergestellt. Die Einzelstützen mit den Abmessungen 1,20 m × 2,00 m sind an den seitlichen Schmalseiten ausgerundet und stehen auf einem durchgehenden Fundament mit d = 1,20 m und einer Breite von 5 m.

Die Flügelwände der Widerlager sind mit landestypischem rotem Klinkermauerwerk verblendet. Die Krafteinleitungsbereiche unter den Lagern sind sowohl an den Widerlagerwänden als auch an den Pfeilern mit Strukturmatrizenschalung hervorgehoben. Alle übrigen Sichtflächen der Unterbauten sind mit lotrecht verlaufenden gehobelten Brettern geschalt.

2.3 Überbau

Der Überbau der Wildbrücke wurde als vorgespannte Massivplatte in B 35 ausgeführt. Die Konstruktionshöhe beträgt 1,20 m über den Mittelpfeilern und 0,90 m über den Endauflagern. Diese entwässerungstechnisch notwendige Neigung wurde an der Plattenoberseite ausgebildet.

Auf den Überbau ist eine 10 cm dicke Betonschutzschicht und 70 cm Erdüberschüttung aufgebracht worden. Diverse Schutzlagen und Wurzelschutzfolien gehören ebenfalls zum Aufbau.

2.3.1 Lagerung

Für die Brücke wurde ein horizontal elastisches Lagerungssystem ohne ausgeprägten Festpunkt in Längsrichtung gewählt. Der Überbau wird in Längsrichtung nur über den Widerstand der allseits freibeweglichen Elastomer-Verformungslager gehalten. Insgesamt bietet die horizontal elastische Lagerung den Vorteil, daß auch unplanmäßige Beanspruchungen, wie sie z. B. aus Herstellungstoleranzen oder Verformungen infolge einseitiger Sonnenbestrahlung entstehen können, schadlos ausgeglichen werden.

2.3.2 Sicht- und Blendschutz

Wegen möglichst naturnaher Gestaltung der Wildbrücke setzt sich der Blend- und Sichtschutz zusammen aus einer stärkeren Erdanschüttung und den eigentlichen Schutzwänden. Durch diese zusammengesetzte Konstruktion (Erdwall + Schutz) reicht der Sicht- und Blendschutz auf eine Höhe von 2 m über OFG auf der Brücke. Von den Schutzwänden selbst, deren Standsicherheit Köcherfundamente gewährleisten, sind nur 80 cm sichtbar. Sie werden mit immergrünen Pflanzen bedeckt.

3. Aktueller Erfahrungsstand

Inzwischen liegen erste Forschungsergebnisse und umfassende Erfahrungen aus der Planungs- und Bauphase der A 20 vor, die zu einer Optimierung der weiteren Wildbrückenplanung geführt haben.
- Verzicht auf trichterförmige Bauwerksgestaltung; Verwallungen in Trichterform außerhalb des Bauwerks reichen aus und sind kostengünstiger.
- Verzicht auf die Wall/Blendschutz-Kombination auf der Brücke. Eine Sicht-/Blendschutzwand auf der Brückenkappe (konstruktive Einheit) reduziert bei gleicher ökologisch nutzbarer Breite die Brückenfläche und damit die Kosten.
- Die stärkere Einbindung des Bauwerks in vorhandene Landschaftsstrukturen durch Anlage von störungsfreien Biotopflächen und Leitstrukturen (z. B. Hecken) verstärkt die Funktionsfähigkeit.

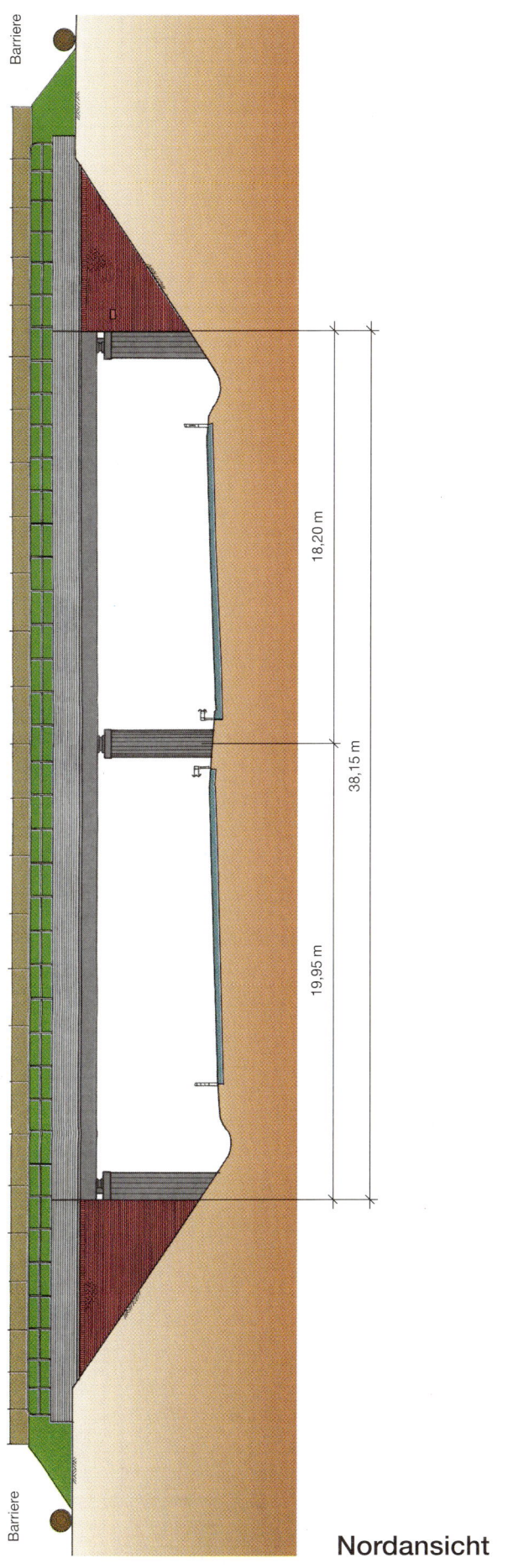

Nordansicht

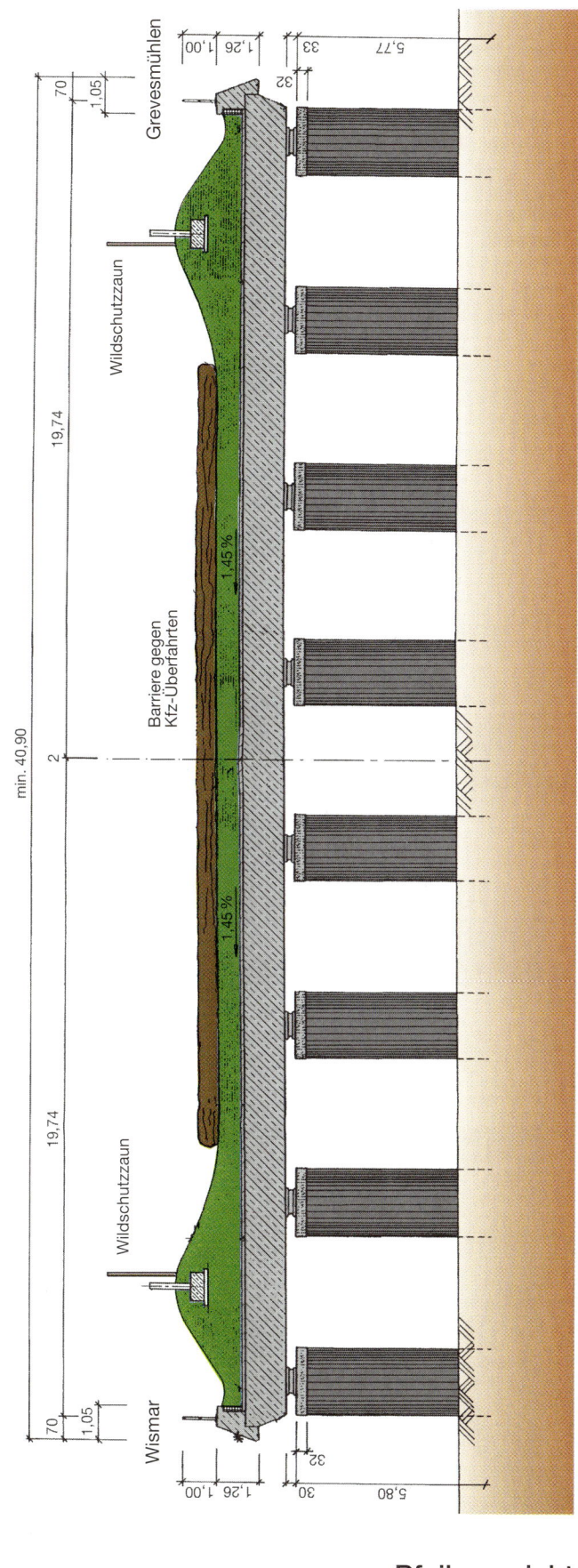

Pfeileransicht

Verkehrsprojekt Deutsche Einheit Nr. 10 A 20 Lübeck–Stettin Mecklenburg Vorpommern	unten: A 20	Baujahr: 1995 Bauzeit: 9 Monate	Bauweise: Spannbeton-platte
Entwurfsbearbeitung: Setzpfandt + Lindtschulte GmbH, Rostock	Bauwerks-Nr.: BW 2813/16	Kosten (Mio. DM): 5,6	Kosten (DM/m²): 3.300,00
Prüfingenieur: Dr. Ruffer, Güstrow	Bauausführung: Fa. Wiebe, Achim		
Bauüberwachung und Bauberatung: Mecklenburgisches Ingenieurbüro für Verkehrsbau, Schwerin	Ausführungsplanung: Dr. Ropers, Goß & Partner, Wismar		
Gestalterische Beratung: Dipl.-Ing. Joachim Desczyk, Hannover			

Mit den trichterförmig aufgeweiteten Flügeln erhält das Bauwerk eine elegant geschwungene Linie.

Harmonisch paßt sich die Wildbrücke in die Landschaft ein (links).
Naturnahe Bepflanzung auf der Brücke verhindert jegliche Störwirkung für die Tiere.

4.   Technische Daten

Länge:	36,75 m
Stützweiten:	19,25 m – 17,50 m
Breite:	39,50 m
Fläche:	1.452,0 m²
Konstruktions-höhe:	0,9–1,20 m
Lichte Höhe:	> 4,70 m
Überbau-bauweise:	Spannbetonplatte
Herstellungs-verfahren:	Lehrgerüst abgestützt auf Fundamentvorsprüngen

5.   Planungsübersicht

Juli 1993	Linienbestimmung
Sept. 1993	RE-Entwurf/Sichtvermerk BMV
Juli 1994	Planfeststellungsbeschluß
August 1994	Ausschreibung/Bekanntmachung
Dez. 1994	Vergabe
Juni 1995	Baubeginn
März 1997	Fertigstellung (inkl. Landschaftsbau)

Ein Spiegel der Arbeit zwischen Architekten und Ingenieuren

Stefan Polónyi,
Wolfgang Walochnik
Architektur und Tragwerk
Mit einem Vorwort von
Fritz Neumeyer
2003. VII, 354 Seiten,
ca. 400 Abbildungen.
Gebunden.
€ 119,-* / sFr 176,-
ISBN 3-433-01769-7

* Der €-Preis gilt ausschließlich für Deutschland

Ernst & Sohn
Verlag für Architektur und
technische Wissenschaften GmbH & Co. KG

Für Bestellungen und Kundenservice:
Verlag Wiley-VCH
Boschstraße 12
69469 Weinheim
Telefon: (06201) 606-400
Telefax: (06201) 606-184
Email: service@wiley-vch.de

Ernst & Sohn
A   Wiley   Company

www.ernst-und-sohn.de

04127036_my   Änderungen vorbehalten.

Das Buch behandelt den Tragwerksentwurf von Hochbauten. Es ist ein Arbeitsbuch für Architekten, Ingenieure sowie Studenten beider Fachrichtungen, in dem der Entwurfs- und Planungsprozess von ausgeführten Bauten dargestellt wird. Es werden Bauaufgaben der unterschiedlichsten Nutzungen mit ihren Tragkonstruktionen und den jeweiligen Randbedingungen erörtert und erläutert; aus den Lösungen werden allgemeingültige Prinzipien formuliert. Unter den zahlreichen deutschen und ausländischen Architekten, mit denen gemeinsam entworfen oder deren Entwurf konstruktiv umgesetzt wurde, finden sich viele bekannte Namen. Gleichzeitig wird ein Einblick in die Arbeitsweise des Ingenieurs Stefan Polónyi und seines Teams gegeben.

Aus dem Inhalt:

- Einleitung
- Aufgaben des Tragwerk-planers – Entwurfsprinzipien für Tragkonstruktionen
- Wohnbauten
- Verwaltungs- und Geschäftsbauten
- Bauten des Verkehrswesens
- Krankenhaus
- Industriebauten/Industrieanlagen
- Schulen/Universitäten/Bibliotheken
- Sportstätten
- Sakralbauten
- Ausstellungsbauten/ Messehallen
- Museen
- Veranstaltungszentren, Versammlungsstätten
- Die Neue Stahlbeton-konzeption
- Tendenzen im Stahlbau
- Überlegungen im Holzbau
- Über die Ästhetik der Tragkonstruktionen
- Ausbildungskonzept

Kreuzungsbauwerk A 19/A 20

Fertigteilbrücke

1. Aufgabenstellung

Der Neubau der A 20 führt von Lübeck aus durch das strukturschwache Mecklenburg-Vorpommern nach Stettin. Südlich von Rostock kreuzt die A 20 die A 19. Diese Autobahn – eine der ältesten in Deutschland – verbindet den nördlichen Teil von Mecklenburg-Vorpommern mit dem Zentrum Berlins. Die A 20 wird zwischen dem Autobahndreieck Lübeck (A 1) und dem Autobahnkreuz Rostock (A 19) mit RQ 29,5, ab dem AK Rostock bis zur A 11 mit einem Sonderquerschnitt S 27 gebaut.

Der planfreie Knotenpunkt der beiden Fernstraßen wird als symmetrisches Kleeblatt ausgebildet. Das Kreuzungsbauwerk, das die A 20 über die A 19 führt, wurde in der außerordentlich kurzen Bauzeit von nur 9 Monaten errichtet. Dabei war darauf zu achten, daß der fließende Verkehr auf der A 19 sowenig wie möglich beeinträchtigt wird.

Die unterführte A 19 ist in einer Breite von ca. 30 m ausgebaut, an einer grundhaften Erneuerung der Autobahn wird gearbeitet. Im Bauwerksbereich verläuft die A 19 in einer Geraden. Die Haupt- sowie die Verteilerfahrbahnen haben ein Quergefälle von 2,5 %. Die Gesamtbreite der Fahrbahnen einschließlich der Mittelstreifen beträgt dann 48 m. Zuzüglich der 1,5 m breiten Bankette und je 2 m Entwässerungsmulde auf jeder Seite ergibt sich eine Mindest-Lichtweite von 55 m. Als kleinste lichte Höhe zwischen überführter A 20 und der A 19 war das Maß von 4,70 m einzuhalten.

2. Bauwerksentwurf

Das Landesamt für Straßenbau und Verkehr Mecklenburg-Vorpommern hat den Bauwerksentwurf am 05. 09. 1997, der Bundesverkehrsminister am 03. 11. 1997 genehmigt. Die überführte BAB A 20 verläuft im Bauwerksbereich in einem Radius R = 3.000 m. Die Hauptfahrbahnen haben eine Querneigung von 2,8 %, für die Verteilerfahrbahnen wurde ein einseitiges Quergefälle von 2,5 % nach außen ausgeführt. Die Trasse der A 20 wird hier in Dammlage geführt, das vorhandene Gelände liegt ca. in Höhe der unterführten A 19. Der Kreuzungswinkel zwischen beiden Autobahnen beträgt 99,933 gon.

2.1 Bauwerksgestaltung

Im Zuge des Neubaus der Küstenautobahn A 20 bietet sich die Möglichkeit, die Brückenbauwerke abschnittweise je nach Charakter der umgebenden Landschaft einheitlich zu gestalten. Zu diesem Zwecke sind von mehreren Architekten Gestaltungsrichtlinien entwickelt worden, die den für den jeweiligen Landstrich charakteristischen Gegebenheiten Rechnung tragen und die regionaltypische Baukunst bzw. Landschaftsgestaltung an der Straße widerspiegeln.

Da von der Autobahn aus kein Stadtpanorama zu sehen ist, sollen die Brückenbauwerke im Verlauf der Trasse die Städte und Landschaften im jeweiligen Bereich charakterisieren und dem Autofahrer neben der normalen Autobahnbeschilderung zusätzliche Hinweise über den Standort vermitteln.

Das Kreuzungsbauwerk wurde wegen seiner Bedeutung besonders gestaltet. Die Vorderkanten der Widerlager verlaufen in einer Krümmung mit dem Radius R = 190 m. Die Flügelwände verlaufen ebenfalls kreisförmig in einem Radius von 5 m und schließen tangential an die Widerlager an. Die Gestaltung der Unterbauten erfolgte in Anlehnung an die Backsteingotik mit Klinkerverblendung, die von schmalen senkrechten Betonflächen unterbrochen werden. Die Flügeloberkanten sind waagerecht und treten über die Fahrbahnoberkante hervor. Auf die Flügel wurden turmartige Mauerpfeiler gesetzt. Die Zweifeldlösung paßt sich gut in die Umgebung ein. Ausreichende Sichtverhältnisse für den Verkehr auf der unterführten A 19 sind bei dieser Lösung durch die Anordnung der Widerlager – etwas in die Böschung zurückgesetzt – gegeben.

Durch die statisch und konstruktiv günstige Teilung in zwei gleich große Felder konnte der Überbau schlank gehalten werden, was gestalterische Vorteile brachte. Da das Bauwerk unter laufendem Verkehr der A 19 gebaut wurde, war ein Bauwerk in Fertigteilkonstruktion vom technologischen Bauablauf vorzuziehen, da nur eine Pfeilerreihe in unmittelbarer Nähe der Fahrbahnen errichtet werden mußte. Dieser Bauwerkstyp stellte somit unter Berücksichtigung der vorhandenen geometrischen Randbedingungen die wirtschaftlich und gestalterisch günstigste Lösung dar. Die Zugänglichkeit der Widerlager, der Auflagerbänke und der Lager ist von der Berme vor den Widerlagern ohne Beeinträchtigung des Verkehrs möglich. Die Farbgebung der Geländer paßt zu den Farbspielen der nahen Ostsee und der Landschaft.

2.2 Gründung

Im Bereich des westlichen Widerlagers stehen unter Mutterboden teilweise gewachsene und aufgeschüttete Sande und zwischen Ordinaten +37,3 m HN und +39,3 m HN Geschiebemergelschichten an. Teilweise ist dieser Geschiebemergel an seiner Schichtoberfläche zu Geschiebelehm verwittert (0,3 m). Unter den Mittelpfeilern stehen unterhalb sandiger Aufschüttungen ab Ordinaten +38,0 m HN und +38,50 m HN durchgehend Geschiebemergelschichten an, ebenso am östlichen Widerlager. Der obere Horizont dieser Schichten liegt zwischen etwa +36,3 m HN und +39,20 m HN. Teilweise sind ab einer Ordinate von ca. +28,8 m HN Sande und Schluffe eingeschaltet, die etwa bis 2,0 m mächtig sind. Ab etwa +25,3 m HN unterlagern Sandschichten und weitere Schluffschichten den Geschiebemergel. Beide Widerlager wurden flach gegründet. Die Pfeilerreihe im Mittelstreifen wurde auf Ortbetonrammpfählen gegründet, um neben der guten Standfestigkeit über relativ schmale Fundamentausbildungen auch ohne baubedingte Einschnürungen der vorhandenen A 19 auszukommen.

2.3. Unterbauten

2.3.1 Widerlager

Der Übergang zwischen Straßendamm und Brückenüberbau wurde durch ein Widerlager gebildet, dessen Vorderkante mit einem Radius von R = 190 m verläuft. Das Widerlager einschließlich des Fundaments wird durch drei Raumfugen getrennt, um Zwangsschnittkräfte aus Setzungsdifferenzen in Querrichtung zu vermeiden. Zur Steuerung der Rißbildung aus Dehnbehinderung wurden in den getrennten Widerlagerwänden – zusätzlich zu den bewehrungstechnischen Maßnahmen – Scheinfugen vorgesehen. Die gekrümmten Flügel (R = 5 m) schließen hier tangential an die Widerlagerwände an. Die Fundamente sowie die Wände wurden in Stahlbeton der Festigkeitsklasse B 25 ausgeführt.

Die Böschung an den Widerlagern und Flügeln wurde so ausgebildet, daß in der Seitenansicht eine kontinuierliche Verschneidung der Böschung entstand. Widerlager und Flügelwände erhielten eine Klinkerverblendung, die von schmalen senkrechten Betonsichtflächen unterbrochen sind. Der Auflagerbalken wurde als oberer Abschluß der Wände in Beton von der übrigen Fläche abgesetzt. Diese wurden an den Seiten hochgezogen und gehen im Flügelbereich in eine Betonabdeckung (Flügelgesims) über.

2.3.2 Pfeiler

Die Halbkreise der Pfeiler sind mit senkrechter Leistenschalung, die geraden Mittelbereiche (b = 0,90 m) und die Kopfbereiche der Mittelunterstützungen (h = 0,70 m) sind mit glatter Schalung hergestellt.

Widerlagergestaltung

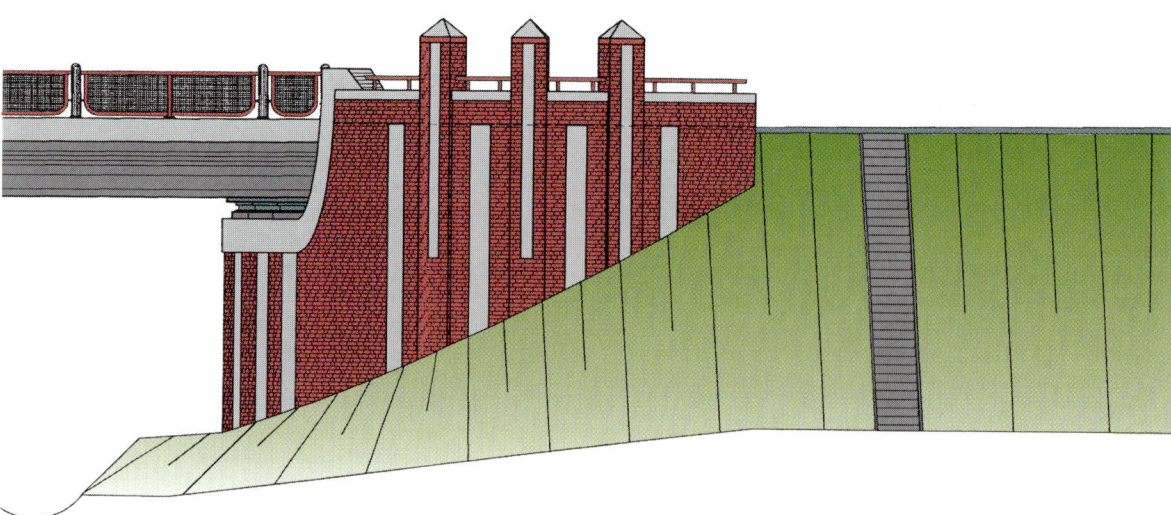

2.4 Überbau

Das Bauwerk hat vier nebeneinanderliegende Überbauten. Diese wurden als parallelgurtige längs beschränkt vorgespannte Fertigteil-Durchlaufträger mit einem Ortbeton-Querträger über der Mittelstütze und den Widerlagern ausgeführt. Aus optischen Gründen sind die Unterkanten der Balken horizontal und in gleicher Höhe angeordnet. Hieraus ergeben sich infolge des Quergefälles auf dem Bauwerk unterschiedliche Konstruktionshöhen. Der Anschnitt der äußeren Kragplatten an den Balkensteg ist aus gestalterischen Gründen mit einem Radius von 80 cm ausgerundet.

2.4.1 Lager/Gelenke

Aufgrund der Größe der vorhandenen Lagerkräfte und Verschiebungen wurden Verformungslager als wirtschaftliche, dauerhafte und wartungsfreundliche Lösungen gewählt. Um eine aufwendige mehrteilige Übergangskonstruktion zu vermeiden, wurde der Überbau in Längsrichtung schwimmend gelagert. Es sind nur Festhaltungen in Querrichtung vorhanden. Eine Auswechslung der Lager ist möglich. Wegen der schwimmenden Lagerung sind an beiden Brückenenden Fahrbahnübergänge gemäß ÜBE 1 vorhanden.

3. Bauausführung

3.1 Vorleistungen

Durch den vorgezogenen Bau der Verteilerfahrbahnen konnte eine zwischenzeitliche Ertüchtigung der Randstreifen an der A 19 für eine 4+0-Verkehrsführung entfallen. Die vorgezogene Maßnahme war erforderlich, um den zweistreifigen Richtungsverkehr auf der A 19 während der Baumaßnahme aufrechtzuerhalten und um den Massenausgleich des folgenden Streckenbauloses problemlos über die A 19 zu führen und so das untergeordnete Straßennetz zu entlasten. Erschlossen wurde die Baustelle über trassennahe Baustraßen. Für die Ableitung von Oberflächenwasser im Bereich der Baumaßnahme wurde ein provisorisches Regenrückhaltebecken mit Anbindung an die örtliche Vorflut angelegt.

3.2 Gründung

Bei den flach gegründeten Widerlagern wurde zur Verbesserung der Tragfähigkeitseigenschaften und des Verformungsverhaltens des Baugrunds Bodenaustausch in einer Dicke von 1 bis 3 m unter der Gründungssohle vorgenommen. Gegenüber dem Amts-

entwurf wurden die Widerlager auf einer Aufschüttung aus Hinterfüllmaterial höher gegründet. Damit konnte Konstruktionsbeton eingespart werden, ohne die Standsicherheit zu beeinträchtigen. Die einzelnen Pfahlkopfplatten der Pfeiler sind mit je vier Ortbetonrammpfählen (⌀ 56 cm) tief gegründet. Aus der Optimierung der Fundamentabmessungen ergab sich eine geringere Breite und Einbindetiefe der Fundamentplatten. Durch den kleineren Baugrubenbereich blieb die Fahrbahn der A 19 unbeschädigt, der Einfluß auf den fließenden Verkehr wurde verringert.

3.3 Unterbauten

Pfeiler und Widerlager sind dem Entwurf entsprechend aus Stahlbeton hergestellt. Die Widerlagerwände sind kastenförmig mit biegesteif angeschlossenen Flügeln. Die gekrümmte Vorderseite wurde segmentweise – entsprechend dem Wechsel der Oberflächengestaltung – geschalt. Gemäß dem architektonischen Gestaltungskonzept stehen Mauerwerksverkleidung und Betonsichtflächen (überwiegend Brettschalung) im Wechsel.

3.4 Überbau

Der Überbau besteht aus vier getrennten Einzelüberbauten, deren Stützweiten durch den Kreuzungswinkel und die Krümmung der Widerlager unterschiedlich sind. Durch die Herstellung der Überbauten mittels vorgefertigter Fertigteilträger konnte auf zusätzliche Lehrgerüste im Lichtraumprofil der A 19 verzichtet werden. Der Überbauquerschnitt wurde durch ein System von mehreren nebeneinander angeordneten Plattenbalken gebildet, welches wiederum die Unterkonstruktion für die anschließend hergestellte Ortbetonplatte darstellte.

Die Spannbeton-Fertigteilträger wurden – vom Hersteller vollständig vorgespannt – mit Tiefladern zur Baustelle transportiert. Zur Herstellung der Durchlaufwirkung wurden diese Träger über den Widerlagern und den Mittelstützen in Querträger eingebunden. Mit dem Einbau zusätzlicher übergreifender Spannglieder in Brückenlängsrichtung über der Mittelstützung wurde für eine Abdeckung der Stützmomente gesorgt. Im Bauzustand erfolgte die Lagerung der Fertigteile auf den Widerlagern über Absetzkeile vor den Lagersockeln, so daß ein nachträglicher Einbau der Lager möglich war. Im Pfeilerbereich wurden die Fertigteile unter Einsatz eines auf den Fundamentplatten gegründeten Hilfsgerüsts montiert. Nachdem die Fertigteile auf Stahlpunktplatten aufgelegt waren, konnte die Schalung für die Querträger auf dem Gerüst hergestellt werden. Nach Abschluß der Montage- und Bewehrungsarbeiten wurden die Ortbetonplatten überbauweise betoniert.

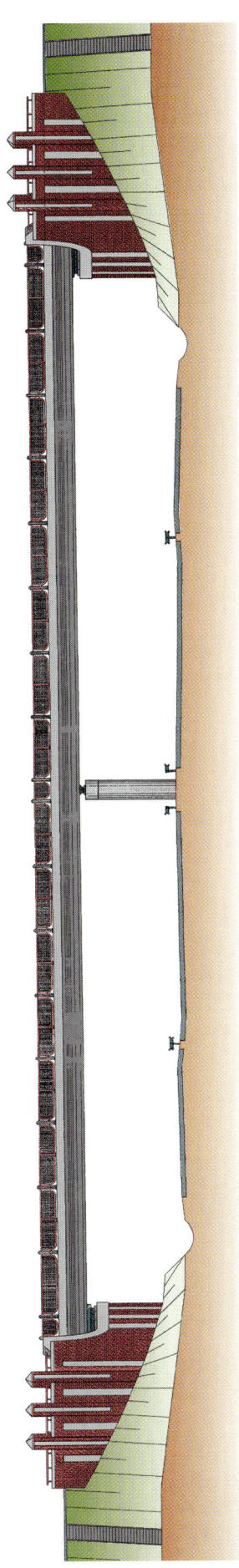

Ansicht

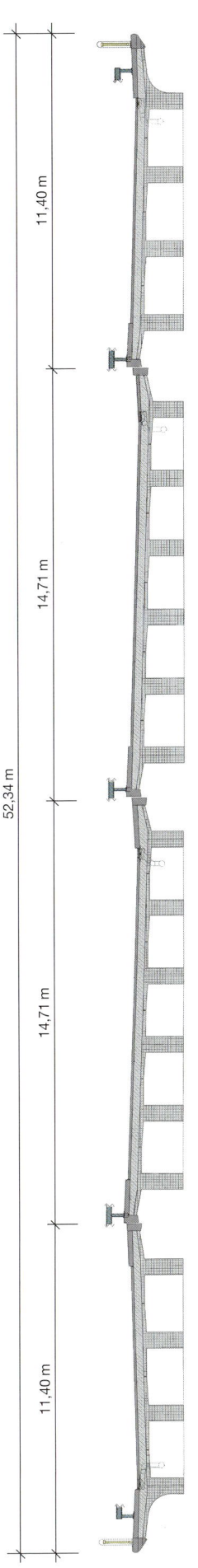

Regelquerschnitt

Verkehrsprojekt Deutsche Einheit Nr. 10 A 20 Lübeck – Stettin Mecklenburg-Vorpommern	unten: BAB A 19	Baujahr: 1998 – 1999 Bauzeit: 9 Monate	Bauweise: Spannbeton- Fertigteile
Entwurfsbearbeitung: Setzpfandt + Lindtschulte, Rostock	Bauwerks-Nr.: BW 14	Kosten (Mio. DM): 7,9	Kosten (DM/m²): 2.430,00
Gestalterische Beratung: Architekt Dipl.-Ing. O. Lehmann, Hamburg	Bauausführung: Wayss + Freytag AG, Rostock/Hamburg		
Prüfingenieur: Dr.-Ing. D. Ruffer u. Ing.-Büro Koldrack	Ausführungsplanung (Unterbau): Setzpfandt + Lindtschulte, Rostock		
Bauüberwachung: Prof. Dr.-Ing. H. Bechert + Partner, Pölchow	Ausführungsplanung (Überbau): Ing.-Gesell. Schmitt & Stumpf, München		

Für den Autofahrer auf der A 19 von weitem erkennbar: die turmartig gestalteten Widerlager.

Im Detail: die Spann-beton-Durchlauf-träger (links) und die Zinnen an einem Widerlager.

4. Technische Daten

Länge:	66,5 m
Stützweiten:	(2×) 32 m
Breite:	52,34 m
Fläche:	3.256 m²
Konstruktions-höhe:	1,6 m
Lichte Höhe:	4,80 – 5,20 m
Überbau-bauweise:	Spannbeton-Fertigteile

5. Planungsübersicht

November 1997	Sichtvermerk BMV Entwurf
März 1998	Submission
September 1998	Baubeginn
Juli 1999	Fertigstellung

Hagenbrücke (A 9)

Altes und neues Bauwerk nebeneinander

1. Aufgabenstellung

Mit Fertigstellung der Hagenbrücke in der VKE 1414 „Fläming" konnte Ende November 1999 der sechsstreifige Ausbau des gesamten Streckenanteils der A 9 im Land Brandenburg über 45 km durch die DEGES abgeschlossen werden. Diese Gewölbebrücke wurde 1936 erbaut, die während des zweiten Weltkrieges zerstörte Gewölbeöffnung 1953 erneuert. Da die Hagenbrücke unter Denkmalschutz steht, mußte im Zuge der einseitigen Verbreiterung der A 9 eine neue Brücke südöstlich neben dem Baudenkmal innerhalb des ausgewiesenen Naturschutzgebietes „Klein Marzehns" gebaut werden. Die neue Brücke wurde vorübergehend für den 4+0-Verkehr genutzt, während die Gewölbebrücke grundhaft instand gesetzt und für die aktuellen Verkehrslasten ertüchtigt wurde. Im Endzustand führt die Richtungsfahrbahn Berlin über das neue, die Richtungsfahrbahn Nürnberg über das alte Bauwerk.

2. Bauwerksentwurf

Konstruktion und Gestaltung der neuen Brücke wurden wesentlich bestimmt durch die Notwendigkeit, das Gesamtbauwerk in das Naturschutzgebiet einzupassen.

Im Verlauf der Vorplanung wurden die beiden Grundvarianten „Dreifeldbauwerk mit schlanken Stützen" und „Gewölbekonstruktion" entwickelt, die sich hinsichtlich Ansicht und Konstruktion (Schattenwirkung auf das alte Gewölbe einerseits und höhere Baukosten andererseits) deutlich unterschieden. Um die unterschiedliche Wirkung des Neubaus für alle Beteiligten (DEGES, MSWV, Natur- und Denkmalschutzbehörden) zu verdeutlichen und bei der Festlegung der Vorzugsvariante eine Abwägung zwischen gestalterischen und wirtschaftlichen Aspekten zu erleichtern, wurden fotorealistische Computersimulationen angefertigt.

Zur Ausführung gelangte schließlich das Dreifeldbauwerk, dessen kreisrunde Stützen pilzkopfartig in die beiden Längsträger eingespannt sind. Die beiden Stützenreihen verstellen nicht die vorhandene Gewölbeöffnung und bieten auch bei Schrägansicht eine sehr hohe Transparenz. Die weit in die Dammböschung zurückgesetzten Widerlager schränken wegen ihrer geringen Wandhöhen die Sicht auf die Gewölbebrücke nur minimal ein. Der Sichtbeton der neuen Brückenhälfte steht in einem gewollten Kontrast zu dem Klinkermauerwerk der alten Brücke, deren äußeres Erscheinungsbild vollständig erhalten blieb.

2.1 Unterbauten

2.1.1 Bodenverhältnisse

Nach geringmächtigen Überdeckungen stehen mindestens mitteldicht gelagerte Sande an. Zur Setzungsbegrenzung und um tiefe Baugruben und damit umfangreiche Verbaumaßnahmen neben dem bestehenden Gewölbe zu vermeiden, wurden sowohl die Mittelstützen als auch die Widerlager auf Großbohrpfählen als Tiefgründung abgesetzt.

2.1.2 Widerlager/Flügel

Die Widerlager wurden als halbseitige Kastenwiderlager ausgeführt, da die bestehenden Gewölbeflügel neue Flügel auf der Südseite überflüssig machen. Die Widerlagerwände sind in 1,40 m dicke Pfahlkopfplatten eingespannt, unter denen jeweils acht Bohrpfähle von 90 cm Durchmesser abgesetzt wurden. Je zur Hälfte sind diese 17,5 m langen Pfähle senkrecht bzw. mit einer Neigung von 6:1 nach vorne abgeteuft worden.

2.1.3 Pfeiler

Die vier kreisrunden ca.15 m langen Einzelstützen der beiden aufgelösten Stützenreihen mit einem Durchmesser von 1,15 m sind mit ihrem pilzförmigen Kopf in den Überbau eingespannt. Die beiden Stützen einer Reihe binden in eine 1,65 m dicke Pfahlkopfplatte ein, unter der stützensymmetrisch 2 × 4 Bohrpfähle mit D = 90 cm und L = 14,0 m angeordnet sind.

Alle Sichtflächen der Pfeiler und Widerlager erhielten eine sägerauhe Brettschalung.

2.2 Überbau/Lager

Der Überbau mit einer Breite von 17,55 m hat einen zweistegigen Plattenbalkenquerschnitt. Das Stützweitenverhältnis von 15,85 m – 29,5 m – 15,85 m führt zusammen mit den eingespannten Stützen zu einer starken Minderung des Maximalmomentes in Feldmitte. Damit ist im Hauptfeld bei einer Konstruktionshöhe von 1,15 m eine Schlankheit von l/h 25,65 möglich. Die Fahrbahn ist 14,50 m breit und hat eine Querneigung von 6,5 %. Die Kappenbreite beträgt außen 2,10 m und am Mittelstreifen 95 cm. Die schlaff bewehrte Fahrbahnplatte mißt 45 cm, die Kragarme verjüngen sich von 45 cm am Anschnitt auf 25 cm am Ende.

Die Lagerung erfolgt auf den Widerlagern mit je zwei Elastomerlagern, wovon je eines querfest ist.

An beiden Brückenenden sind einschlaufige wasserdichte Fahrbahnübergänge angeordnet.

2.3 Entwässerung

Die Brückenabläufe sind an eine Längsleitung angeschlossen, die zum Widerlager auf der Nordseite führt. Von dort wird das Wasser über eine Kaskade in die Sickermulde am Böschungsfuß geleitet.

3. Bauausführung

3.1 Brückenneubau

Eine erfolgreiche Probebelastung der Bohrpfähle bestätigte die Richtigkeit des gewählten statischen Systems mit den im Überbau eingespannten Stützen und der dadurch fehlenden Justiermöglichkeit bei unvorhergesehenen Setzungen. Die Pfahlkopfplatten unter den Widerlagern sind höhenmäßig zu den Flügeln hin gestaffelt, um einerseits den Erddruck zu minimieren und andererseits die Baugrubentiefe neben den Gewölbeflügeln gering zu halten. Der Überbau wurde auf einem normalen Lehrgerüst hergestellt.

3.2 Instandsetzung

3.2.1 Gewölbe

Zur Instandsetzung und Ertüchtigung wurde das gesamte Gewölbe bis auf die Fundamente freigelegt. Hierzu waren aufwendige Verbauten notwendig, um überhaupt in die bis zu 15 m tiefe Baugrube zu gelangen und gleichzeitig den Damm des neuen Brückenbauwerks zu sichern. Um die Standsicherheit des Restgewölbes nicht zu gefährden, wurden im besonders geschädigten Scheitelbereich die losen und schadhaften Bauwerksteile von Hand abgetragen. Alte Hilfskonstruktionen für die Gewölbeherstellung wurden zurückgebaut, um glatte Abdichtungsflächen zu erzielen.

Entsprechend der statischen Berechnung mußte das Gewölbe mit einer bewehrten Beton- bzw. Spritzbetonschale verstärkt werden. Hierzu wurden rund 7.000 Stahlanker für den kraftschlüssigen Verbund zwischen der Klinkermauerwerksschale auf der Au-

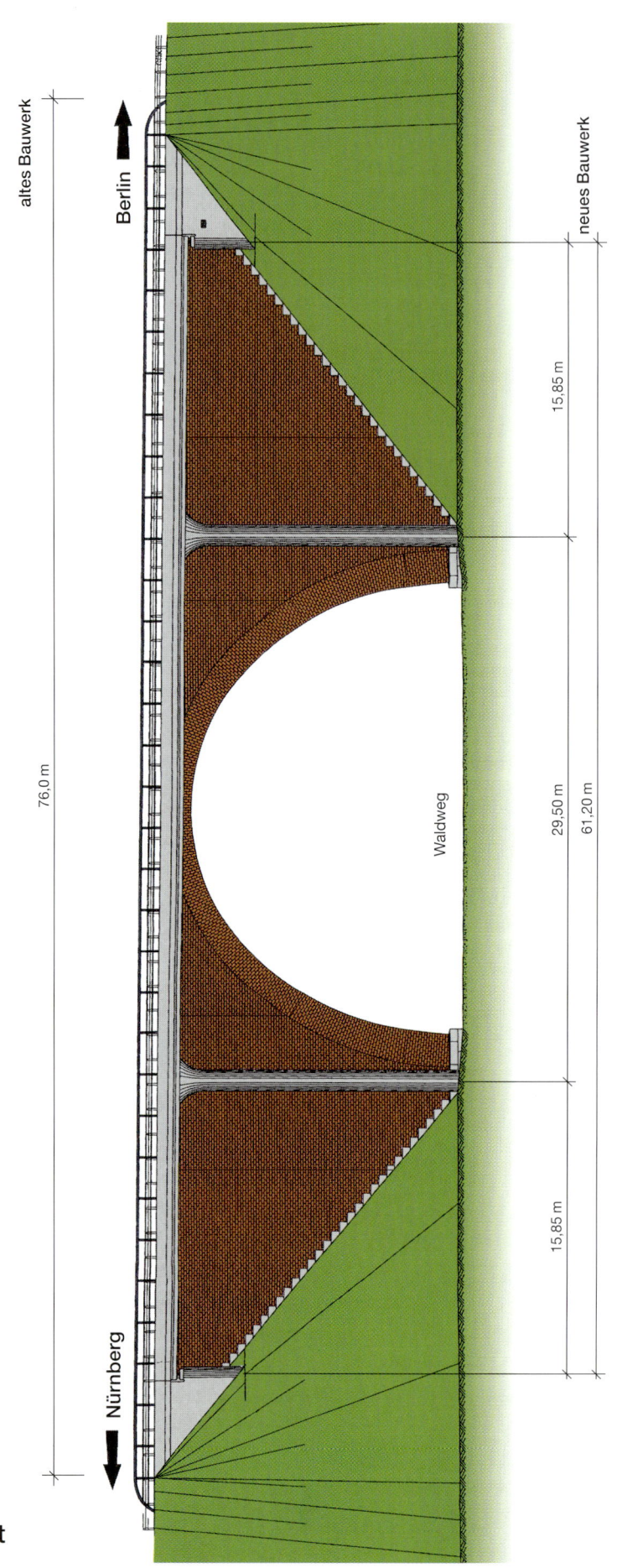

Ansicht von Süd-Ost
altes und neues Bauwerk

Verkehrsprojekt Deutsche Einheit Nr. 12 A 9 Berlin–Nürnberg Brandenburg	unten: **Waldweg**	Baujahr: **1997–2000** Bauzeit: **32 Monate**	Bauweise: **Gewölbe-sanierung Spannbeton**
Entwurfsbearbeitung: **Schmitt Stumpf Frühauf und Partner, Berlin Zweigniederlassung Berlin**	Bauwerks-Nr.: **17 alt** **17 neu**	Kosten (Mio. DM): **2,2** **3,7**	Kosten (DM/m²): **2.090,00** **4.950,00**
Gestalterische Beratung: **Jux u. Partner, Darmstadt**	Bauausführung: **Max Bögl, Neumarkt**		
Prüfingenieur: **Dipl.-Ing. Reußner, Berlin**	Ausführungsplanung: **Köhler + Seitz, Nürnberg**		
Bauüberwachung: **Lachmann + Kunze, Wiesbaden**			

Kontrastreich und doch harmonisch: altes und neues Bauwerk nebeneinander.

Die Überbauten der neuen Brücke ruhen auf extrem schlanken Rund-pfeilern (links).
Letzter Arbeitsgang: Reinigen und Ausbessern des historischen Klin-kermauerwerks.

ßenseite, dem Gewölbebeton und der Verstärkungsschale einge-baut. Um Risse zu schließen und Hohlräume zu verfüllen, wurden ca 41.000 l Zementsuspension verpreßt. Auf der Erdseite des Ge-wölbes und der Flügelwände ist eine Flüssigkunststoffabdichtung mit einer Schutzlage aufgebracht worden. Die gleichzeitig mit der Hinterfüllung aufgebaute Drainage soll Durchfeuchtungen dauer-haft ausschließen.

3.2.2 Flügel

Die Flügel wurden analog der Gewölberückseite bearbeitet, ver-stärkt und abgedichtet. Die Brüstungswand auf der Seite Südost wurde zur Aufnahme einer Mittelkappe umgebaut; die nordwestli-che Brüstung wurde nach einem Teilabtrag wiederhergestellt, im äußeren Erscheinungsbild aber nicht verändert.

3.2.3 Straßenbau

Nach der Hinterfüllung und Überschüttung des Gewölbes waren die Erdarbeiten beendet, und die Fahrbahndecke konnte aufge-bracht werden.

3.3 Endreinigung

Nach dem Einbau aller Verankerungen wurde im Frühjahr 2000 mit der Ausbesserung und Reinigung der Klinkersichtflächen be-gonnen. Schadhafte Klinker, die wegen ihrer besonderen Abmes-sungen speziell gebrannt werden müssen, wurden ausgetauscht, defekte Fugen nachgearbeitet.

4. Technische Daten

	alt	neu
Länge:	~ 76,00 m	61,20 m
Stützweiten:	~ 30,00 m	15,85 m – 29,50 m – 15,85 m
Breite:	24,90 m	17,20 m
Fläche:	747 m^2	1.053 m^2
Konstruktions-höhe:	1,34 m – 1,79 m	1,15 m
Lichte Höhe:	14,55 m (Scheitel)	14,55 m
Überbau-bauweise:	Gewölbe	Spannbeton
Herstellungs-verfahren:	Lehrgerüst	

5. Planungsübersicht

Dezember 1995	Einleitung Plangenehmigungsverfahren für die Verkehrseinheit „Fläming"
Juni 1997	Plangenehmigung
Juli 1997	Submission Strecke und Bauwerke
September 1997	Baubeginn Strecke und Bauwerke
August 1998	Verkehrsfreigabe Neubau BW 17 (RF Berlin)
November 1999	Verkehrsfreigabe Sanierung BW 17 (RF Nürnberg)

Kreuzungsbauwerk AS Dessau-Süd (A 9)

Stahlverbundbrücke aus Walzträgern

1. Aufgabenstellung

Der DEGES-Anteil am Ausbau der A 9 in Sachsen-Anhalt ab der Landesgrenze zu Brandenburg bis zur AS Zörbig ist ca. 50 km lang.

Nachdem mit der Dessauer Rennstrecke (VKE 4416) bereits im September 1995 das erste 13,4 km lange Teilstück der A 9 sechsstreifig für den Verkehr freigegeben wurde, begannen die Arbeiten an der Elbebrücke (VKE 4413) und den Muldebrücken (VKE 4414) in den Jahren 1995 bzw. 1996.

Der Streckenbau im 6,2 km langen Abschnitt „Schierau" (VKE 4415) wurde ab dem 11. 02. 1998 begonnen und am 08. 12. 1999 dem Verkehr übergeben.

Hierzu gehört auch das für die Verknüpfung mit der B 184 erforderliche BW 45 Ü1 über die A 9 an der AS Dessau-Süd.

2. Bauwerksentwurf

Die Aufrechterhaltung des vierstreifigen Verkehrs auf den Ausbaustrecken während der Bauzeit hatte absolute Priorität. Weitere Parameter – wie Kreuzungswinkel, Ausbauseite der BAB, Verkehrsführung im Bereich der Anschlußstelle, Bauzeit – gaben den Ausschlag für den Entwurf einer zweifeldrigen Stahlverbundbrücke, die südlich neben der bestehenden Brücke herzustellen war. Die überführte B 184 ist im Bauwerksbereich gerade trassiert, hat eine Querneigung von 3,5 % und wegen des Kuppenhalbmessers von 7.000 m eine variable Längsneigung. Die unterführte A 9 mit einem RQ 35,5 ist wegen der Ein- und Ausfädelspuren 39,00 m breit.

2.1 Gestaltung

Das Architektenteam Feldmann, Hofmann, Rohde, Schürmeyer hat in seiner „Gestaltungskonzeption für die Brückenbauwerke der A 9" im eingangs erwähnten DEGES-Abschnitt eine Einteilung in insgesamt 10 Gruppen vorgenommen. Bei den Brücken dieser und der benachbarten Anschlußstelle sollten als gemeinsame Elemente die angerundeten Ecken der Widerlager und Mittelpfeiler sowie die Verblendung der Ansichtsflächen berücksichtigt werden. Zudem wird durch die Vermeidung von Steifen auf der Außenseite der stählernen Randträger eine ruhige Ansicht des Überbaus erzielt.

2.2 Unterbauten

2.2.1 Widerlager, Flügel

Die Widerlager sind als Kastenwiderlager ausgebildet. Die Sichtflächen erhielten eine Klinkerverblendung im wilden Verband bzw. im Bereich der Auflagerbank eine glatte Brettschalung.

2.2.2 Pfeilerscheibe

Im Mittelstreifen dient eine Pfeilerscheibe von 1,50 m Breite zur Aufnahme der Lager unter den Längsträgern. Die Sichtflächen und der Pfeilerkopf sind wie die Widerlager verblendet bzw. aus Sichtbeton.

2.3 Überbau

Die Fahrbahn ist wegen der Abbiegespuren 11,25 m breit. Die Kappen mit einer fahrbahnseitigen Betonschutzwand haben eine Breite von jeweils 2,625 m (netto 2,155 m). Der Radweg auf der Nordseite kann bei einem geplanten vierstreifigen Ausbau der B 184 auf die Südseite umgelegt werden.

Eine Konstruktionshöhe von 1,39 m bei einer Stützweite von 36,34 m ergibt eine Schlankheit von 26,1 für den Stahlverbundüberbau. Die 6 Stahl-Hauptträger sind Walzprofile HL 1100R mit der Materialgüte HISTAR S460, die größten derzeit lieferbaren gewalzten Vollprofile. Der Querträger über der Mittelstütze ist aus einem IPE A600 aus ST 52, und die Endquerträger sind in Stahlbeton B45 hergestellt, genau wie die Verbundplatte. Der Hauptträgerabstand ist jeweils 2,70 m, und die konstant 27 cm dicke Fahrbahnplatte kragt 1,40 m seitlich über die Außenträger. Die Platte ist in Längs- und Querrichtung schlaff bewehrt.

Die Lagerung erfolgt auf der Mittelscheibe mit Elastomerlagern V2 unter jedem Hauptträger und auf den Widerlagern mit je 4 Elastomerlagern V2, wovon je eines querfest ist.

An beiden Brückenenden sind einschlaufige wasserdichte Fahrbahnübergänge angeordnet.

2.3.1 Entwässerung

Die Brückenabläufe sind an Längsleitungen angeschlossen, die jeweils von der Bauwerksmitte zum Widerlager führen. Von dort wird das Wasser über ein Fallrohr und ein Gerinne in die Sickermulde der Autobahn geleitet.

3. Bauausführung

3.1 Gründung/Unterbauten

Die im Gründungsbereich anstehenden pleistozänen Sande erlaubten eine Flachgründung.

Durch die einseitige Verbreiterung in westlicher Richtung steht die neue Pfeilerscheibe mitten auf der alten Richtungsfahrbahn München. Vor Baubeginn wurde deshalb ein 4+0-Verkehr auf der Richtungsfahrbahn Berlin eingerichtet. Die Baugrube des östlichen Widerlagers wurde durch einen Verbau gesichert.

3.2 Überbau

3.2.1 Fertigung

Die Stahlträger wurden im Werk Differdingen (Luxemburg) gewalzt, in Woippy (Frankreich) mit Kopfbolzendübeln und Steifen komplettiert und in Differdingen (Luxemburg) mit Korrosionsschutz versehen. Der Antransport wurde wegen der Trägerlängen von 37,46 m bzw. 34,30 m mit der Bahn bis nach Rosslau und die restlichen ca. 20 km dann mit LKW durchgeführt.

3.2.2 Montage

In einer nächtlichen Sperrpause wurden die 6 langen Träger des östlichen Feldes einzeln eingehoben und durch die Montageverbände gesichert. In der gleichen Sperrpause wurde auch ein Schutzgerüst im Bereich des Untergurtes über dem Verkehrsraum der A 9 eingebaut. Da die Träger 1,576 m über die Mittelunterstützung in das verkehrsfreie westliche Feld ragten, wurden die 6 kurzen Träger mit einer Knagge auf den Obergurten der bereits montierten Träger aufgelegt, mit den Montageverbänden versehen und verschweißt. Die Stahlkonstruktion, die vor den noch nicht betonierten Endquerträgern und neben der Pfeilerscheibe auf Hilfsjochen auflag, wurde an der Mittelunterstützung auf die planmäßige Höhe abgesenkt.

3.2.3 Korrosionsschutz

Die Stahlträger erhielten eine Grundbeschichtung auf Epoxidharzgrundlage mit Zinkstaub und 3 Deckbeschichtungen auf Epoxidharz- und Polyurethangrundlage mit Eisenglimmerzusatz. Die Grundbeschichtung und 2 Deckbeschichtungen wurden bereits im Werk aufgebracht, die 3. Deckbeschichtung vor Ort.

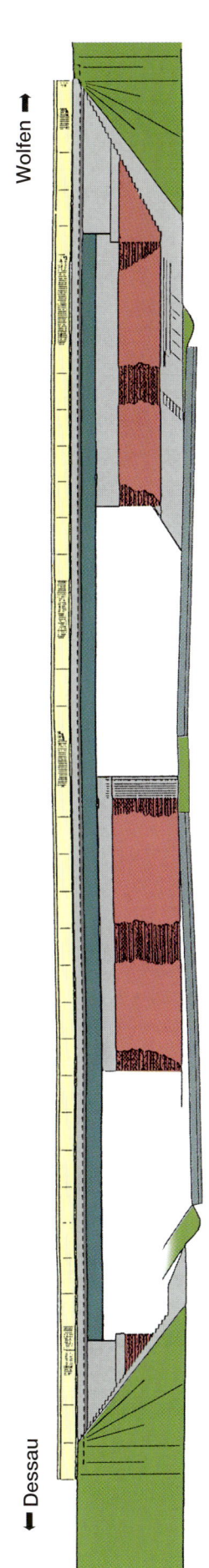

Wolfen →

Dessau ←

Ansicht

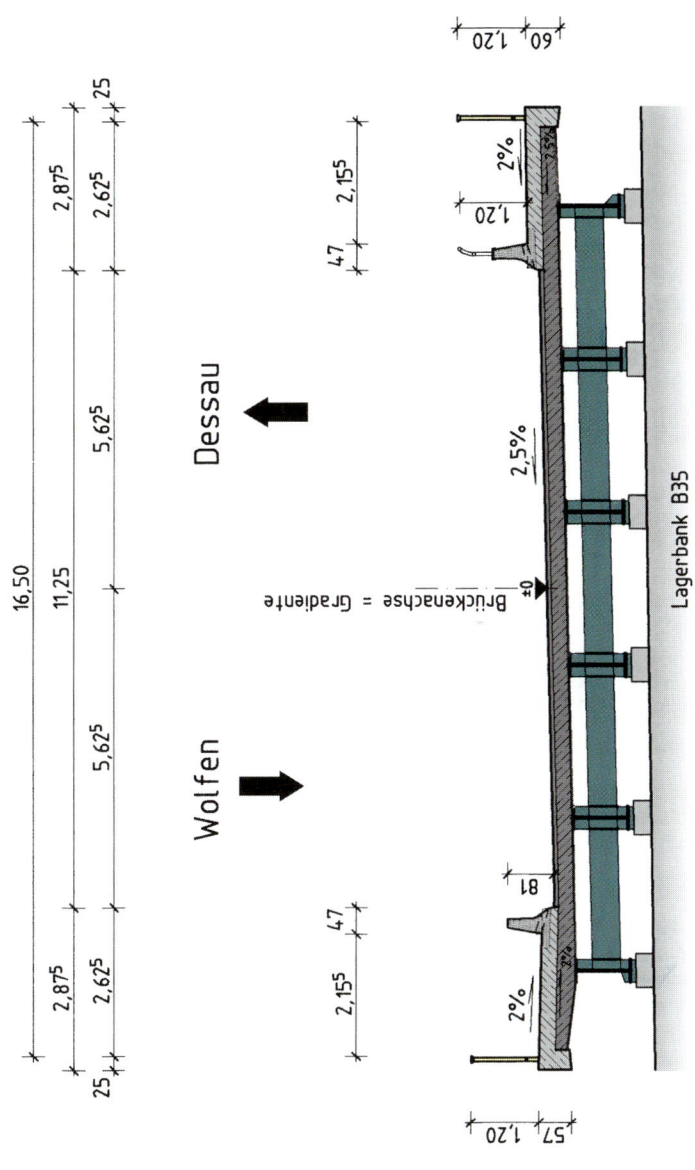

16,50

2,87⁵ 2,62⁵ 25

5,62⁵

11,25

5,62⁵

2,87⁵ 2,62⁵

25

← Dessau

→ Wolfen

47 2,15⁵

Brückenachse = Gradiente ±0

2,5%

2% 1,20

60 1,20

2%

47 2,15⁵

81

57 1,20

Lagerbank B35

Querschnitt

Verkehrsprojekt Deutsche Einheit Nr. 12 A 9 Berlin–Nürnberg Sachsen-Anhalt		unten: B 184 Dessau–Wolfen	Baujahr: 1998 Bauzeit: 10 Monate	Bauweise: Stahlverbund
Entwurfsbearbeitung: CBF – IPRO, Berlin		Bauwerks-Nr.: BW 36	Kosten (Mio. DM): 28,9	Kosten (DM/m²): 1.825,00
Gestalterische Beratung: Architekten BDA Feldmann Hofmann Rohde Schürmeyer, Hannover		Bauausführung: Bauunternehmung Richard Besemer, Merklingen		
Prüfingenieur: Prof. Dr.-Ing. Weyer, Dortmund		Ausführungsplanung: Ing.-Büro Hofmann und Breinlinger, Memmingen		
Bauüberwachung: Ing.-Büro für Verkehrsanlagen, Halle				

Das Überführungsbauwerk für die B 184 unmittelbar nach Fertigstellung.

Die abgerundeten Widerlagerecken sind Teil des Gestaltungskonzeptes (links). Montage der Stahlträger.

3.2.4 Herstellung der Fahrbahnplatte

Die Fahrbahnplatte wurde konventionell eingeschalt, bewehrt und betoniert. Wegen der Bauwerksschiefe von ca. 50 gon und der Einbindung der Stahlträger in die Ortbetonendquerträger ergaben sich bei 298 kg Stahl pro m³ Beton so erhebliche Bewehrungskonzentrationen, daß das Größtkorn des Betons auf 16 mm begrenzt wurde. Um die Durchbiegungen und Winkeldrehungen infolge Frischbeton-Eigengewicht zu berücksichtigen, begann der Betoniervorgang jeweils ca. 5 m vor den Endquerträgern in Richtung Bauwerksmitte. Anschließend wurden die restlichen Plattenbereiche und die Endquerträger komplettiert.

4.   Technische Daten

Länge:	72,68 m
Stützweiten:	2 × 36,34 m
Breite:	16,50 m
Fläche:	1.199 m²
Konstruktionshöhe:	1,12 + 0,27 = 1,39 m
Lichte Höhe:	4,77 m

Überbaubauweise:	Stahlverbund
Überbauquerschnitt:	6 Hauptträger aus Walzprofilen
Herstellungsverfahren:	Hauptträger – Vollstoß auf der Baustelle Fahrbahnplatte mit konventioneller Schalung

5.   Planungsübersicht

November 1996	Baubeginn
Dezember 1995	Einleitung Planfeststellungsverfahren für den Streckenabschnitt „Schierau"
September 1996	Planfeststellungsbeschluß
November 1997	Submission Strecke und Bauwerke
Februar 1998	Baubeginn Strecke und Bauwerke
November 1998	Verkehrsfreigabe BW 45 Ü1
Dezember 1999	Verkehrsfreigabe gesamter Streckenabschnitt „Schierau"

Autobahnkreuz
A 9/A 38

Beton als formbares Material

1. Aufgabenstellung

Als erstes Teilstück des Verkehrsprojektes Deutsche Einheit Nr. 13 sollte der 9,3 km lange Abschnitt der A 38 zwischen den Anschlußstellen Leuna (B 91) und Lützen (B 87) verwirklicht werden. Die Dringlichkeit und die sehr engen Terminvorgaben standen in engem Zusammenhang mit der geplanten Inbetriebnahme der neuen Raffinerie „Leuna 2000" im September 1997.

Es wurde deshalb bereits im August 1995 nach Vorlage einer Plangenehmigung mit dem Bau der 860 m langen Saalebrücke Schkortleben begonnen. Die Vergabe der Brückenbauwerke am Autobahnkreuz A 9/A 38 folgte im Herbst 1995.

2. Bauwerksentwurf

Das Autobahnkreuz A 9/A 38 Rippachtal ist als dreiblättriges Kleebatt ausgebildet. Die vierte Schleife wird aufgrund des erwarteten hohen Verkehrsaufkommens im Kreuzungsbereich von Nürnberg in Richtung Halle durch eine halbdirekte Führung – einem sogenannten „Flyover" oder „Überflieger" – ersetzt. Im Bereich des Autobahnkreuzes sind drei Bauwerke erforderlich. Es sind dies die beiden „Überflieger" BW 3/07 und BW 3/09 und das Kreuzungsbauwerk BW 3/08.

Das Kreuzungsbauwerk BW 3/08 (A 38 über die A 9) wurde wegen der Überbrückung des Verkehrsraumes der A 9 als Fertigteilkonstruktion ausgebildet. Es ist eine Vierfeld-Brücke mit vier getrennten Überbauten mit einer Gesamtlänge von 81,0 m; die Gesamtbreite beträgt 51,5 m.

Die beiden „Überflieger" sind 150 m bzw. 173 m lang und liegen in einem sehr engen Radius von 340 m. Die Einzelstützweiten betragen max. 49 m. Die Überbauten wurden als Hohlkästen mit 2,35 m Höhe und konventioneller Vorspannung in Ortbetonbauweise geplant.

2.1 Bauwerksgestaltung

Die weithin ausgeräumte Gegend ist aus der Sicht des Autobahnbenutzers optisch von Industriekomplexen geprägt. Als Materialien dominieren Stahlbeton, Stahl und andere Metallkonstruktionen. Da das gesamte Autobahnkreuz in dieser Landschaft weithin sichtbar und landschaftsdominierend ist, kommt ihm eine besondere gestalterische Bedeutung zu.

Aus den vorgenannten Analysen wurde deshalb im Gestaltungskonzept die weitgehende Verwendung von geformtem Sichtbeton empfohlen. Die Behandlung der Kubaturen soll die Eigenschaft des Betons als leicht formbares Material unterstreichen. Gerundete Kanten sollen einen elegant fließenden Charakter erzeugen, der dem mit höheren Geschwindigkeiten fahrenden Autobahnbenutzer psychologisch entgegenkommt.

So wurden alle sichtbaren Kanten der Bauwerke abgerundet, die Überbauten wannenförmig ausgebildet, und die Kappengesimse erhielten eine viertelkreisförmige Ausrundung. Diese Gestaltungsmerkmale finden sich auch an den Unterbauten. Alle ein- und ausspringenden Ecken an den Widerlagern und Pfeilern sind abgerundet. Die Einzelpfeiler der Überflieger erhielten zudem eine pilzförmige Aufvoutung für die Lager und Pressen.

2.2 Die „Überflieger" (BW 3/07 und BW 3/09)

Der Überbauquerschnitt beider Bauwerke ist identisch. Der einzellige Hohlkasten weist eine Breite von 11,5 m sowie eine Höhe von 2,3 m auf. Beide Bauwerke sind vierfeldrige Durchlaufbrücken, wobei sich die Zwangspunkte der Pfeilerstellung aus dem Verlauf der jeweils zu überführenden Autobahn A 38 bzw. A 9 ergeben.

Kennzeichnend für die Bauwerke ist ihr relativ geringer Radius von 340 m. Die Überbauten sind in sämtlichen Pfeilerachsen nur mittig unterstützt. Dies führt zu erheblichen Torsionslasten, die zu den Widerlagern abgetragen werden müssen.

Die Gründung der Widerlager und Pfeiler erfolgte auf ca.15 m langen Großbohrpfählen ∅ 1,30 m, die den glazialen Geschiebemergel durchfahren und bis in den Saaleschotter einbinden.

Während das Bauwerk 3/07 konventionell auf Lehrgerüst in zwei Betonierabschnitten errichtet wurde, mußte das Bauwerk 3/09 unter Aufrechterhaltung des Verkehrs auf der A 9 in überhöhter Lage hergestellt und nach Fertigstellung komplett abgesenkt werden.

Die Lagerung der Bauwerke erfolgt auf Elastomerlagern. Auf allen Widerlagern sind mittig querfeste Lager angeordnet. Um an beiden Lagern der Widerlager die notwendigen Mindestauflagerpressungen sicherzustellen, wurden die Lager dort in Konsequenz der ständig vorhandenen Torsionsbeanspruchung exzentrisch angeordnet. Aufgrund der elastischen Lagerung liegt der fiktive Ruhepunkt in Brückenmitte. An beiden Widerlagern gibt es zweischläuchige Übergangskonstruktionen.

2.3 Das Kreuzungsbauwerk (BW 3/08)

Im Bereich der Überführung der A 38 über die in Nord-Süd-Richtung verlaufende A 9 wurde eine vierfeldrige Fertigteilbrücke mit 81 m Gesamtstützweite errichtet. Die Einzelstützweiten betragen 18 m – 22,5 m – 22,5 m – 18 m. Der Kreuzungswinkel beträgt 65 gon. Der Überbau mit einer Gesamtbreite von 51,5 m gliedert sich in zwei je 15,25 m breite fünfstegige Plattenbalkenquerschnitte für die Richtungsfahrbahnen sowie einen 11,5 m breiten vierstegigen Plattenbalkenquerschnitt für die Eingliederungsspur und einen 9,5 m breiten dreistegigen Plattenbalkenquerschnitt für die Ausfädelspur.

Die nachträglich mit Ortbetonquerträgern ergänzten Fertigteilüberbauten weisen einschließlich der 25 cm dicken Ortbetonplatte eine Konstruktionshöhe von 1,10 m auf. Sie werden in jeder Pfeilerachse durch insgesamt zehn Pfeiler unterstützt.

Die Gründung der Pfeiler und Widerlager erfolgte wie bei den Überfliegern auf Großbohrpfählen ∅ 1,30 m. Die Randüberbauten sind auf jeweils zwei Elastomerlagern, die Überbauten der Richtungsfahrbahnen auf je drei Elastomerlagern unter den nachträglich betonierten Querträgern aufgelagert.

3. Bauausführung

Besondere Anforderungen wurden an die exakte Ausführung und formtreue Lagerung der Fertigteile gestellt. Da sich der Fertigungsprozeß der insgesamt 68 Fertigteile über knapp zwei Monate hinzog, mußte die formtreue Lagerung unter Teilvorspannung durch wöchentliche Verformungsmessungen kontrolliert werden. Die endgültige Vorspannung wurde im Werk erst kurz vor dem Verlegen der Fertigteile aufgebracht. Durch dieses Vorgehen konnten ein Höhenversatz zwischen den unterschiedlich alten Fertigteilen vermieden und die erforderliche Gradientengenauigkeit eingehalten werden.

Mit dem Bau der Brücken am Autobahnkreuz wurde Ende 1995 begonnen, die Freigabe des Autobahnkreuzes Rippachtal erfolgte im Sommer 1997.

„Überflieger" (BW 3/09)

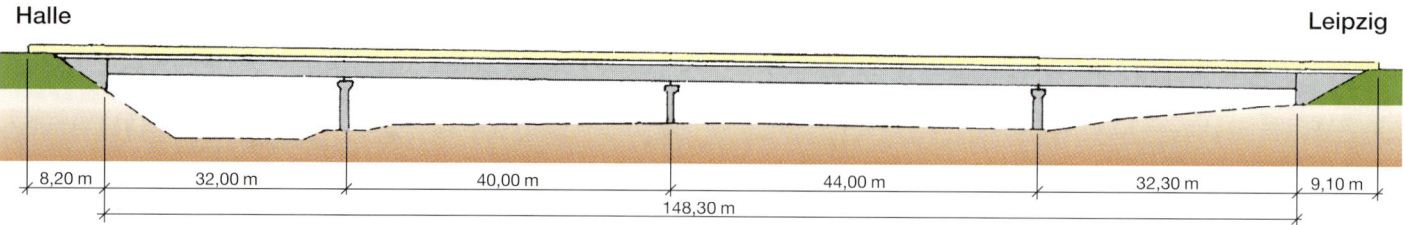

Halle   Leipzig

| 8,20 m | 32,00 m | 40,00 m | 44,00 m | 32,30 m | 9,10 m |

148,30 m

Ansicht

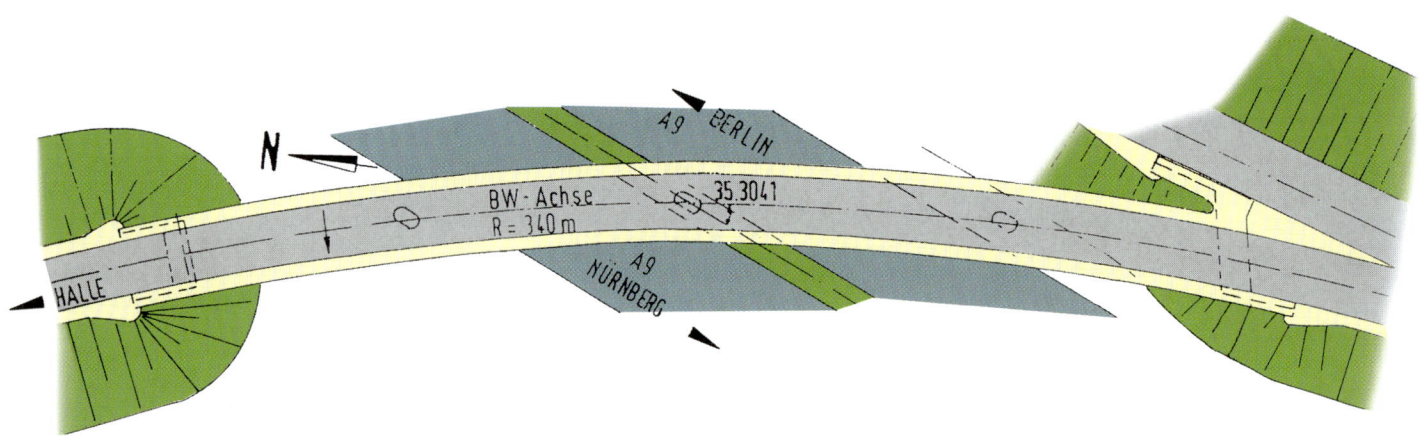

N

A 9 BERLIN

BW-Achse
R = 340 m

35.3041

A 9
NÜRNBERG

HALLE

Grundriß

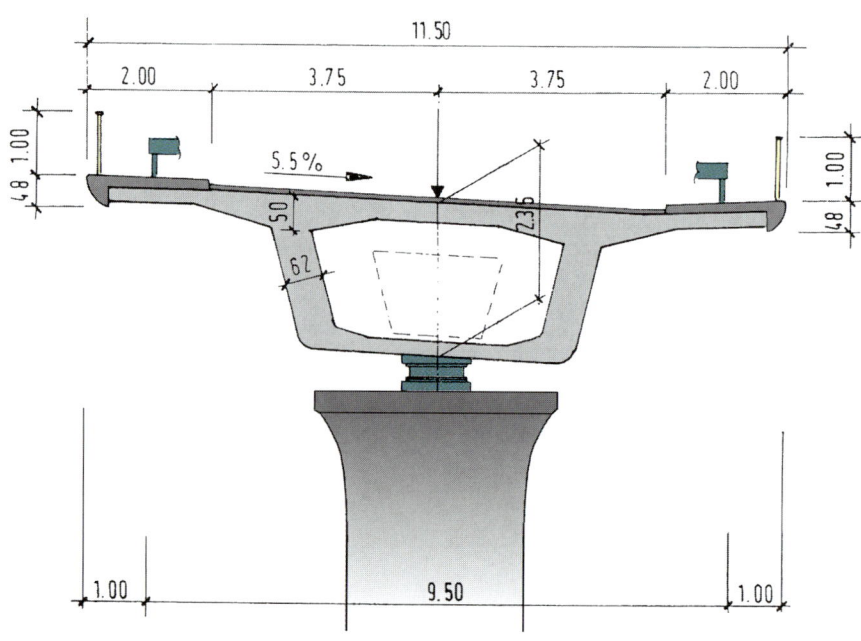

11.50

| 2.00 | 3.75 | 3.75 | 2.00 |

1.00

5.5 %

50

2.35

62

1.00

4.8   4.8

1.00   1.00

| 1.00 | 9.50 | 1.00 |

Regelquerschnitt

Kreuzungsbauwerk
(BW 3/08)

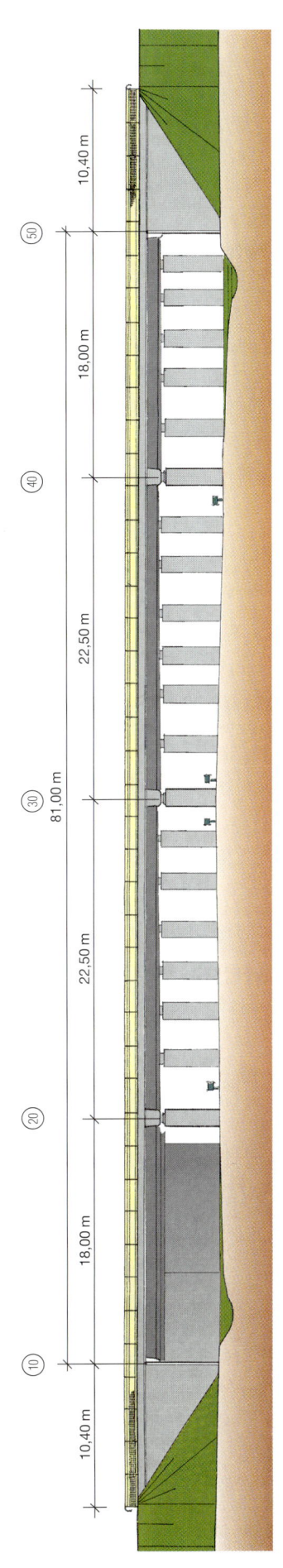

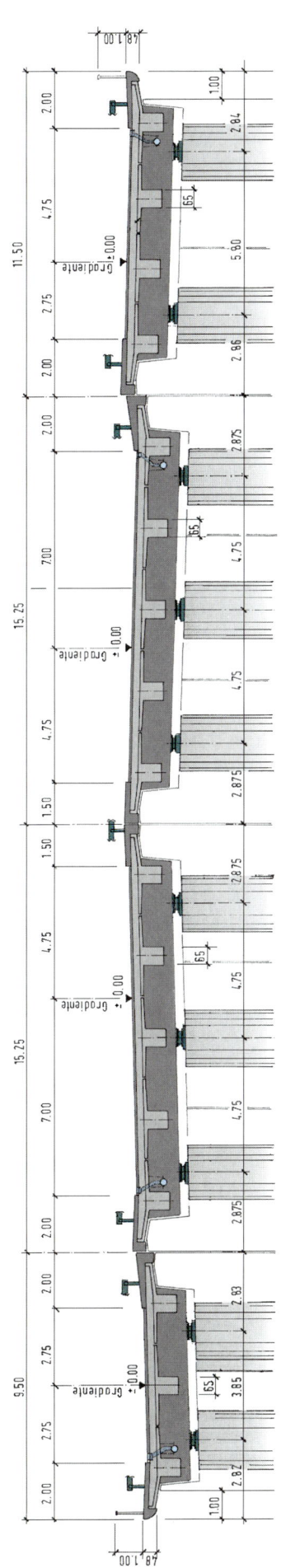

Ansicht

Querschnitt

Verkehrsprojekt Deutsche Einheit Nr. 13 A 38 Göttingen–Halle Sachsen-Anhalt		oben: A 38	Baujahr: 1996–1997 Bauzeit: 20 Monate	Bauweise: Spannbeton
Entwurfsbearbeitung: Ing.-Büro Vössing GmbH, Düsseldorf		Bauwerks-Nr.: BW 07 BW 08 BW 09	Kosten (Mio. DM): 4,1 6,5 3,7	Kosten (DM/m^2): 2.129,00 1.577,00 2.288,00
Gestalterische Beratung: Prof. Hans-Günther Burkhardt, Hamburg		Bauausführung: ARGE A 38 Weißenfels Walter Bau NL Plauen/ Max Bögl, Gera		
Prüfingenieur: Dr. Rüter, Lüneburg		Ausführungsplanung: Büchtling-Streit-Feix, Beratende Ing. VBI, München		
Bauoberleitung und Bauüberwachung: Hensel Ingenieur GmbH, Kassel				

Der „Überflieger" (BW 09) über die A 9.

Geformter Beton im Detail: an einem Überflieger (links) und am Kreuzungs- bauwerk.

4. Technische Daten

Überflieger über die A 38 (BW 3/07)

Länge:	173,00 m
Stützweiten:	38,0 m – 47,0 m – 49,0 m – 39,0 m
Breite:	11,0 m (zwischen den Geländern)
Fläche:	1.903 m^2
Konstruktionshöhe:	2,35 m
Lichte Höhe:	4,95 m
Überbaubauweise:	Spannbetondurchlaufträger mit konventioneller Vorspannung
Herstellungsverfahren:	Lehrgerüst
Beton:	2.845 m^3
Betonstahl:	315 t
Spannstahl:	59 t

Kreuzungsbauwerk A 9/A 38 (BW 3/08)

Länge:	81,00 m
Stützweiten:	18,0 – 22,5 – 22,5 – 18,0 m
Breite:	51,0 m (zwischen den Geländern)
Fläche:	4.131 m^2
Konstruktionshöhe:	1,10 m
Lichte Höhe:	4,80 m
Überbaubauweise:	Durchlaufträger aus Fertigteilträgern mit nachträglich ergänzter Ortbetonplatte
Überbauquerschnitt:	3stegige (B = 9,50 m), 4stegige (B = 11,50 m) und 5stegige (B = 15,25 m) Plattenbalkenkonstruktion
Beton:	5.720 m^3

Betonstahl:	512 t
Herstellungsverfahren:	Einheben der Fertigteilträger, Betonieren der Fahrbahnplatte

Überflieger über die A 9 (BW 3/09)

Länge:	150,00 m
Stützweiten:	32,0 m – 40,0 m – 44,0 m – 34,0 m
Breite:	11,0 m (zwischen den Geländern)
Fläche:	1.631 m^2
Konstruktionshöhe:	2,35 m
Lichte Höhe:	4,80 m
Überbaubauweise:	Spannbetondurchlaufträger mit konventioneller Vorspannung
Überbauquerschnitt:	Hohlkastenquerschnitt
Herstellungsverfahren:	Lehrgerüst in überhöhter Lage, nachträgliches Absenken
Beton:	2.529 m^3
Betonstahl:	268 t
Spannstahl:	36 t

5. Planungsübersicht

Nov. 1994	Einleitung Planfeststellungsverfahren
Mai 1995	Plangenehmigung für Saalebrücke Schkortleben
Nov. 1995	Planfeststellungsbeschluß
Ende 1995	Vergabe der Brücken am Autobahnkreuz
Januar 1996	Vergabe des Streckenloses (9,3 km) und der restlichen Bauwerke
Aug. 1997	Verkehrsfreigabe

Überführung
Wirtschaftsweg (A 38)
Schrägstielrahmen im tiefen Einschnitt

1. Aufgabenstellung

Die Strategie bei der Realisierung des Neubaues der A 38 von Göttingen nach Halle (VDE Nr. 13) zielt insbesondere darauf ab, mit der frühzeitigen Fertigstellung verkehrswirksamer Teilstücke die im Einzugsbereich gelegenen Städte Heiligenstadt, Leinefelde, Breitenworbis, Nordhausen, Sangerhausen, Eisleben und natürlich Halle vom Durchgangsverkehr zu entlasten.

Als erstes Teilstück der A 38 in Thüringen sollte deshalb die 11 km lange Umfahrung von Nordhausen zwischen der AS Werther und der AS Heringen realisiert werden. Zunächst wurde mit dem Bau des 7,5 km langen Teilstücks zwischen der AS Nordhausen und der AS Heringen im Frühjahr 1997 begonnen, die Verkehrsfreigabe erfolgte im November 1998. Die restlichen 3,5 km, die zur vollständigen Umfahrung von Nordhausen erforderlich sind, wurden Ende 1999 dem Verkehr übergeben.

2. Bauwerksentwurf

Im Teilabschnitt zwischen der AS Werther und der AS Nordhausen führt die A 38 durch einen bis zu 13 m tiefen Einschnitt. In diesem Bereich, südwestlich von Nordhausen, war die Überführung eines Wirtschaftsweges mit einer Breite von 6,00 m (RQ 6,50) und einer Länge von 58 m über die A 38 mit einem RQ 29,5 erforderlich. Durch die Verlegung des Wirtschaftsweges konnte ein Kreuzungswinkel von 100 gon erzielt werden. Es wurde ein Schrägstielrahmen in massiver Ausführung mit einer Gesamtstützweite von 58 m mit folgenden Stützweiten gewählt: 15,75 m – 27,5 m – 14,75 m. Die Längsneigung des Bauwerks beträgt 3,17 %.

2.1 Bauwerksgestaltung

Aus gestalterischer Sicht bieten sich bei tiefen Einschnitten insbesondere Bogenbrücken und Schrägstielrahmen an. Zweifeld-brücken mit sehr hoher Mittelstütze können wegen der ungünstigen Proportionen gestalterisch nicht überzeugen.

Die Entscheidung zugunsten des Schrägstielrahmens ergab sich daraus, daß dessen Geometrie am besten mit den Konturen des Höhenzuges Dün korrespondiert, der etwas weiter westlich aus der Landschaft aufragt.

2.2 Gründung/Unterbauten

In den Gründungsachsen wurden unter dem Mutterboden verwitterte bzw. entfestigte Schichten von Tonstein, darunter verwitterter Buntsandstein, angetroffen.

Die Widerlager und Schrägstiele konnten somit flach gegründet werden. Die Widerlager werden unterhalb der Böschungskrone auf jeweils 3 m breiten und 0,90 m dicken Fundamenten abgesetzt. Wegen ungünstiger Felsklüftung mußte z. T. ein Magerbetonausgleich geschaffen werden.

Die Schrägstielfundamente wurden am Böschungsfuß gegründet. Die Fundamentdicke beträgt 2,0 m–2,6 m. Ihre Sohlfläche ist unter 14 Grad geneigt und hat Abmessungen von 4 m × 4 m.

2.2.1 Widerlager/Flügel

Die Widerlager mit den Flügelwänden wurden als Kastenwiderlager in Stahlbeton B 25 WU konzipiert. Die Ansichtsseiten der Widerlagerwände sind aus gestalterischen Gründen mit einem Anzug von 1:30 versehen. Die Wanddicke der Widerlager variiert deshalb zwischen 1,63 m am Fundamentanschnitt und 1,70 m im Auflagerbereich. Die Sichtflächen wurden mit einer saugenden gehobelten Brettschalung hergestellt.

2.2.2 Schrägstiele

Zur Mittelunterstützung dienen zwei Schrägstiele, die jeweils am Böschungsfuß gegründet sind. Die Schrägstielabmessungen betragen jeweils am Fundamentanschnitt 2,0 m × 0,65 m und am Anschnitt zum Riegel 2,50 m × 1,35 m, was einem Anzug von 1:30 im Querprofil entspricht und mit dem Anzug der Widerlagerwand korrespondiert. Als Betongüte wurde B 35 gewählt.

Skizze des Architekten Prof. Burkhardt.

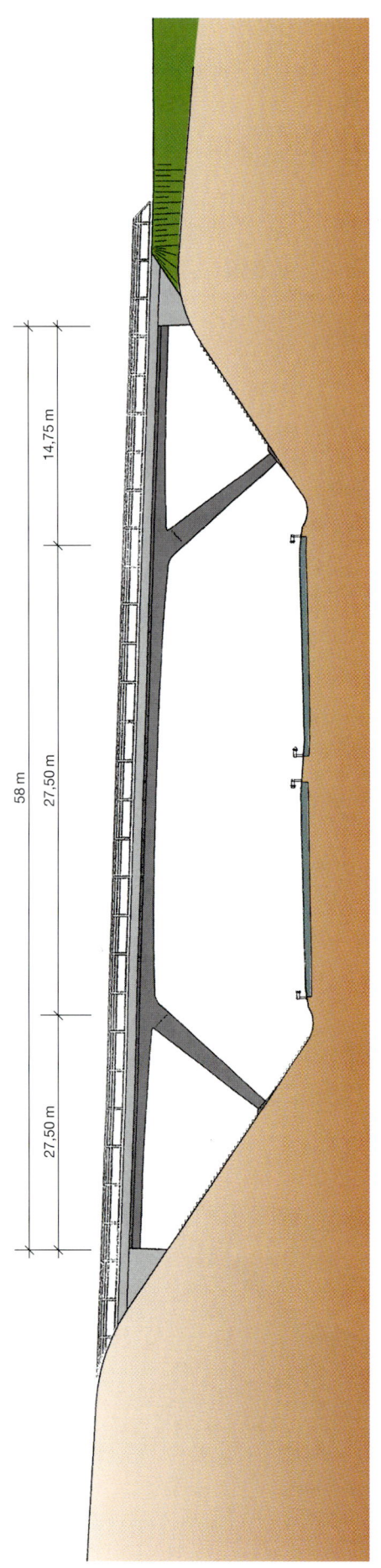

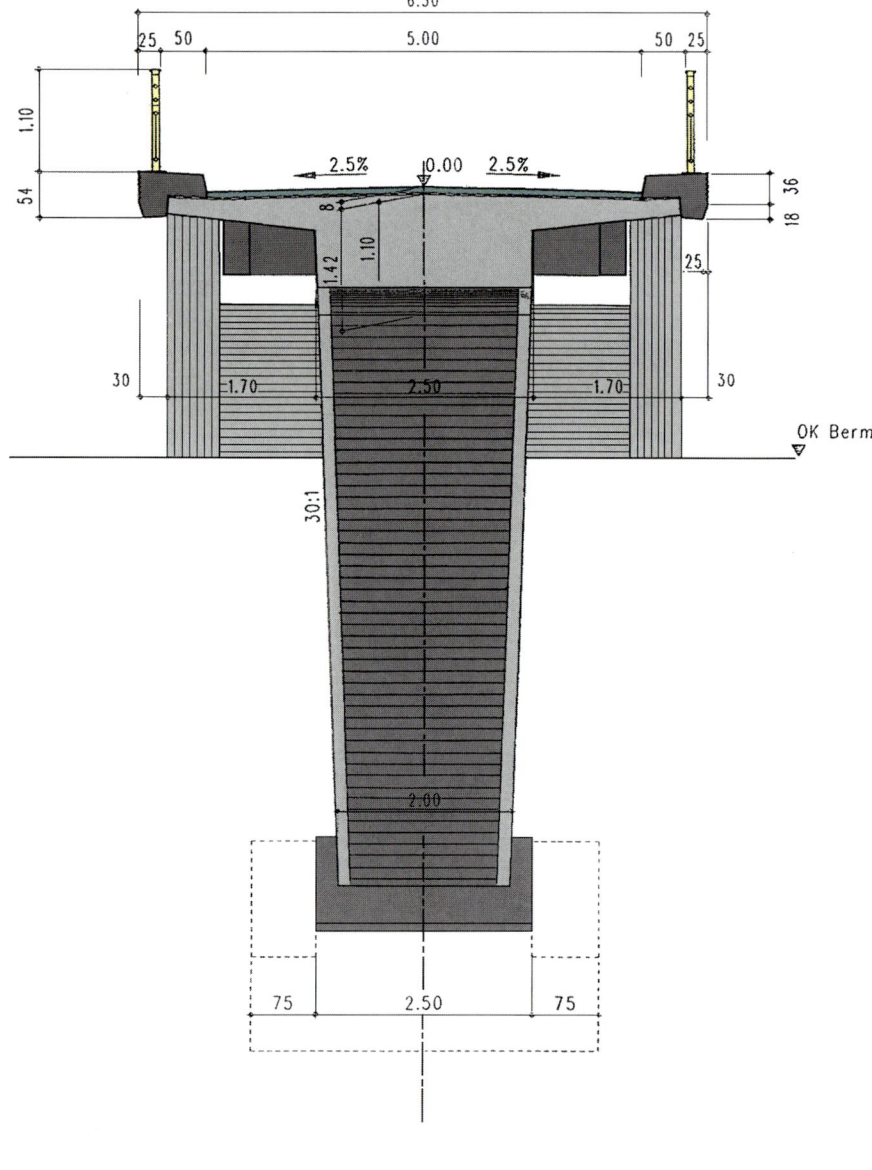

Ansicht

Regelquerschnitt mit Stütze

Verkehrsprojekt Deutsche Einheit Nr. 13 A 38 Göttingen–Halle Freistaat Thüringen	oben: **Wirtschaftsweg** unten: **A 38**	Baujahr: **1998** Bauzeit: **10 Monate**	Bauweise: **Spannbeton**
Entwurfsplanung: **INVER Ingenieurbüro für Verkehrsanlagen GmbH, Erfurt**	Bauwerks-Nr.: **5617/01 Ü**	Kosten (Mio. DM): **0,88**	Kosten (DM/m²): **2.532,00**
Gestalterische Beratung: **Prof. Hans-Günther Burkhardt, Hamburg**	Bauausführung: **Bilfinger + Berger Bau AG, NL Erfurt**		
Prüfingenieur: **Prof. Langrock, Weimar**	Ausführungsplanung: **Ingenieurgesellschaft Schmitt & Stumpf, München**		
Bauoberleitung/Bauüberwachung: **Ingenieurbüro Walter Keller GmbH, Saarbrücken**			

Harmonisch fügt sich das Bauwerk in die Landschaft ein.

Widerlager, Schrägstiel und Überbau bilden eine eigenwillige Geometrie.

2.3 Überbau

Der Überbau ist als Ortbeton-Durchlaufträger in B 35 über drei Felder mit einstegigem Plattenbalkenquerschnitt mit beschränkter Längsvorspannung ausgebildet. Die Konstruktionshöhe ist variabel. Sie beträgt an den Widerlagern im Endfeld 0,95 m und 1,25 m am Anschnitt zum Riegel. Im Mittelfeld beträgt sie am Riegelanschnitt 1,42 m und verjüngt sich zur Feldmitte auf 1,10 m. Die Stegbreite beträgt 2,50 m, die Fahrbahnplatten kragen jeweils ca. 1,70 m in Querrichtung aus.

2.3.1 Lager, Übergangskonstruktionen

Durch die monolithische Verbindung der Schrägstiele mit dem Überbau liegt der ideelle Festpunkt in Brückenmitte. Auf beiden Widerlagern sind jeweils zwei allseitig bewegliche Elastomerlager angeordnet. Zur Aufnahme der Dehnwege wurden an beiden Widerlagern einschläuchige Fugenübergangskonstruktionen eingebaut.

2.3.2 Ausstattung

Wegen des starken Längsgefälles (3,17 %) und des Dachprofils der Brücke sind nur am tieferliegenden Überbauende (WL Süd) zwei Brückenabläufe angeordnet, die über ein Fallrohr und einen Revisionsschacht an die Streckenentwässerung der A 38 angeschlossen sind.

Den seitlichen Überbauabschluß bilden dem Gestaltungskonzept entsprechend Stahl-Sondergeländer. Diese bestehen aus einem Handlauf mit Zwischenholmen und Drahtgitterausfachung.

Die Sichtflächen der Kappen sind mit einer in der Gradiente verlaufenden Profilierung mit Nuten versehen. Das untere Drittel der Kappen ist ohne Struktur ausgebildet, statt dessen erhält es eine gegenläufige Neigung.

3. Bauausführung

Mit dem Bau des Schrägstielrahmens wurde im Juli 1997 begonnen. Die Betonage des Überbaues erfolgte noch im November 1997, um Baufreiheit für die gleichzeitig laufenden Streckenbauarbeiten zu schaffen. Die Herstellung der Rahmenstiele und des Überbaues erfolgte auf einem Lehrgerüst, das erst nach dem Vorspannen abgelassen und abgebaut wurde. Die schräg liegenden Rahmenstiele wurden mit oberer Schalung hergestellt, die das Einbringen und Verdichten des Betons über Einfüllöffnungen erforderlich machte. Die witterungsabhängigen Restarbeiten wurden bis zum Mai 1998 fertiggestellt.

4. Technische Daten

Länge:	58 m
Stützweiten:	15,75 m – 27,50 m – 14,75 m
Breite:	6,00 m (zwischen den Geländern)
Fläche:	348 m^2
Konstruktions-höhe:	variabel 0,95 m – 1,42 m
Lichte Höhe:	8,20 m
Überbaubauweise:	Spannbeton
Überbauquerschnitt:	einstegiger Plattenbalken
Herstellungsverfahren:	Lehrgerüst
Beton:	516 m^3
Betonstahl:	55 t
Spannstahl:	5,5 t

5. Planungsübersicht

Bogenbrücke
Bettelmannsholz (A 71)

1. Aufgabenstellung

Als Bestandteil des Verkehrsprojektes Deutsche Einheit (VDE) Nr. 16, BAB A 71 Erfurt–Schweinfurt/A 73 Suhl–Lichtenfels, wird die Bundesautobahn A 71 Erfurt–Schweinfurt im Freistaat Thüringen zwischen Traßdorf und Erfurt auf einer Länge von ca. 20 km parallel zur Neubaustrecke Ebensfeld–Erfurt der DB AG (VDE Nr. 8) geführt. Der Abstand der Streckenachsen beider Verkehrswege beträgt ca. 40 m. Dieser als Bündelungstrasse bezeichnete Bereich beginnt nordwestlich von Traßdorf und endet an der Anschlußstelle der B 7 bei Erfurt.

Die gesamte Baumaßnahme wird in mehrere Verkehrseinheiten (VKE) untergliedert. Gegenstand dieser Beschreibung ist eine Straßenüberführung der VKE 5312, Bau-km 6+000–14+286.

Im Zuge des Neubaus der Bundesautobahn A 71 Erfurt–Schweinfurt sowie der parallel verlaufenden NBS-Trasse Ebensfeld–Erfurt kreuzen beide Verkehrswege die Kreisstraße 6 (K 6) zwischen den Ortschaften Branchewinda und Görbitzhausen (BAB Bau-km 10+131, NBS Bau-km 82,9+14).

Der Kreuzungspunkt liegt im landschaftlich reizvollen und ökologisch wertvollen Waldgebiet „Bettelmannsholz".

Eine Umverlegung der K 6 zur optimalen Kreuzung der Trassen schließt sich aus Gründen des Naturschutzes aus. Die Kreisstraße wird bestandsgleich geführt und überquert die tief im Einschnitt liegende Bündelungstrasse in einer Höhe von ca. 16,0 m zur BAB und ca. 11,0 m zur NBS.

2. Bauwerksentwurf

Die Straßenachse verläuft im Bauwerksbereich durchgehend in einer Geraden und kreuzt die BAB in einem Winkel von 88,1 gon, die NBS in einem Winkel von 88,5 gon.

Im Aufriß liegt das geplante Brückenbauwerk im Bereich einer Kuppenausrundung. Die Gradiente fällt nach Westen mit 0,7 % und nach Osten mit 3,0 %.

Das Quergefälle des Querschnittes ist dachförmig ausgebildet und beträgt konstant 2,5 %.

Die Streckenachse der Autobahn verläuft unterhalb des geplanten Bauwerkes in einem Übergangsbogen mit einem konstanten Längsgefälle von 3,2 % in Richtung Erfurt, die der Neubaustrecke im Grundriß in einem Radius $r = 4.500$ m und im Aufriß mit einem konstanten Längsgefälle von 1,7046 % in Richtung Norden. Der Abstand der beiden Trassen beträgt ca. 46,50 m.

Der Querschnitt der K 6 entspricht im Brückenbereich einem RQ 9 nach RAS-Q. Es ergibt sich somit eine Fahrbahnbreite von $2 \times 3,25$ m und eine Gesamtbreite zwischen den Geländern von 10,00 m.

Zur Überführung der Kreisstraße wird ein 102 m langes Brückenbauwerk ausgeführt, das aus zwei parabelförmigen Bögen mit aufgeständerter Fahrbahn sowie je einem Feld zwischen den Bögen und vor den Widerlagern besteht.

Als Gründungsempfehlung weist das Baugrundgutachten für Widerlager und Pfeiler eine Flachgründung aus.

2.1 Überbau

Der Überbau ist als durchlaufende Vollplattenkonstruktion mit schlaffer Bewehrung ausgeführt.

Für die Schalung der Plattenuntersicht sowie der Seiten wurden glatte Schaltafeln als Kontrast zu der senkrecht zur Brückenachse angeordneten rauhen Brettschalung der Kragplatten verwendet. Die Schaltafelfugen wurden bei einem Schaltafelmaß von 2,50 m auf die vorhandenen Stützweiten angepaßt.

Der Überbau ist in Beton B 35 ausgeführt und konnte auf einem bodengestützten Lehrgerüst hergestellt werden.

Aufgrund seines Dachgefälles wird der Überbau an beiden Fahrbahnrändern über Brückenabläufe gemäß der Richtzeichnung WAS 1 entwässert. Das Wasser wird über Querleitungen DN 150 im Überbau in die in einer Aussparung der Platte bzw. in Schutzrohren DN 250 (Einspannung der Wandscheiben im Überbau) verlaufenden Längsleitung DN 150 (analog WAS 14) geführt. Die Längsleitungen sind an den Widerlagern und der Wandscheibe Achse 50 durch elastische Rohrverbindungen (Dilatationsteile) an die Falleitungen angeschlossen, die in vor den Widerlagern bzw. in der Böschung liegenden Revisionsschächten münden. Von dort wird das anfallende Wasser über Rauhbettmulden in die parallel zur BAB und NBS verlaufenden Entwässerungsmulden eingeleitet.

Die Auflagerbänke der Widerlager werden mittels Halbschalen DN 100 und seitlichem Austritt durch die Widerlagerwand entwässert.

Die Ausbildung der Kappen erfolgte analog Richtzeichnung KAP 1. Die Gesimsaußenseiten wurden jedoch aus gestalterischen Gründen mit 15,48° geneigt. Für alle Gesimskappen kam zum Schutz gegen Tausalze Beton B25 LP mit hohem Frost- und Tausalzwiderstand nach DIN 1045 zur Anwendung. Die Kappen wurden in glatter Schalung mit Strukturfugen in Verlängerung der Geländerpfosten ausgeführt.

2.2 Gründung/Unterbauten

Die Gründung der Widerlager konnte flach in der Felsentfestigungszone ca. 5–6 m unter GOK (WL West) bzw. im Terrassenkies in 4–5 m unter GOK (WL Ost) erfolgen. Aus konstruktiven Gründen wurde jedoch auch am östlichen Widerlager in der Felsentfestigungszone ca. 6,50 m unter GOK gegründet.

Die Kämpferfundamente der Bögen wurden ebenfalls in der Felsentfestigungszone gegründet (NBS ca. 12,00 m/BAB ca. 16,00 m unter GOK). Die Einbindetiefen der Kämpfer in die Einschnittsböschungen von ca. 4,00 m (BAB) und ca. 3,00 m (NBS) sind so gewählt, daß die auftretenden Horizontalkräfte über Sohlreibung und Erdwiderstand abgetragen werden.

Die Bögen wurden als an den Kämpferpunkten eingespannte Stahlbetonbögen ausgeführt. Der Querschnitt der Bögen orientiert sich in seiner Breite von 5,40 m an der Unterkante der Fahrbahnplatte.

Der 44 m weit gespannte, parabelförmige BAB-Bogen hat einen Bogenstich von $f = 12,52$ m. Am Scheitel hat der Bogen eine Dicke von 80 cm, am Kämpfer von ca. 1,20 m. Im Scheitelbereich wurde der Bogen mit dem Überbau durch einen von der Vorderkante des Bogens um 10 cm zurückgesetzten Betonkern auf einer Länge von 8,00 m verbunden.

Als Aufständerung für die Fahrbahnplatte dienen je zwei in den Kämpfern und im Bogen eingespannte Wandscheiben mit einer Dicke von 80 bzw. 60 cm. Die Bogenständer sind in Analogie zur Scheitelverschmelzung ebenfalls um 10 cm von der Vorderkante des Bogens eingerückt, während die Wandscheiben der Kämpfer mit 5,40 m das Maß der Plattenunterkante aufnehmen.

Der parabelförmige NBS-Bogen hat bei einer Spannweite von 28 m einen Bogenstich von $f = 9,24$ m. Die Dicke des Bogens beträgt an den Kämpfern ca. 1,00 m und am Scheitel ca. 60 cm. Um die Begehbarkeit und somit die Auswechslung der im Bogenstich angeordneten Lager zu ermöglichen, wurde in Bogenachse auf eine Länge von ca. 4,80 m eine Wartungsöffnung von 0,76 m × 0,20 m in den Bogen eingeschnitten. Aus optischen Gründen wurde eine Verblendung der Lager mittels 6,00 m langer Betonscheiben, d = 30 cm, vorgesehen.

Die Fahrbahnplatte ist auf zwei in den Kämpfern eingespannten Wandscheiben mit einer Dicke von 80 cm und einer Breite von 5,40 m aufgeständert.

Für die Herstellung der Bögen, Wandscheiben und Scheitelverschmelzung ist Beton B 35 sowie glatte Schalung verwendet worden.

Die schiefen Widerlager sind als Kastenwiderlager ohne Wartungsgang ausgebildet. Aus gestalterischen Gründen sind die Widerlager zur Minimierung ihrer Ansichtsflächen in die Böschungen

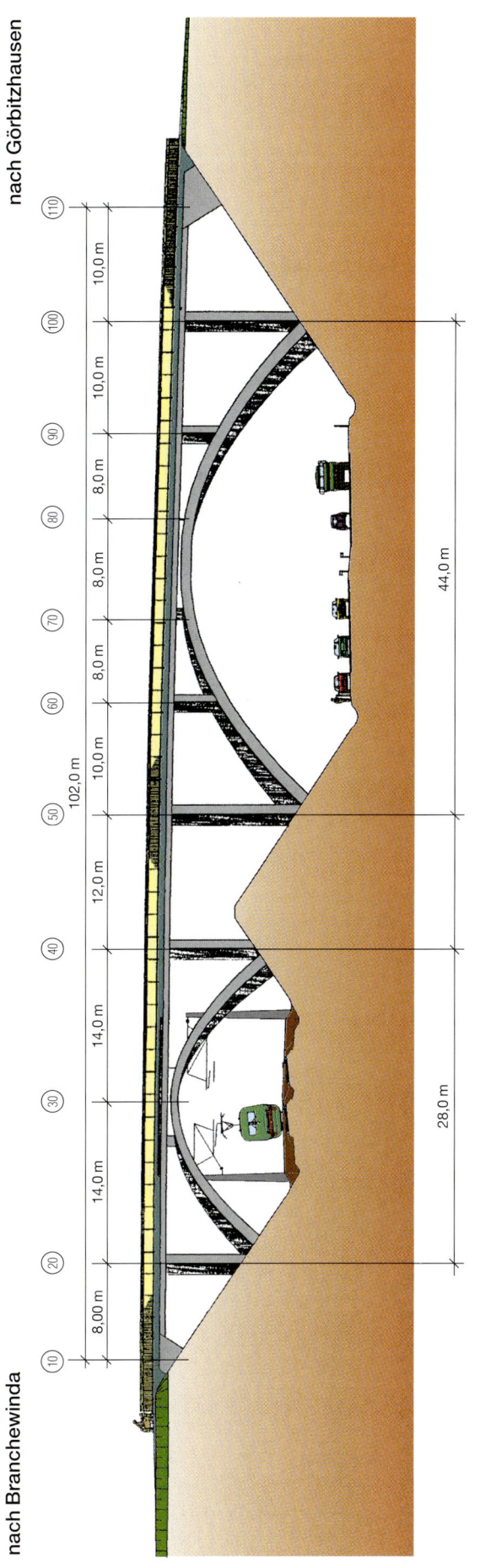

Ansicht

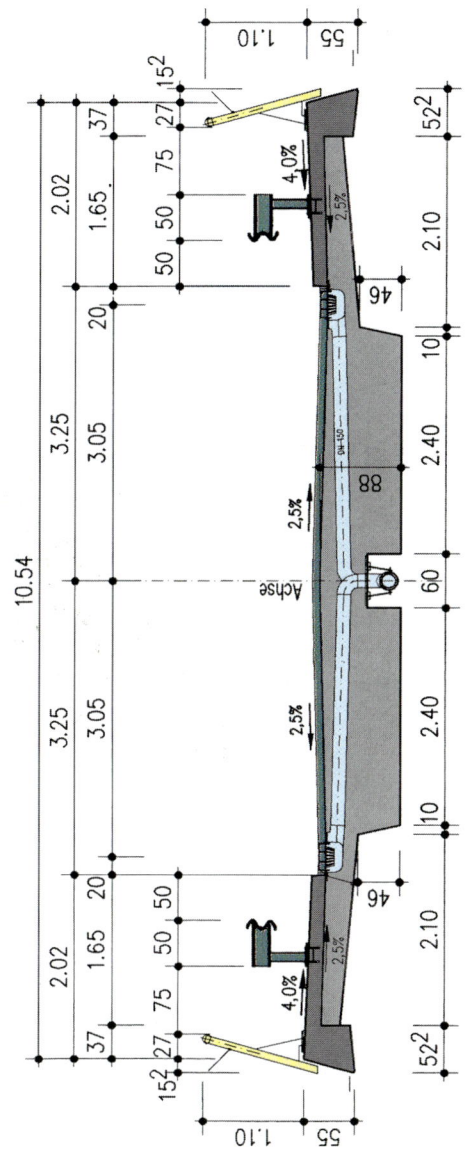

Querschnitt

Verkehrsprojekt Deutsche Einheit Nr. 16 A 71 Erfurt–Schweinfurt Freistaat Thüringen	unten: A 71, NBS Ebens- feld–Erfurt	Baujahr: 1997–1998 Bauzeit: 12 Monate	Bauweise: Stahlbeton Massivbauweise
Entwurfsbearbeitung: Obermeyer Planen u. Beraten, München	Bauwerks-Nr.: BW 5312/02	Kosten (Mio. DM): 2,65	Kosten (DM/m²): 2.600,00
Prüfingenieur: Büro Prof. Dr.-Ing. G. Scholz, Weimar	Baugrundgutachter: Arcadis Trischler + Partner, Erfurt		
Bauausführung: Herms Schmidt Betonbau GmbH, Saalfeld	Ausführungsplanung: Ingenieurgesellschaft Maly + Huber, München		
	Bauüberwachung: INVER-Ing.-Büro für Verkehrsanlagen GmbH, Erfurt		

Die Bögen wurden mittels bodengestützter Lehrgerüste erstellt.

Beinahe filigran wirkt das fertige Bauwerk mit den beiden Bögen über die NBS der DB AG und der A 71 (im Vordergrund).

des BAB- bzw. NBS-Einschnittes zurückgesetzt. Zur besseren Einbindung der Widerlager in die Böschung sind die Widerlagervorderseiten senkrecht auf die Böschung gestellt.

Die Strukturierung der Ansichtsflächen erfolgte durch sägeraue Brettschalung und deren Anordnung senkrecht zur Böschung bzw. deren parallelen Verlauf zur geneigten Vorderkante an den Flügelseiten. Die Unterkanten der Flügelauskragungen wurden mit einer Brettschalung quer zur Längsachse versehen.

Widerlager und Flügel sind in Beton B 25 ausgeführt.

2.3 Überbau

2.3.1 Lager/Fahrbahnübergänge

Die Lagerung des Überbaus erfolgt im Bereich des NBS-Bogenscheitels und der Widerlager auf allseits verschieblichen Verformungslagern analog LAG 9. Weitere Lager sind aufgrund der Betonverbindungen bei den Bogenständern nicht erforderlich.

Zum Auswechseln der Lager können sowohl bei den Widerlagern als auch auf dem Bogenscheitel neben den Lagern Pressen auf der Auflagerbank bzw. dem Bogen angesetzt werden.

An den Widerlagern sind Übergangskonstruktionen gemäß ÜBE 1 eingebaut. Die vorhandenen Dehnwege von ca. 20 mm machten an beiden Widerlagern die Anordnung eines einfaltigen Fahrbahnübergangs erforderlich.

2.3.2 Ausstattung

Als Absturzsicherung wurden Distanzschutzplanken gem. Spl 1 auf den Kappen verankert.

Die Füllstabgeländer gem. Gel 4 sind mit einem Handlauf analog Gel 10 ausgebildet. Aus gestalterischen Gründen ist das Geländer entsprechend den Gesimsaußenkanten 15,48° nach innen geneigt.

3. Bauausführung

Der Zuschlag zur Bauausführung der Straßenüberführung der K 6 von Branchewinda nach Görbitzhausen wurde im Ergebnis einer öffentlichen Ausschreibung erteilt. Die durch die Baumaßnahme unterbrochene K 6 wurde während der Bauzeit weiträumig über die L 2150 umgeleitet.

Alle Baugruben konnten mit einer Neigung von 60° frei geböscht werden. Auf Grund der Wasser- und Witterungsempfindlichkeit der Ton- und Schluffsteine waren alle Gründungssohlen unverzüglich nach Fertigstellung zum Verwitterungsschutz mit einer 10 cm dicken Unterbetonschicht B 10 zu versiegeln.

Zur Vermeidung von Staunässe sowie zum Erzielen von Kraftschluß wurden die Arbeitsräume nach Herstellung der Kämpfer-

fundamente (Achsen 20, 40, 50 und 100) mit Magerbeton kraftschlüssig zum Gebirge verfüllt.

Die Bögen wurden mittels bodengestützter Lehrgerüste erstellt. Auf einer Versuchsfläche von ca. 2,75 m × 6,00 m wurde eine wasserabführende Schalungsbahn (Filterfließ) unterhalb eines Deckelfeldes der Bogenschalung angeordnet, um Lunkerbildung zu vermeiden. Der Versuch war erfolgreich.

Der Belagsaufbau im Fahrbahnbereich und die Abdichtung unter der Kappe erfolgten nach Richtzeichnung DICHT 3 in Verbindung mit den ZTV-BEL-B 1/87 (Dichtungsschicht mit einer Bitumenschweißbahn).

Die Bauarbeiten wurden planmäßig in der Zeit vom 16. 06. 97 bis 30. 06. 98 ausgeführt.

4. Technische Daten

Länge:	102 m
Bogenstützweiten:	28,0 bzw. 44,0 m
Einzelstützweiten-Überbau:	8,0 m – (2×) 14,0 m – 12,0 m – 10,0 m – (3×) 8,0 m – (2×) 10,0 m
Breite:	10,0 m (zwischen den Geländern)
Fläche:	1.020 m²
Konstruktionshöhe:	0,88 m (Überbau)
Lichte Höhe:	Bogen der A 71 im Scheitel ca. 13,50 m
Überbaubauweise:	durchlaufende Vollplattenkonstruktion
Herstellungsverfahren:	bodengestützte Lehrgerüste (Bögen)

5. Planungsübersicht

Juni 1997	Baubeginn
Juni 1998	Fertigstellung

Die Kammquerung des Thüringer Waldes

Aufgabenstellung

Bei der Linienplanung der A 71/A 73 (Verkehrsprojekt Deutsche Einheit Nr. 16) wurde eine Vielzahl von Varianten untersucht. Ziel dieses aufwendigen Prozesses war es, die Linie herauszuarbeiten, die einerseits den größten verkehrlichen Nutzen (Erschließung, Erreichbarkeit, Entlastung) bietet und gleichzeitig die unvermeidbaren Eingriffe in die Umwelt so gering wie möglich hält.

Insbesondere im Bereich der Kammquerung des Thüringer Waldes wurde bei der Festlegung des Trassenverlaufs den Forderungen des Natur- und Landschaftsschutzes in besonderer Weise Rechnung getragen. So führen von der 19,6 km langen Strecke zwischen der Anschlußstelle Geraberg und dem Autobahndreieck Suhl (A 71/A 73) nicht weniger als 12,6 km durch vier Tunnel, nämlich:

- Alte Burg (874 m)
- Rennsteig (7.916 m)
- Hochwald (1.058 m)
- Berg Bock (2.740 m)

wobei der Tunnel Rennsteig mit rund 7,9 km Länge der längste Straßentunnel Deutschlands ist. Die Bauwerke wurden zwischen 2001 und 2003 fertiggestellt.

Eine weitere Konsequenz dieser gewählten Linienführung ist der Bau mehrerer Großbrücken. Die ingenieur- und bautechnischen, ästhetischen und umweltrelevanten Anforderungen an diese Bauwerke sind außerordentlich hoch und stellen für Ingenieure, Architekten und Bauleute eine ganz besondere Herausforderung dar.

Die dichte Aufeinanderfolge unterschiedlicher Ingenieurbauwerke und die sehr langen Tunnelstrecken (insgesamt 12,6 km × 2 Röhren = 25,2 km) mit einem Ausbruchvolumen von ca. 2,4 Mio. m^3 brachten neben einer Vielzahl technischer Herausforderungen auch besondere logistische Probleme mit sich. Um den Massenausgleich zu bewerkstelligen, wurde ein weiträumig wirksames Logistik-Konzept in Verbindung mit einem Rahmenbauzeitplan erarbeitet. Damit wurde gewährleistet, daß der Wiedereinbau der (zum großen Teil aufbereiteten) Ausbruchmassen als Dammbau- und Frostschutzmaterial bzw. als Zuschlagstoffe in die Trasse der A 71 möglichst ohne wesentliche Inanspruchnahme von Zwischendeponien erfolgte.

Um Behinderungen, zusätzliche Verkehrsbelastungen und Verschmutzungen durch Baufahrzeuge auf den Bundes- und Landesstraßen und insbesondere in den Ortsdurchfahrten möglichst gering zu halten, wurden die Erdstoffmassen überwiegend auf der Trasse der späteren Autobahn transportiert. In diesem Zusammenhang gewinnt die frühzeitige Fertigstellung der drei Großbrücken der Kammquerung eine zusätzliche Bedeutung.

Talbrücke
Schwarzbachtal

1. Bauwerksentwurf

Bei Arlesberg überquert das Bauwerk den Schwarzbach und einen Wirtschaftsweg, die in ihrer jetzigen Lage verbleiben. Unmittelbar an das Westportal des Tunnels Alte Burg schließt das Ostwiderlager der Talbrücke Schwarzbachtal an, und nur wenige Meter hinter dem Westwiderlager beginnt bereits die Talbrücke Wilde Gera. Da am Tunnel der Achsabstand zwischen den Fahrbahnen 25 m, an der Talbrücke über die „Wilde Gera" jedoch nur 11 m beträgt, wurden die Fahrbahnachsen im Bereich der Schwarzbachtalbrücke in einem variablen Abstand von ca. 16 m bis 23 m trassiert, so daß die Überbauten nicht parallel sind. Als statisches System wurde ein Durchlaufträger über acht Felder mit max. Stützweiten von 47 m gewählt.

Die A 71 wird durchgängig vierstreifig mit einem Regelquerschnitt von RQ 26 gebaut. Für den Brückenbereich ergibt sich eine Fahrbahnbreite von je 10 m. Je Richtungsfahrbahn gibt es zwei Fahrstreifen und einen Standstreifen. Mit einer Kappenbreite von 2 m auf der Innenseite und auf der Außenseite ist jeder Überbau zwischen den Geländern konstant 13,50 m breit. Der maximale Abstand zwischen Gradiente und Talgrund beträgt etwa 71 m.

Im Brückenbereich ist die Streckenachse der Autobahn mit dem Klothoidenparameter A = 2021,715 und dem Radius R = 5.200 m trassiert, wobei die Fahrbahnachsen im Bereich der Brücke konstante Radien von 4.240 m bzw. 4.400 m haben.

Die Gradienten der beiden Fahrbahnachsen der Autobahn liegen im Bauwerksbereich in einem konstanten Längsgefälle von ca. 2,56 %. Das Quergefälle beträgt 2,5 % und ist, wenn man beide Richtungsfahrbahnen im Querschnitt betrachtet, als Dachgefälle ausgebildet.

2. Bauwerksgestaltung

2.1 Unterbauten

2.1.1 Gründung

Die Pfeiler und Widerlager sind auf Felsgestein flachgegründet. Aufgrund der steilen Geländegeometrie wurden die Baugruben der Pfeiler und Widerlagerfundamente mit Felsnägeln und Spritz-

beton gesichert. In der Achse 20 des südlichen Überbaus war für die planmäßige Fertigung der Fundamentsohle zusätzlich eine Auffüllung des Felshorizontes mit Ortbeton erforderlich.

2.1.2 Widerlager

Die Widerlager wurden als begehbare Kastenwiderlager rechtwinklig zur Fahrbahnachse errichtet. Im Gegensatz zur Ostseite wurden die Widerlager auf der Westseite der Brücke aufgrund der Hanggeometrie versetzt zueinander gebaut. Sie sind mit einer Winkelstützwand miteinander verbunden.

Zur ausgewogenen Schlankheit der Gesamtkonstruktion trägt bei, daß die Widerlager der Topographie optimal angepaßt sind. Die lichte Höhe zwischen Unterkante Überbau und der Widerlagerberme beträgt am Ostwiderlager (unmittelbar vor dem Tunnel Alte Burg) nur ca. 1,90 m. Im Bereich der versetzten Widerlager erhöht sich dieser Abstand auf ca. 4,50 m (Übergang in den Dammbereich). Die Zugänglichkeit wird durch beiderseits der Parallelflügel angeordnete Böschungstreppen erleichtert.

2.1.3 Pfeiler

Die bis zu 65 m hohen Pfeiler setzen sich aus jeweils zwei Einzelstützen zusammen, die über Querriegel miteinander verbunden sind. Durch die Auflösung der Pfeiler auf das technisch erforderliche Minimum wirkt das gesamte Bauwerk außerordentlich schlank und durchlässig. Die Querriegel sind insbesondere im Sockelbereich eine statische Notwendigkeit. Indem sie in der Höhe harmonisch abgestuft sind, übernehmen sie gleichzeitig eine gestalterische Funktion und tragen mit zur Gesamtästhetik des Bauwerks bei. Jeder Überbau ruht auf sechs bzw. sieben solcher Pfeilerpaare. Über seine Höhe verjüngt sich jeder Pfeiler mit einem Anzug von 70 : 1.

2.2 Überbauten

Aufgrund der besonderen Lage des Bauwerks sind die beiden Überbauten unterschiedlich lang: 352 m auf der Nordseite (Richtungsfahrbahn Schweinfurt) und 322 m auf der Südseite (Richtungsfahrbahn Erfurt). Die Überbauten der Richtungsfahrbahnen werden als in Längsrichtung beschränkt vorgespannte, einzellige, durchlaufende Hohlkastenquerschnitte mit Kragarmen ausgeführt. Die Breite zwischen den Geländern beträgt je 13,50 m, wobei auf den Außenseiten 1,10 m hohe Holmgeländer, auf den Innenseiten 1,80 m hohe vertikale Absturzsicherungen (mit integriertem Handlauf) angeordnet sind. Die Bauhöhe jedes Überbaus beträgt 3,25 m. Die Überbauten sind statisch als Durchlaufträger über jeweils 8 Felder mit einer max. Feldlänge von 47 m (Überbau Nord) bzw. 45 m (Überbau Süd) konzipiert.

3. Bauausführung

3.1 Überbauten

Die Herstellung der beiden Überbauten erfolgte – vom westlichen Widerlager aus beginnend – im Taktschiebeverfahren, jedoch nicht parallel, sondern zulaufend. Die in Mischbauweise vorgespannten Hohlkästen wurden während der Bauphase mit im Verbund liegenden Primärspanngliedern in Fahrbahn- und Boden-

Die Überbauten ruhen auf schlanken, bis zu 65 m hohen Pfeilern.

platte vorgespannt. Nach dem Verschub in die Endlage wurden die Überbauten mit zwei extern geführten Sekundärspanngliedern je Stegseite, die jeweils in Feldmitte über Umlenkpunkte und im Bereich der Stützquerträger umgelenkt werden, im Hohlkasteninneren vorgespannt.

Durch das Vorhalten von zusätzlichen Ankerplätzen und Aussparungen in den Umlenkpunkten können zu den max. 200 m langen Spanngliedern mit einer Vorspannung von ungefähr 3 MN je Spannglied zu einem späteren Zeitpunkt jeweils zwei weitere Vorsorge-Spannglieder je Stegseite (als Maßnahme zur Verstärkung und Instandsetzung) eingezogen und vorgespannt werden.

3.1.1 Lagerung

Die Lagerung des Überbaus erfolgt je Achse auf den im Grundriß 1,5 × 2,5 m großen Pfeilerköpfen. Im Bereich der Widerlagerachsen wird der Überbau auf Verformungsgleitlagern, im Bereich der Pfeilerachsen auf Elastomerlagern gelagert. Durch eine Abstufung der Elastomerdicken wird eine annähernd gleichmäßige Lastverteilung auf die einzelnen Pfeilerachsen realisiert (Elastische Lagerung).

Durch abdeckbare Durchstiegsöffnungen in den Querträgern der Überbauten über den Pfeilern sind die Besichtigungsplateaus in den Pfeilerköpfen über Leitern zur Überwachung, Prüfung und Erhaltung der Lager erreichbar. Die Durchstiegsöffnungen wurden so dimensioniert, daß Lager und Pressen auch über diesen Weg an den Einbauort transportiert werden können. Diesem Zweck dienen auch die Ankerschienen, die über jeder Öffnung die Anbringung eines Lasthakens erlauben.

Herstellung der Überbauten im Taktschiebeverfahren. Vorbauschnabel am Verschubanfang.

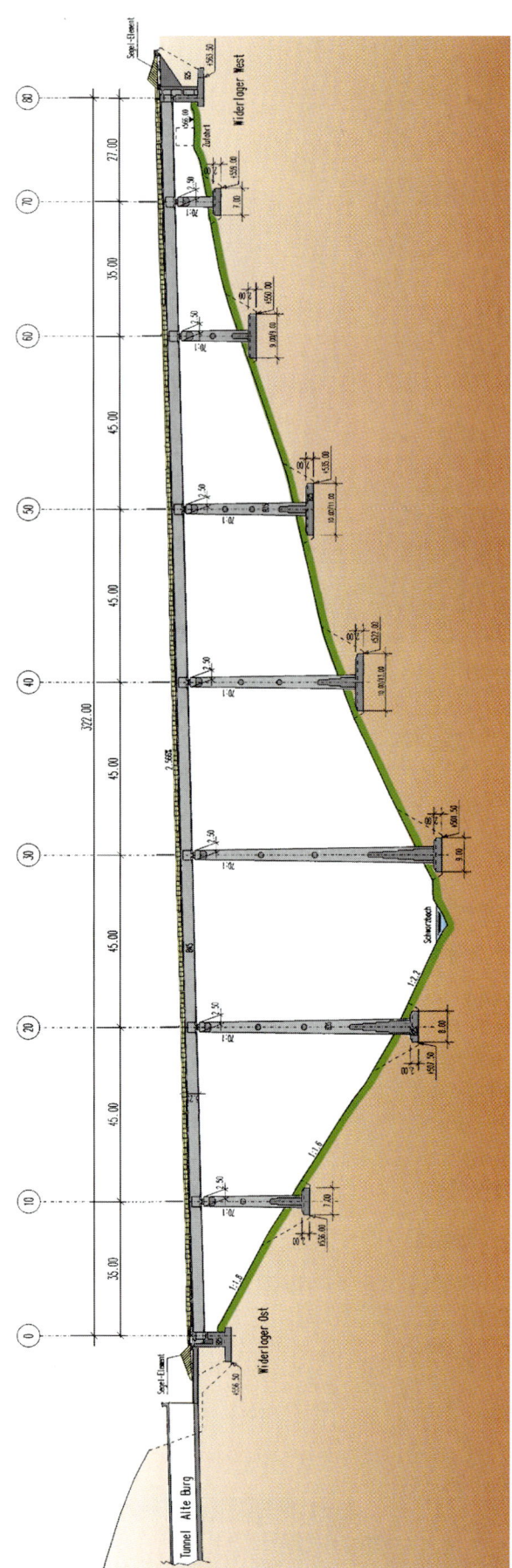

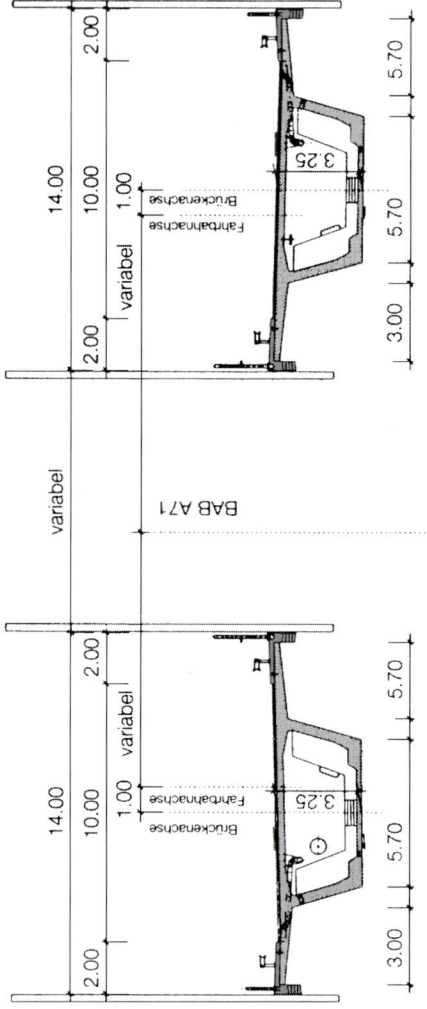

Längsschnitt

Querschnitt

Verkehrsprojekt Deutsche Einheit Nr. 16 A 71 Erfurt–Schweinfurt Freistaat Thüringen		unten: Schwarzbach	Baujahr: 1997–1999 Bauzeit: 23 Monate	Bauweise: Spannbeton-Hohlkasten
Entwurfsbearbeitung: Ingenieurgemeinschaft Eriksen, Hannover		Bauwerks-Nr.: 5315/04	Kosten (Mio. DM): 21	Kosten (DM/m²): 2.300
Gestalterische Beratung: Schüler, Schüler-Witte, Berlin		Bauausführung: J. G. Müller mbH, Wetzlar		
Prüfingenieur: Prof. Eibl + Partner, Dresden		Ausführungsplanung und Verfassung Sondervorschlag: Kinkel + Partner, Neu Isenburg		
Bauüberwachung: Prof. Bechert + Partner, Schleiz-Gräfenwarth				

Markante Gestaltungselemente auf der Brücke sind die grünen Fächer und Geländer. Im Hintergrund: der Tunnel Alte Burg.

Durch die Auflösung der Pfeiler wirkt das gesamte Bauwerk außerordentlich schlank und durchlässig.

4.   Technische Daten

Länge:	352 m (Überbau Nord)
	322 m (Überbau Süd)
Stützweiten:	35 m + (6 ×) 47 m + 35 m = 352 m
	35 m + (5 ×) 45 m + 35 m + 27 m = 322 m
Breite:	2 × 13,50 m zwischen den Geländern
Fläche:	9.099 m²
Bauhöhe:	3,25 m
Höhe max. über Tal:	71 m
Überbau-bauweise:	Spannbeton-Hohlkasten mit externer Vorspannung
Beton:	ca. 8.750 m³
Betonstahl:	ca. 1.400 t
Spannstahl:	ca. 225 t
Herstellungs-verfahren:	Taktschiebeverfahren

5.   Planungsübersicht

Sommer '91	Beginn der Planungen (A 71/A 73 insgesamt)
September '92	Übernahme des Planungsauftrages durch DEGES
August '93	Vorliegen des Variantenvergleichs, Auswahl der Vorzugsvariante
April '94	Abschluß des Raumordnungsverfahrens für die A 71/A 73
Mai '95	Linienbestimmung durch das BMV
Juli '95	Bauwerksplanung Talbrücke Schwarzbachtal
Juli '97	Plangenehmigung erteilt
September '97	Vergabe
Oktober '97	Baubeginn
Herbst '99	Fertigstellung

Das Bauwerk im Sommer 1999 in Blickrichtung Westportal Tunnel Alte Burg.

Talbrücke
Wilde Gera

1.   Bauwerksentwurf

Bei der Entwurfsplanung für dieses Bauwerk ging es vor allem darum, das tief eingekerbte Tal der Wilden Gera, in dem neben dem Bach die Landesstraße L 2149 und die Bahnstrecke Zella-Mehlis – Gräfenroda verlaufen, möglichst von Pfeilern freizuhalten. Ein weiteres wichtiges Kriterium war die Trassenführung von ca. 110 m über dem Talgrund.

Daraus entwickelte sich als Vorzugsvariante zunächst eine parallelgurtige Balkenbrücke im Talfeld mit linear veränderlichen Steghöhen in den Randfeldern. Die Konstruktionshöhe des Überbaus nahm dabei von 5,0 m im Talfeld auf 4,0 m bzw. 3,79 m zu den Widerlagern hin ab. Die Stützweiten sollten 90 m – 108 m – 114 m – 102 m – 78 m – 60 m = 552 m betragen.

Variantenuntersuchungen mit zweiteiligen Überbauten ergaben aufgrund der Höhe von 110 m über Tal gestalterisch unbefriedigende Lösungen. Allerdings ist seit Anfang der 80er Jahre festgelegt, daß bei zweibahnigen Straßen grundsätzlich getrennte Überbauten vorzusehen sind, um bei größeren Instandsetzungsarbeiten eine Fahrbahn sperren und den Verkehr auf die Gegenfahrbahn leiten zu können. Bei hohen Brücken ergeben sich neben den Kosten der daraus resultierenden doppelten Unterbauten vor allem die erwähnten gestalterischen Nachteile. Ein reiner Stahlüberbau mit einteiligem Querschnitt wurde aufgrund der exponierten Lage (erhöhte Gefahr von Glatteisbildung) ausgeschlossen.

Beim Entwurf der Talbrücke Wilde Gera wurde die Möglichkeit der Erneuerung einer Richtungsfahrbahn unter Aufrechterhaltung des Verkehrs bei einem einteiligen Überbau untersucht. Das Ergebnis war ein einteiliger zweizelliger Stahlverbundquerschnitt mit Schrägstreben unter den auskragenden Fahrbahnplatten. Der Querschnitt ist so konzipiert, daß das „Verschleißteil Betonfahrbahnplatte" abschnittsweise (ca. 15 m) erneuert werden kann, wobei der Verkehr auf der Gegenfahrbahn läuft.

1.1   Sondervorschlag

Schließlich wurde aus mehreren Varianten der Sondervorschlag Bogenbrücke ausgewählt, der sich nicht nur durch seine besonders ästhetische Gestaltung hervorhebt, sondern der durch den einteiligen Stahlverbundquerschnitt auch wirtschaftlich vernünftig erschien. Die Stützweite des Bogens zwischen den Kämpferpfeilern (Achse 3 und 9) beträgt (6×) 42 m = 252 m. Damit ist dies der Stahlbetonbogen mit der größten Stützweite in Deutschland. Diese Lösung bringt außerdem den Vorteil mit sich, daß im Bereich der vorhandenen Deponie im Talgrund keine Gründungsmaßnahmen erforderlich waren. Besondere Sicherungsmaßnahmen im Bereich des vorhandenen Bahndamms und der Landesstraße L 2149 entfielen ebenfalls.

Einige geometrische Randbedingungen des Amtsentwurfs wurden im Zuge des Sondervorschlags modifiziert:
1. Der Grundrißradius der Gradiente wurde im Bereich der Brücke auf R = 7.800 m verändert.
2. Das gesamte Bauwerk wurde um 3,0 m in westliche Richtung verschoben.
3. Die Stützweiten der Bogenbrücke betragen bei unveränderter Bauwerksgesamtlänge 30 m – 36 m – (10×) 42 m – 36 m – 30 m.

Die Gradiente der Autobahn bleibt unverändert und liegt im Bauwerksbereich in einer Geraden mit einer konstanten Steigung von 2,56 %. Das ebenfalls unveränderte Quergefälle ist als Dachprofil ausgebildet und neigt sich von der Mittel- zur Außenkappe um jeweils 2,5 %.

Bei einem Regelquerschnitt RQ 26 ergibt sich eine Fahrbahnbreite von 10,0 m je Richtungsfahrbahn für zwei Fahrstreifen und einem Standstreifen. Mit einer Mittelkappenbreite von 3,0 m und Außenkappenabmessungen von 2,0 m ergibt sich eine Gesamtbreite zwischen den Geländern von 26,5 m. Als kleinste lichte Höhe

zwischen Unterkante Überbau und Geländeoberkante ergibt sich an beiden Widerlagern ein Maß von 4,0 m, während der maximale Abstand zwischen Gradiente und Talgrund etwa 110 m beträgt.

2.   Bauwerksgestaltung

2.1   Unterbauten

2.1.1   Gründung

Die Widerlager und Pfeiler (Achsen 0 bis 3 und 9 bis 14) sind flach auf Fels gegründet und zum Teil in Brückenquerrichtung dem Felsverlauf entsprechend abgetreppt. Die Kämpferfundamente in den Achsen 3 und 9 sind bis zu 6 m dick und haben Grundrißabmessungen von 17,0 m × 14,5 m. Unterhalb dieser statisch angesetzten Fundamentabmessungen wurde in abgetreppter Form Unterbeton angeordnet. Die zulässige Sohlpressung beträgt für den vorliegenden Fels 800 kN/m² bei einer max. Kantenpressung von 1.000 kN/m² (zugehörige max. Eckpressung = 1.250 kN/m²).

2.1.2   Widerlager

Beide Widerlager wurden kastenförmig als Hohlkammern ausgebildet und sind über Stahltüren begehbar. Die vordere Widerlagerwand ist 0,5 m dick und weitet sich im Bereich der Lagerlinien zur Aufnahme der Lager und der Lagerpressen auf 2,0 m auf. Infolge der Hanglage werden die Geländesprünge vor dem westlichen Widerlager mit Schwergewichtsmauern aus Natursteinen gesichert. Die westliche Widerlagerauflage ist daher mit Außentreppen ausgestattet. Die Entwässerung im Flügelbereich erfolgt mittels Rauhbettgerinne. Die Flächen vor den Widerlagern wurden mit ungebundener Tragschicht befestigt.

Am Widerlager West wurde in der Rückwand unterhalb der Auflagerbank eine Arbeitsfuge angeordnet, da die Rückwand erst nach dem Einschieben des Stahltroges und dem Aufschieben der Betonfahrbahnplatte auf endgültige Höhe betoniert werden konnte.

Die Hanglage beeinflußt sowohl die Geometrie der Flügellängen als auch das Niveau der Gründungssohlen. Der südliche Parallelflügel des westlichen Widerlagers wird auf einer Länge von ca. 70 m als Winkelstützmauer fortgeführt, um den spitzwinkligen Hanganschnitt auszugleichen. Die Gründung verläuft – der Hangneigung entsprechend – treppenförmig, so daß die Wandhöhen zwischen Widerlager und Stützwandende zwischen 17 m und 2 m betragen. Indem die Schwergewichtsmauern, Außentreppen und Flächenbefestigungen einschließlich Entwässerungsanlage gestalterische Elemente übernehmen, fügen sich die Widerlager verhältnismäßig diskret in die Umgebung ein.

2.1.3   Pfeiler

Die Pfeilerabmessungen der rechteckigen Hohlkastenpfeiler betragen 2,5 m × 9,0 m beim Regelpfeiler und 3,5 m × 9,0 m beim Kämpferpfeiler. Die Wanddicke mißt 40 cm. Der Pfeilerkopf ist so dimensioniert, daß neben den Lagersockeln das beidseitige Aufstellen von hydraulischen Pressen zum Anheben des Überbaus möglich ist. Die Sichtflächen der Pfeiler werden glatt geschalt.

Bereits bei der Bauausführung wurde darauf geachtet, das Bauwerk „fledermaus-freundlich" zu gestalten. So erhielten alle Pfeiler an den Türöffnungen am oberen Abschluß einen Einflugschlitz von ca. 10 cm Höhe. Im Zutrittsbereich wurden die Widerlager und Hohlpfeiler mit Stein- bzw. Kiesschüttungen ausgestattet, um eine bessere Ultraschallübertragung zu gewährleisten.

2.1.4   Bogen

Als Bogenquerschnitt wurde ein 10,30 m breiter zweizelliger Hohlkasten mit Wanddicken zwischen 30 und 40 cm gewählt. Die Bauhöhe h = 5,50 m verringert sich vom Kämpferanschnitt zum Bogenscheitel hin um 2,2 m auf h = 3,30 m.

Der geometrische Verlauf der Bogenform ergibt sich aus der statischen Optimierung für den Endzustand. Die polygonzugförmige Bogenherstellung erfolgt von den Kämpferfundamenten in den Achsen 3 bzw. 9 in jeweils 24 Takten. Die Regellänge der Bogentakte beträgt ca. 6,0 m, die des Anfängers ca. 7,0 m. Für die nötige Stabilität in der Bauphase sorgten Abspannungen und Felsanker. Die Herstellung des Bogens erfolgte mit einem Abspannungssystem, das den jeweiligen Bauzustand besonders berücksichtigte. Die Einleitung der Rückhängekräfte der Bogenhälften wird mit Felsankern in den Achsen 1 und 2 (Ost) bzw. 10 und 11 (West) realisiert. Die Spannglieder der Abspannung erhielten weiße Hüllrohre, um den Temperatureinfluß zu begrenzen.

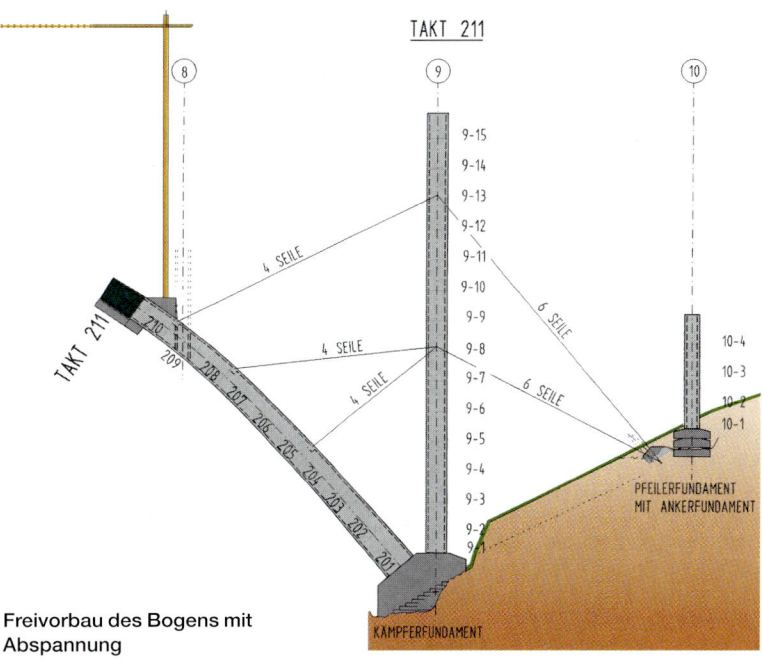

Freivorbau des Bogens mit Abspannung

2.2 Überbau

Der Brückenüberbau ist ein Verbundquerschnitt, bestehend aus einem trapezförmigen Stahltrog und seitlichen Fachwerkabstrebungen sowie der Betonfahrbahnplatte für beide Richtungsfahrbahnen mit einer Breite zwischen den Geländern von 26,50 m. Bereits bei der Ausführungsplanung wurde dabei ein Austausch des Verschleißteils Fahrbahnplatte unter halbseitigem Verkehr in Abschnitten von 15,0 m eingeplant. Der Stahlquerschnitt wurde vom Widerlager West aus abschnittweise eingeschoben. Anschließend wurde die Fahrbahnplatte mit Schalwagen hergestellt.

2.2.1 Lagerung

Der Überbau ruht je Lagerachse (Achsen 0–14) auf zwei Verformungslagern.

Feste Lager: Die festen Lager wurden in Achse 6 über dem Bogenscheitel angeordnet. Es handelt sich hierbei um zwei feste Verformungslager mit definiertem Lagerspiel (Festhaltekonstruktion).

Verformungsgleitlager (VG): Die Achsen 0 (WL), 11, 12, 13 und 14 (WL) erhielten Verformungsgleitlager mit Gleitteil, wobei jeweils auf einer Brückenseite die Lager in Querrichtung festgelegt sind (Ausnahme: Achse 13 mit zwei allseits beweglichen VG).

Verformungslager (V): Die Achsen 1–5 und 7–10 sind mit Verformungslagern ausgestattet, wobei jeweils auf einer Brückenseite die Lager in Querrichtung festgelegt sind (Ausnahme: Achse 1 mit zwei allseits beweglichen V).

3. Bauausführung

3.1 Überbau

3.1.1 Stahltrog

Die Überbausegmente wurden vom Stahlwerk Plauen mit Sondertransportern zur Baustelle gefahren. Infolge enger Ortsdurchfahrten mit eingeschränkten Höhen auf dem Streckenabschnitt im Thüringer Wald mußten die Montageeinheiten relativ klein gewählt werden. Die maximal mögliche Transportlänge betrug 24 m. Deshalb wurde die Stahlkonstruktion in Brückenachsen geteilt, so daß ca. 5,30 m breite, 3,35 m hohe und 21 m lange Brückenhälften entstanden. Die außenliegende Fachwerkkonstruktion wurde separat zur Baustelle transportiert. Durch diese Randbedingung seitens des Transports ergab sich eine Aufteilung des Stahlüberbaus (Gesamtlänge von 552 m) in 26 Schüsse. Jeder einzelne Schuß setzte sich aus je 2 halben Brückenkästen und der beidseitigen Fachwerkkonstruktion, bestehend aus den Schrägstreben, dem oben liegenden Zugband und dem Randlängsträger, zusammen.

Der Zusammenbau der einzelnen Montageteile erfolgte hinter dem Widerlager West. Um zu dieser Vormontagefläche zu gelangen, mußten die Schwerlastfahrzeuge auf dem Schlußstück mit den bis zu 45 t schweren Teilen Abschnitte mit bis zu 22 % Stei-

gung überwinden. Dies war nur durch den Einsatz von einer zweiten Zugmaschine möglich. Auf der 80 m langen Montagefläche – dem sogenannten Taktkeller – wurden jeweils drei Schüsse vormontiert bzw. vorgerichtet und vollständig miteinander verschweißt. Im Bereich der Montagestöße wurde unmittelbar nach den Schweißarbeiten der werkseitig aufgebrachte Korrosionsschutz ergänzt bzw. ausgebessert. Der letzte Deckanstrich erfolgte nach dem Betonieren der Fahrbahnplatte.

Nach der Fertigstellung eines Verschubtaktes von 3 × 21 m = 63 m wurde die Stahlkonstruktion mittels ca. 2 m langen Verschublagern über die Pfeiler hinweg eingeschoben. Um die Reibung der Verschiebezustände gering zu halten, wurde die Gleitpaarung PTFE und Edelstahl mit sehr geringer Rauhtiefe verwendet. Zum Ausgleich der Druckbiegung der Überbauspitze (ca. 425 mm aus Eigengewicht) beim Erreichen der Pfeiler wurden spezielle Hubeinrichtungen (mit Hydraulikzylindern) auf den Pfeilern eingesetzt. Da die Überbaukonstruktion talwärts (Gefälle ca. 2,5 %) glitt, wurden die Hangabtriebskräfte durch Rückhalteeinrichtungen kontrolliert abgeleitet. Nach Abschluß des Verschubvorganges wurde die Stahlkonstruktion festgelegt, d. h. gegen Verschieben gesichert.

Insgesamt waren neun Verschiebetakte erforderlich, die sich im Rhythmus von 2 bis 3 Wochen wiederholten, um den 552 m langen Stahltrog einzuschieben. Nachdem der Überbau die planmäßige Lage und Höhe erreicht hatte, wurden die Brückenlager eingebaut.

3.1.2 Fahrbahnplatte

Die Besonderheiten des Brückenquerschnitts der Talbrücke Wilde Gera setzen sich konsequent in der Fahrbahnplatte fort. Der einteilige Querschnitt für beide Richtungsbahnen bedingt eine Stahlbetonplatte von ca. 27 m Breite, die in Querrichtung fugenlos hergestellt wurde. Als Material wurde ein Beton der Festigkeitsklasse B 45 gewählt; die Platte ist sowohl in Brückenlängs- als auch in Brückenquerrichtung mit Betonstabstahl armiert.

In der Oberfläche folgt die Betonplatte dem Fahrbahnquerschnitt, d. h., es ist ein dachförmiges Gefälle von 2,5 % Neigung nach beiden Seiten ausgebildet. Die Dicke der Fahrbahnplatte wurde der Beanspruchung angepaßt, so daß Plattendicken zwischen 0,20 m am Kragarmende, 0,28 m als Regeldicke und 0,45 m über den Stegen des Hohlkastenträgers erforderlich wurden.

Die Fahrbahnplatte übernimmt in dreifacher Hinsicht statische Funktionen: Primär ist sie Bestandteil des Haupttragwerks in Brückenlängsrichtung. Da die Fahrbahnplatte über Kopfbolzendübel mit dem Stahlquerschnitt „vernäht" ist, beteiligt sie sich an der Abtragung der Biegemomente des Haupt-Tragsystems und erhält – je nach Länge in Feld oder über der Stütze – Druck oder Zugkräfte in Brückenlängsrichtung.

Zusätzlich erhält die Fahrbahnplatte Beanspruchungen in Brückenquerrichtung, die aus Eigengewichts- und Verkehrslasten resultieren. Die Platte trägt somit örtlich auftretende Lasten zu den Haupttragelementen der Stahlkonstruktion.

Da die Fahrbahnplatte außerdem noch mit dem Stahlquerzugband und den Stahlrandträger verbunden ist, wirkt sie auch hier über Verbund anteilig an der Kraftübertragung mit (Querrahmensteifigkeit).

Aufgrund dieser Multifunktion enthält die Fahrbahnplatte infolge sich überlagernder Lastfallkombinationen einen entsprechend hohen Bewehrungsgrad.

Nach Einschub des Stahltroges und Umsetzung des Überbaus auf seine endgültigen Lager wurde die Fahrbahnplatte „in situ" hergestellt. Hierzu wurden zwei Schalungseinheiten an den beiden Widerlagern aufgebaut, die zeitlich versetzt starteten, so daß sie etwa in Bogenmitte zusammentrafen. In Brückenlängsrichtung ist die Fahrbahnplatte in insgesamt 27 Betonierabschnitte unterteilt, deren maximale Länge 21 m, also 1/2 Feldlänge beträgt. Die Betonierabschnitte wurden so gegen die Feldlänge verschoben, daß die Arbeitsfugen nicht in Zonen maximaler Beanspruchung der Fahrbahnplatte fielen.

Eine Schalungseinheit bestand aus einem Schalwagen, der die beiden Kragarme während der Betonage unterstützte, und insgesamt 4 sogenannten „Schubladenschalungen", mit deren Hilfe die Felder innerhalb des Stahltroges und die beiden Felder zwischen Hohlkasten und äußerem Längsträger hergestellt wurden.

Bei dem Schalwagen handelte es sich um eine Stahlkonstruktion über die volle Brückenbreite, die ihre Lasten allein auf die äußeren Längsträger abgibt. Der Schalwagen war als Ganzes in Brückenlängsrichtung verfahrbar. In diesem Vorfahrzustand wurde das gesamte Schalwagengewicht über vier, jeweils am Ende der Längsträger angebrachte Schwerlastträger übertragen. In Betonierstellung wurde der Schalwagen jeweils im Abstand von 6 m, das heißt an den Knotenpunkten zwischen Zugband und Druckstrebe des Stahlüberbaus unterstützt.

Diese Unterstützung erfolgte über sogenannte „Stühlchen" und hydraulische Pressen, die ein höhenmäßiges Justieren und ein Absenken des gesamten Gerüstes ermöglichten. Zusätzlich hatte dieser Schalwagen noch die Funktion einer Arbeitsbühne für sämtliche außerhalb des Hohlkastens liegenden Brückenbereiche.

Die Schubladenschalungen wurden auf Konsolen gelagert und längsverzogen. Die Konsolen wurden für diesen Zweck speziell gefertigt und am Stahltragwerk bzw. an den Druckstreben befestigt und nach ihrem Einsatz wieder entfernt.

Für die Herstellung der Betonierabschnitte war ein Wochentakt vorgesehen.

3.2   Unterbau/Bogen

Die Herstellung des Bogens erfolgte in Einzeltakten im Freivorbau mit planmäßig vorgespannter Rückhängung. Hinsichtlich Statik bzw. Standsicherheit war die Einhaltung der geplanten Geometrie des Bogentragwerkes im Aufriß in engen Grenzen gefordert. Erschwerend kam für den Bogen hinzu, daß die Geometrie nicht nur hinsichtlich der höhenmäßigen Festlegung hergestellt werden mußte, sondern gleichzeitig die Einhaltung der zugehörigen horizontalen Lage erforderlich war.

3.3.   Meßprogramm

Aufgrund der besonderen Konstruktion des Bauwerks mußten bei der Herstellung alle Einflüsse, die relativ große Verformungen ergeben können, kontinuierlich überwacht werden. Ein detailliertes Meßprogramm protokollierte in jeder Phase des Baus solche Einflüsse, so daß – falls erforderlich – unmittelbar darauf reagiert werden konnte. Die Messungen bezogen sich vor allem auf:
• die Temperaturen in Seilen und den Massivbauteilen,
• die Einflüsse aus Temperaturgradienten in den Pfeilern – insbesondere wegen der großen Höhe der Podestabspannungen und der Pylone,

• die Höhenlage der Kämpferfundamente, um ggfs. Setzungen und Verdrehungen und deren Einfluß entsprechend berücksichtigen zu können.

Die Seiltemperatur wurde jeweils pro Takt gemessen und bei der Einstellung des neuen Taktes bzw. des Vorbauwagens berücksichtigt. Die Temperaturen der Massivbauteile hatten i. d. R. nur geringe Schwankungsbreiten und somit wenig Einfluß auf die Einstellungen für den neuen Takt.

In engem zeitlichem Zusammenhang wurden die Temperaturen und die Ist-Lage des zuletzt hergestellten Taktes ermittelt. Die Messungen erfolgten morgens gleich nach Sonnenaufgang, so daß auf mögliche Abweichungen unmittelbar reagiert werden konnte. Korrekturen konnten nur bei der Herstellung der neuen Takte vorgenommen werden.

Bogen
Für die Kontrolle der planmäßigen Bogengeometrie war die Aufnahme der Höhen ausreichend, die mit der für die vertikalen Anteile der Verformungen aufgetragenen Soll-Lage der Bauzustände verglichen wurde.
• Zur Kalibrierung der für die Statik angesetzten Steifigkeiten wurden für die ersten 4 Takte Ist-Aufnahmen einschl. Temperaturmessung durchgeführt.
• In der Regel werden Höhenaufnahmen jeweils an den Meßstellen der Taktfugen vorgenommen. Um größere Temperatureinflüsse bzw. Einflüsse auf die Lage infolge Temperatur zu vermeiden, wurde mit den Höhenmessungen an der jeweiligen Bogenspitze begonnen.

Die Meßpunkte wurden höhen- und lagenmäßig genau auf die Verbindungslinie der Absteckpunkte des oberen Randes der Taktfuge eingebaut. Die Höhenaufnahmen wurden an 3 in Richtung der Taktquerfuge angeordneten Meßpunkten durchgeführt, um die horizontale Lage bzw. die Verformungen in Querrichtung zu kontrollieren. Das Meßprogramm ging jedoch über die Aufnahmen für die einzelnen Bogentakte hinaus und protokollierte auch die an anderen wesentlichen Teilen des Bauwerks auftretenden Einflußgrößen – insbesondere in Bereichen der Einleitung großer Abspannkräfte an Bogen und Kämpferpfeilern.

Abspannungen
• Für die Einstellung der neu herzustellenden Takte mußte die Temperatur der jeweils letzten Abspannung gemessen werden. In der Regel sind diese Temperaturmessungen ausreichend bzw. repräsentativ für die restlichen Abspannungen.
• Zur Kontrolle von tatsächlich vorhandenen Vorspannungen in den Abspannungen wurden entsprechend der Arbeitsanweisung Prüfungen einzelner Spannglieder mittels Presse durchgeführt.

Kämpferpfeiler, Pylone
• Höhenaufnahmen von 4 Höhenbolzen protokollierten Gesamtsetzung und Verkippung.
• Unter Einsatz von mechanischen Pendeln, die zur Vermeidung von Winderregung im Pfeiler bzw. auf dem Stützkopf in Umhüllungen angeordnet sind (mit Öldämpfung im Bereich des Pendelgewichts), wurden die horizontalen Auslenkungen der Pylonspitzen bzw. der obersten Abspann-Podestebenen (vor der Montage der Pylone) in Richtung der Bogenebene festgestellt. Während das Pendel von Pylonenkopfebene bis Kämpferfundament in der Bogenachse die Gesamtlotabweichung zeigte, konnten mittels der in den linken und rechten Außenkanten der Pylone oberhalb der Pfeilerköpfe angeordneten kurzen Pendel unterschiedliche Horizontalbewegungen bzw. Verdrehungen der Pylonachse quer zur Bogenachse aufgemessen werden.

Rückverankerung/Erdanker
Mittels Höhen- und Lageaufnahmen von 3 Meßstellen je Ankerblock wurde in größeren zeitlichen Abständen die Lage kontrolliert. Wegen der vollen Überspannung der zu verankernden Lasten durften sich nur minimale Veränderungen ergeben.

Montagekonzept

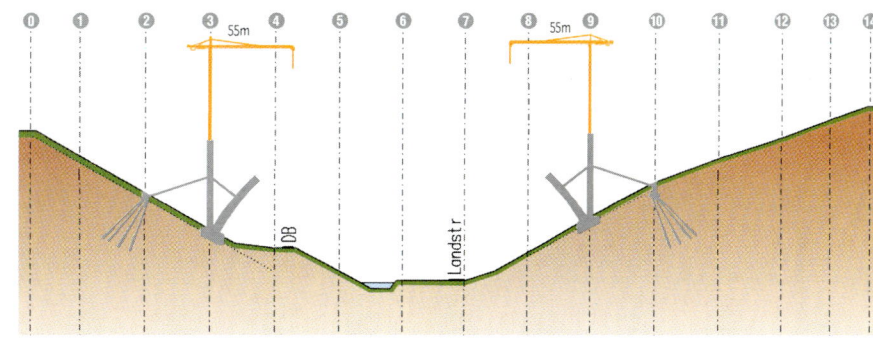

Phase 1:
Kämpfer (Fundamente) sowie die Pfeiler der Achsen 3 und 9 werden hergestellt. Danach beginnt der Freivorbau der Bogenhälften in 5-m-Abschnitten. Bei Achse 3 und 9 werden Turmkräne unten auf Fundamente gestellt.

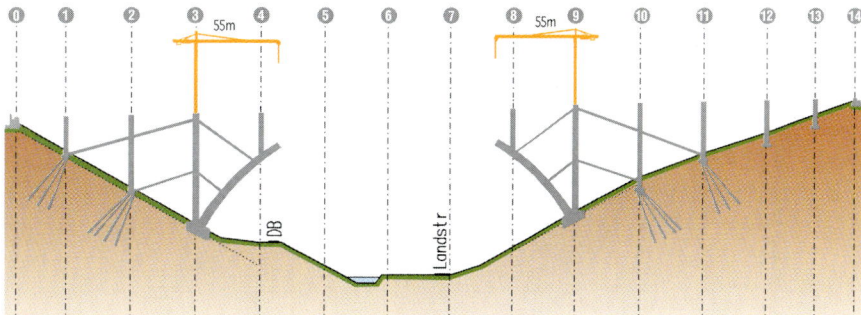

Phase 2:
Jeder 4. Bogentakt wird abgespannt. Parallel zum Bogen werden die Widerlager und übrigen Pfeiler hergestellt.

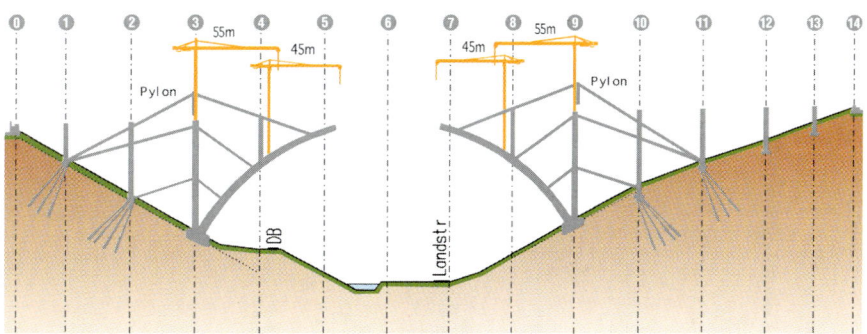

Phase 3:
Zwei weitere Turmkräne werden nach Achse 4 und 8 aufgestellt. Über Achse 3 und 9 entsteht ein Pylon zur Stabilisierung. Der Bogen wächst weiter bei Achse 5 und 7.

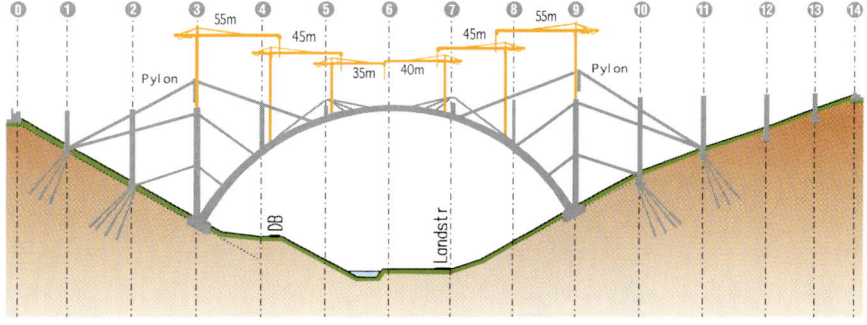

Phase 4:
Turmkräne nun auf der Achse 5 und 7. Der Bogen wird geschlossen.

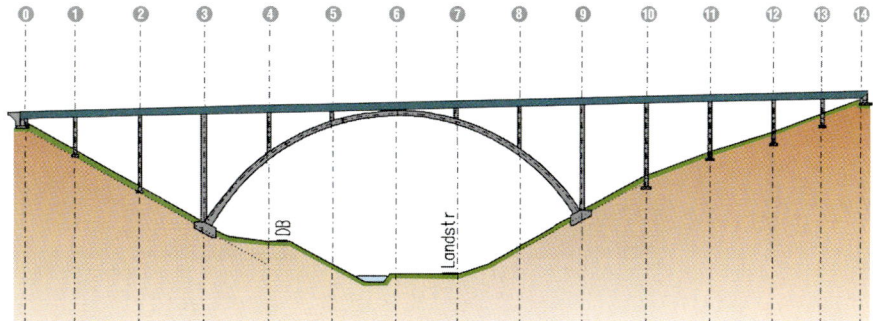

Phase 5:
Kräne und Pylone werden abgebaut. Die Stahlhohlkästen für die Überbauten werden abschnittsweise eingeschoben und verschweißt. Dann wird die Fahrbahnplatte mit Schalwagen betoniert.

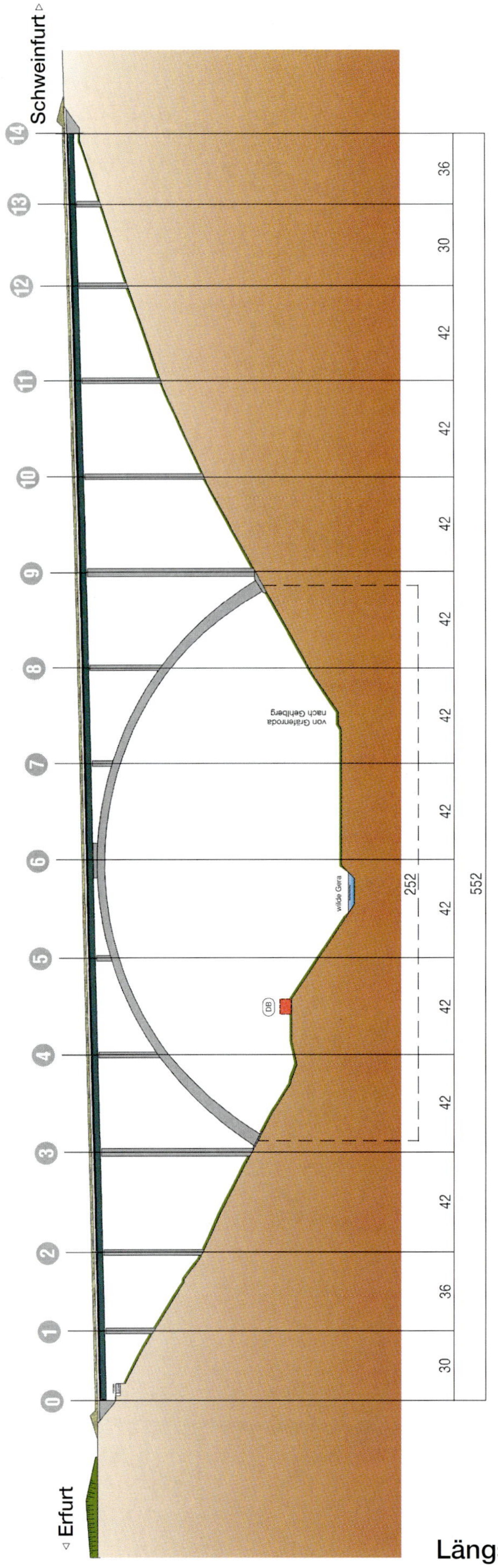

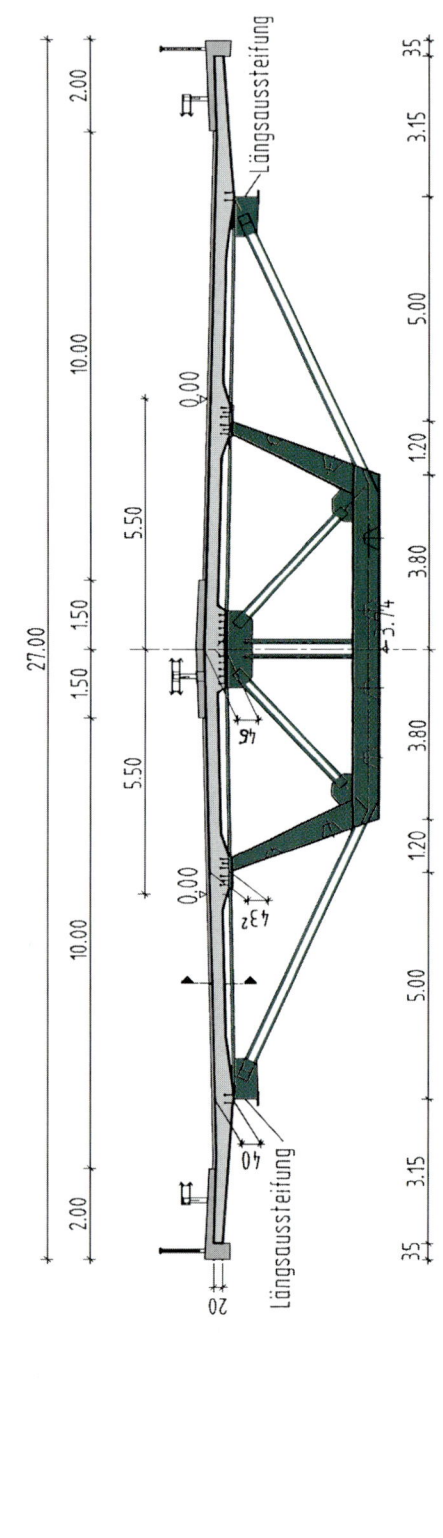

Schweinfurt
Erfurt
0
1
2
3
4
5
6
7
8
9
10
11
12
13
14
36
30
42
42
42
42
42
42
42
42
42
42
36
30
252
552
von Gräfenroda nach Gehlberg
Wilde Gera
DB

Längsschnitt

27.00
2.00
10.00
1.50
1.50
10.00
2.00
5.50
5.50
0.00
0.00
Längsaussteifung
Längsaussteifung
35
3.15
5.00
1.20
3.80
3.80
1.20
5.00
3.15
35
3.74
46
432
40
20

Querschnitt

Verkehrsprojekt Deutsche Einheit Nr. 16 A 71 Erfurt–Schweinfurt Freistaat Thüringen		unten: **Wilde Gera L 2149 Eisenbahn**	Baujahr: **1997–2000** Bauzeit: **30 Monate**	Bauweise: **Stahlbetonbogen mit Stahlverbundüberbau**
Entwurfsbearbeitung: **Ing.-Büro A. Schwarzmann, Nürnberg**		Bauwerks-Nr.: **5315/05**	Kosten (Mio. DM): **45,8**	Kosten (DM/m²): **3.100**
Unterbauten Tragwerksplanung: **Köhler + Seitz, Nürnberg**		Bauausführung: **Adam Hörnig GmbH & Co., Weimar**		
Prüfingenieur Unterbauten: **Dr.-Ing. Zichner, Frankfurt**		Ausführungsplanung und Verfassung Sonderentwurf: **Köhler + Seitz, Nürnberg Adam Hörnig GmbH & Co., Weimar**		
Überbau Tragwerksplanung: **Brückenbau Plauen, Dreieich Schmitt, Stumpf, Frühauf + Partner, München**		Bauüberwachung/Bauoberleitung: **Prof. Bechert + Partner, Schleiz-Gräfenwarth**		
Prüfingenieur Überbau **Dr. Ing. Haensel, Bochum † Prof. Dr.-Ing. Hanswille, Bochum**		Gestalterische Beratung: **Schüler, Schüler-Witte, Berlin**		

Einer der herausragenden Momente in der Baugeschichte war der Bogenschluß (links). Später wurde der Stahltrog im Taktschiebeverfahren über die Pfeiler geschoben (rechts).

Das „Innenleben" des Stahltrogs mit seitlichen Fachwerkabstrebungen (links). Unter Einsatz von Schalwagen wird die Fahrbahnplatte von beiden Widerlagern aus hergestellt (rechts).

4. Technische Daten

Länge:	552 m
Stützweiten:	30 m + 36 + (10x) 42 m + 36 m + 30 m = 552 m
Bogen-spannweite:	252 m
Breite:	26,50 m
Fläche:	14.628 m²
Bauhöhe Überbau:	3,74 m
Höhe max. über Tal:	110 m
Herstellungs-verf. Bogen:	Freivorbau mit Hilfsabspannung
Herstellungsverf. Stahlüberbau:	Taktschiebeverfahren
Herstellungsverf. Fahrbahnplatte:	Schalwagen
Herstellungsverf. Pfeiler:	Kletterschalung
Beton:	– 12.500 m³ (Unterbau) – 5.000 m³ (Überbau)
Betonstahl:	– 1.400 t (Unterbau) – 850 t (Überbau)
Spannstahl:	170 t (Abspannung/Rückhaltung)
Stahl/Überbau:	2.500 t

5. Planungsübersicht

Sommer '91	Beginn der Planungen (A 71/A 73 insgesamt)
September '92	Übernahme des Planungsauftrages durch DEGES
August '93	Vorliegen des Variantenvergleichs, Auswahl der Vorzugsvariante
April '94	Abschluß des Raumordnungsverfahrens für die A 71/A 73
Mai '95	Linienbestimmung durch das BMV
November '95	Bauwerksplanung Talbrücke Wilde Gera
Juli '97	Plangenehmigung erteilt
Oktober '97	Vergabe
November '97	Baubeginn
2000	Fertigstellung

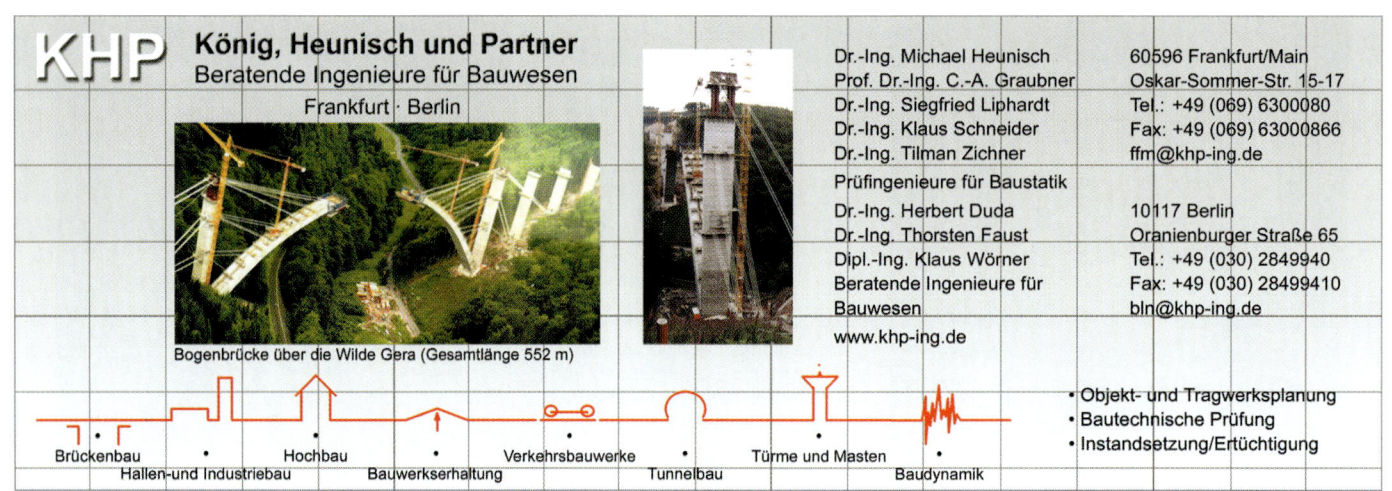

KHP König, Heunisch und Partner
Beratende Ingenieure für Bauwesen
Frankfurt · Berlin

Bogenbrücke über die Wilde Gera (Gesamtlänge 552 m)

Brückenbau · Hallen-und Industriebau · Hochbau · Bauwerkserhaltung · Verkehrsbauwerke · Tunnelbau · Türme und Masten · Baudynamik

Dr.-Ing. Michael Heunisch
Prof. Dr.-Ing. C.-A. Graubner
Dr.-Ing. Siegfried Liphardt
Dr.-Ing. Klaus Schneider
Dr.-Ing. Tilman Zichner

Prüfingenieure für Baustatik

Dr.-Ing. Herbert Duda
Dr.-Ing. Thorsten Faust
Dipl.-Ing. Klaus Wörner
Beratende Ingenieure für Bauwesen

www.khp-ing.de

60596 Frankfurt/Main
Oskar-Sommer-Str. 15-17
Tel.: +49 (069) 6300080
Fax: +49 (069) 63000866
ffm@khp-ing.de

10117 Berlin
Oranienburger Straße 65
Tel.: +49 (030) 2849940
Fax: +49 (030) 28499410
bln@khp-ing.de

• Objekt- und Tragwerksplanung
• Bautechnische Prüfung
• Instandsetzung/Ertüchtigung

Talbrücke Steinatal

1. Bauwerksentwurf

Mit einer Gesamtlänge von ca. 445,00 m der Haupt- und Industriebahnbrücke werden die B 247, die Bahnlinie Neudietendorf–Ritschenhausen, der Bach der Steina und ein Kraftwerksgelände gequert. Zwei Rampenbrücken zweigen im Mittenbereich der Hauptbrücke ab und bilden Zu- und Abfahrt von einer Richtungsfahrbahn der A 71 zur Anschlußstelle Suhl. Die Brückenachse ist über die gesamte Bauwerkslänge als Bogen (R = 775 m) trassiert. Die Gradiente Erfurt–Schweinfurt ist konstant mit 2,174 % geneigt. Beide Überbauten haben ein Quergefälle von 4 %.

Auch bei diesem Brückenbauwerk gelangte schließlich ein Sondervorschlag zur Ausführung, der sich vom Amtsentwurf durch eine Reihe von Veränderungen unterscheidet.

Bei der Hauptbrücke durch:
* ein optimiertes Gründungskonzept,
* eine veränderte Überbaukonstruktion, die das Tragverhalten in wesentlichen Punkten ändert,
* eine veränderte Gestaltung des Widerlagers Nord.

Bei der Industriebahnbrücke durch:
* die Änderung der Überbaukonstruktion,
* dementsprechende Auflösung der im Amtsentwurf vorgesehenen Pfeilerscheibe in zwei Einzelpfeiler.

1.1 Hauptbrücke

Die durch eine Mittellängsfuge getrennten Überbauten wurden als zweistegige, parallelgurtige, durchlaufende Plattenbalken mit in Längsrichtung beschränkter Vorspannung und einer Konstruktionshöhe von 1,90 m ausgeführt. Das Bauwerk ist als Neunfeldbrücke mit einer maximalen Spannweite von 45 m und einer Gesamtlänge von 340,50 m konzipiert. Die Brückenbreite entwickelt sich aus dem Regelquerschnitt RQ 29. Einschließlich der Kappen ist ein Überbau 15 m breit. Im mittleren Brückenbereich zweigen von der westlichen Brückenhälfte zwei Rampen der Anschlußstelle Zella-Mehlis ab.

1.2 Industriebahnbrücke

Die Industriebahnbrücke verlängert die Hauptbrücke um 101,90 m über fünf durchlaufende Felder (ab Achse 100) in Richtung Süden unter Beibehaltung des Regelquerschnittes der Hauptbrücke. Die Überbauten wurden jeweils als längs beschränkt vorgespannte zweistegige Durchlaufplattenbalken ausgeführt. Die Querneigung des Überbaus und die Einhaltung der erforderlichen lichten Höhe im Bereich der Industriegleise führen zu unterschiedlichen Bauhöhen. Die jeweils westlichen Stege mit 70 cm Konstruktionshöhe sind um 30 cm niedriger als die jeweils östlichen (1 m).

Die Überbauten der Haupt- und Industriebahnbrücke lagern auf einem gemeinsamen Pfeiler, dem sogenannten Trennpfeiler, und werden durch eine Übergangskonstruktion getrennt.

1.3 Rampenbrücke

Die Überbauten der beiden Rampenbauwerke, die im Grundriß y-förmig auseinanderlaufen, sind ebenfalls mittels Trennpfeilern und Übergangskonstruktion von der Hauptbrücke getrennt. Die Trennung erfolgt zwischen den Rampenästen, das sind die vom Überbau der Hauptbrücke jeweils abzweigenden Einfeldträger, und den anschließenden Rampentragwerken. Die Zweifeldrampe ist 55 m, die Dreifeldrampe 79 m lang.

Die Überbauten wurden als parallelgurtige, längs vorgespannte, einstegige Plattenbalkenquerschnitte hergestellt. Die Konstruktionshöhe beträgt 1,40 m. Beide Rampen messen zwischen den Geländern 9,00 m und überführen bei der Fahrbahnbreite von 5,50 m jeweils einen Fahrstreifen. Beidseitig angeordnete 2,00 m breite Außenkappen begrenzen die Querschnittsbreite auf 9,50 m.

Alle Überbauten der Steinatalbrücken sind in Betongüte B 45 hergestellt (Kappen B 25, LP) und erhielten entsprechend ZTV-BEL B den gleichen Belagsaufbau, bestehend aus Grundierung, 0,5 cm Bitumenschweißbahn, 3,5 cm Gußasphalt-Schutzschicht und 4,0 cm Deckschicht aus Splittmastixasphalt.

2. Bauwerksgestaltung

Ein besonderes Augenmerk galt dem diskreten Einfügen des Bauwerkes in seine landschaftliche Umgebung. Dies wurde einerseits durch einen schlanken Überbau, andererseits durch ein klares Tragsystem mit leicht erkennbarem Kraftfluß und guten Proportionen unter Berücksichtigung der gegebenen Zwangspunkte erreicht.

Ein gelungenes Verhältnis der Baustoffkombination zwischen Sichtbeton und Klinkerverblendung (kupferfarben mit bläulichem Schimmer, je nach Lichteinfall) lockert die Bauwerkskonstruktion auf. Die Betonsichtflächen von Überbauten und Kappen wurden unter Verwendung von Brettschalung hergestellt. Für den Sichtbeton der Widerlager und Pfeiler wurde eine senkrechte, rauhgespundete Brettschalung mit Nut und Feder gewählt.

2.1 Gründung

Die Baugrunderkundung für die Brückenbauwerke der Anschlußstelle wies sehr inhomogene Baugrundverhältnisse aus. Der im tieferen Untergrund anstehende Granit ist unterschiedlich stark angewittert und wird von seinen bis zu 20 m mächtigen Zersatzprodukten bedeckt. Örtlich sind Aufschüttungen bis zu 5 m Höhe im Bereich des ehemaligen Heizkraftwerkes Suhl-Struth vorhanden. Aufgrund der für mehrere Varianten durchgeführten Setzungs- und Grundbruchberechnungen wurden für alle Bauwerke Tiefgründungen gewählt.

Es wurden Ortbeton-Großbohrpfähle (1,50 m) mit Längen von 5,00 bis 15,00 m und einer Neigung von 8 : 1 bzw. senkrecht an den Widerlagern eingebaut.

Während der Gründungsarbeiten wurde ein erhöhter Betonbedarf bei der Herstellung der Bohrpfähle der Achse 50 (Hauptbauwerk) und der benachbarten Achse 330 des Rampenbauwerks festgestellt, obwohl beim Bohren der Pfähle keine Besonderheiten zu bemerken waren.

Als Ursache des Betonmehrverbrauchs wurde das Vorhandensein wassergefüllter, teils verbrochener bergmännischer Hohlräume angenommen, obwohl weder bei der Strecken-, noch bei der Bauwerkserkundung solche geortet wurden. Zur genaueren Untersuchung der Situation und zur Stabilisierung des Baugrundes wurden an der Achse 330 Kernbohrungen in Verbindung mit Injektionen ausgeführt, die die Pfähle 1,5–3,5 m unterhalb der Pfahlaufstandsflächen unterfahren und bis auf doppelte Pfahllänge in die Tiefe gehen.

Die Auswertung der Kernbohrungen in Verbindung mit dem Verlauf der Injektionen ließ die Schlußfolgerung zu, daß offensichtlich ein bergmännischer Hohlraum angetroffen wurde. Sowohl dieser Hohlraum als auch die mit ihm zusammenhängenden Verbruchstellen und aufgelockerten Gesteine im Einwirkungsbereich der Pfähle sind durch den Betonmehrverbrauch während der Pfahlbetonage sowie durch die Injektionen in ausreichendem Maße vergütet worden.

2.2 Unterbauten

2.2.1 Pfeiler

Zur Abstützung der Überbauten wurden (mit Ausnahme der Trennpfeiler) bis zu ca. 17 m hohe Stahlbeton-Vollpfeiler gewählt, die sich in die Pfahlkopfplatten einspannen. Der Pfeilerquerschnitt wurde mit den Außenabmessungen 2,20 × 2,20 m bemessen. Mit einer bereichsweisen Klinkerverblendung sowohl der Widerlager als auch der Pfeiler paßt sich das Bauwerk seiner natürlichen Umgebung an.

Der ebenfalls klinkerverblendete Trennpfeiler, auf dem die Überbauten der Haupt- und Industriebahnbrücke gemeinsam aufgelagert und durch eine Übergangskonstruktion getrennt werden, ist zur Wartung und Unterhaltung der Lager begehbar. Die Rechteckform hat die Außenabmessungen von 4,96 m auf 29,35 m (quer zur Achse). Die Trennpfeiler der Rampenbrücken wurden analog dem zuvor beschriebenen Trennpfeiler ausgebildet.

2.2.2 Widerlager

Die Übergänge zwischen den Straßendämmen und den Brückenüberbauten werden durch kastenförmige Widerlager gesichert. Durch die im Sondervorschlag vorgesehene Höhersetzung des Widerlagers Nord (Achse 10) der Hauptbrücke reduziert sich die freie Standhöhe der Widerlager- und Flügelwände um ca. 3,00 m.

Die Konsequenz dieser Lösung ist zum einen eine überproportionale Materialeinsparung, zum andern mußte eine ca. 3,00 m hohe Berme auf dem vorhandenen Gelände angelegt werden. Dabei war darauf zu achten, daß der Entwässerungsgraben vor dem Widerlager, der zum Vorfluter führt, in seiner Funktion erhalten bleibt. Die Widerlager- und Flügelwände wurden mit Klinker verblendet.

2.3 Überbauten

Aus herstellungstechnischen Gründen wurde bei der Hauptbrücke auf Stützquerträger verzichtet, die untere Stegbreite von 2,20 m auf 2,00 m reduziert und der Steganzug von 5 cm auf 15 cm vergrößert, wodurch in Anpassung an die Stegbreite auch die Pfeilerabmessungen entsprechend verringert werden konnten.

2.3.1 Lager/Übergang

Die Lagerung der Überbauten erfolgt generell auf Verformungs- bzw. Verformungsgleitlagern als Tangentiallagerung. An allen Trennstellen sowie an allen Widerlagern wurden Übergangskonstruktionen eingebaut.

3. Bauausführung

Der Brückenzug überquert nacheinander die B 247, eine Grünfläche, die eingleisige Bahnstrecke, einen Bachlauf, das Industriegelände des außer Betrieb genommenen Heizkraftwerkes mit einer viergleisigen Industriebahnanlage und eine Kohleumschlaganlage mit Portalkranen.

3.1 Vorarbeiten

Um Baufreiheit zu schaffen und künftige Konflikte weitgehend zu vermeiden, waren detaillierte Abstimmungen mit dem Kraftwerkseigentümer notwendig. Insbesondere das von der DEGES entwickelte Logistikkonzept erforderte die Nutzung großer Teile des Kraftwerkgeländes nach Fertigstellung der Brückenbauwerke.

Neben dem Abbruch eines kleineren Heizwerkes, Teilen der Kranbahn und der dazugehörigen Kabelanlagen war insbesondere die Sprengung des 170 m hohen Stahlbetonschornsteines nach Baubeginn der Brücken ein Ergebnis der genannten Abstimmungen. Die kritische Fallrichtung gegenüber dem Widerlager Süd der Industriegleisbrücke wurde nicht unterschritten, so daß der Brückenbau auch während der Wiederaufbereitung der Schornsteintrümmer nicht behindert wurde.

3.2 Herstellung Überbau

Die Geländesprünge, die kreuzenden Verkehrswege und die Forderung, die Eingriffe in das für Ausgleichs- und Ersatzmaßnahmen vorgesehene Bachauengelände gering zu halten, veranlaßten den Auftragnehmer, für die Brücken über die Industriebahn und für das Hauptbauwerk ein Vorschubgerüst vorzusehen. Die Abtragung des Frischbetongewichtes erfolgte dabei über räumliche Stahlfachwerkträger (Vorschubträger) auf eine Pfeilerjochkonstruktion und über eine Aufhängevorrichtung bei der jeweiligen Koppelstelle in das bereits hergestellte Betontragwerk. Die Jochkonstruktion an den Pfeilern, bestehend aus Stahlkonsolen und Steckträgern in den Pfeilern, leitete die Lasten über die Pfeiler in die Fundamente.

Für die Rampenbauwerke wurden jeweils auf den Pfeilerfundamenten und zwischenliegenden Fertigteilfundamenten abgesetzte stationäre Traggerüste aufgebaut.

Hauptbrücke

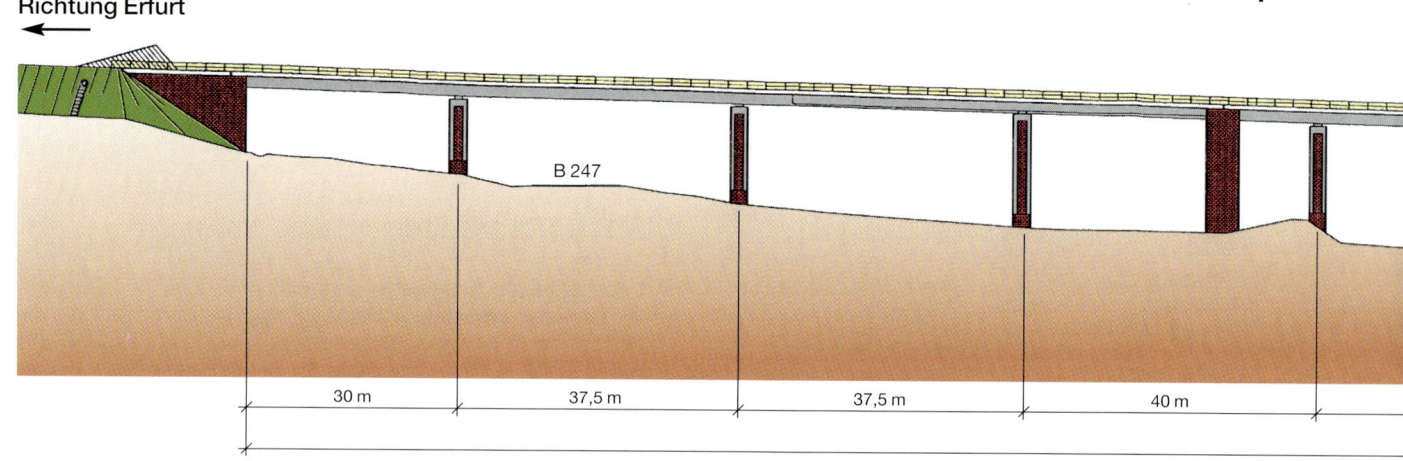

B 247

| 30 m | 37,5 m | 37,5 m | 40 m |

Hauptbrücke Querschnitt

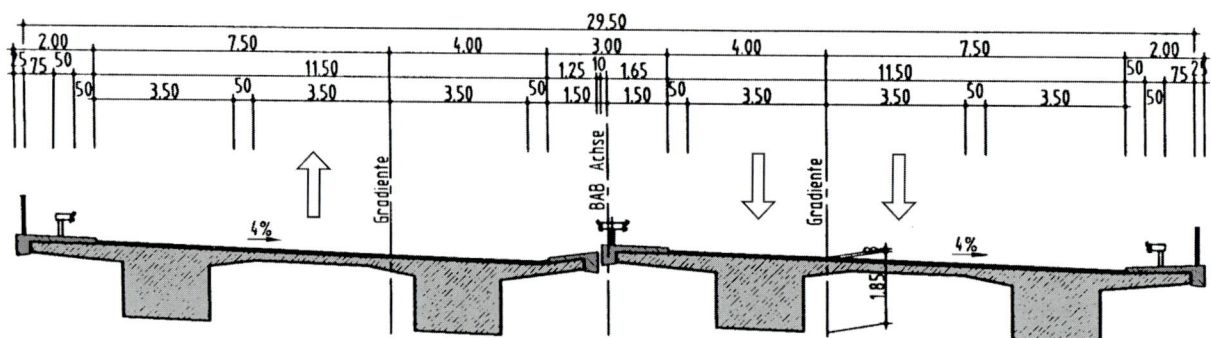

Nord-West-Ansicht

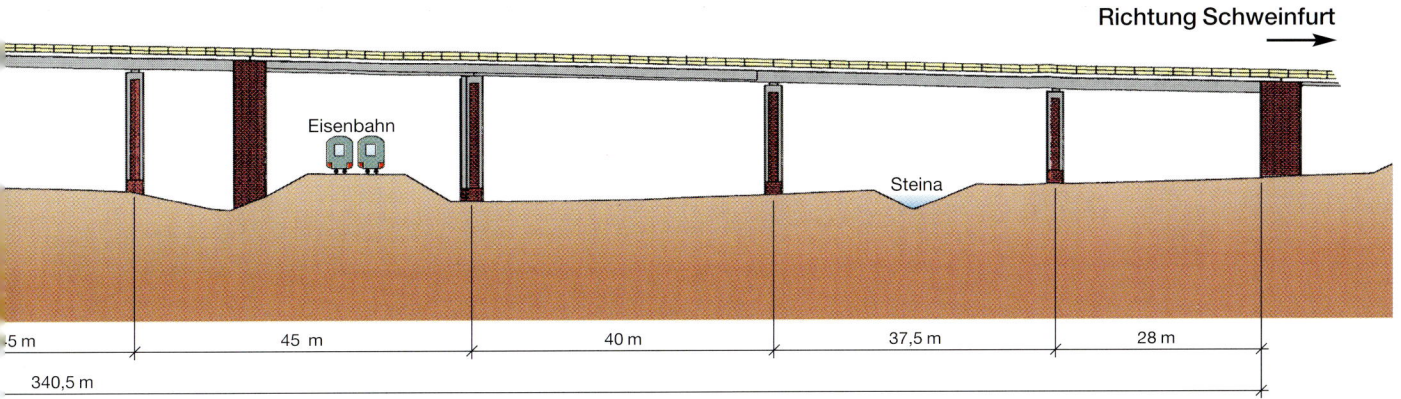

Richtung Schweinfurt

Eisenbahn

Steina

5 m | 45 m | 40 m | 37,5 m | 28 m

340,5 m

Industriebahnbrücke Nord-West-Ansicht

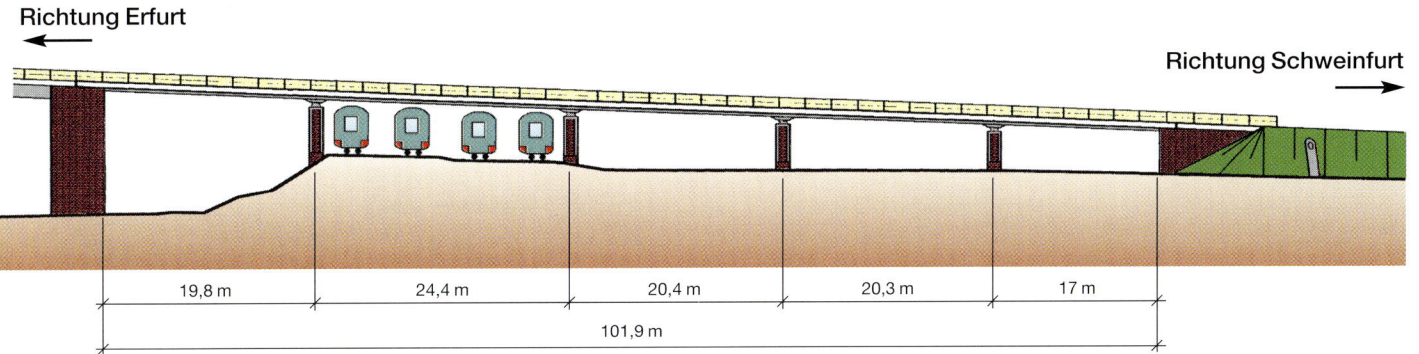

Richtung Erfurt

Richtung Schweinfurt

19,8 m | 24,4 m | 20,4 m | 20,3 m | 17 m

101,9 m

Industriebahnbrücke Querschnitt

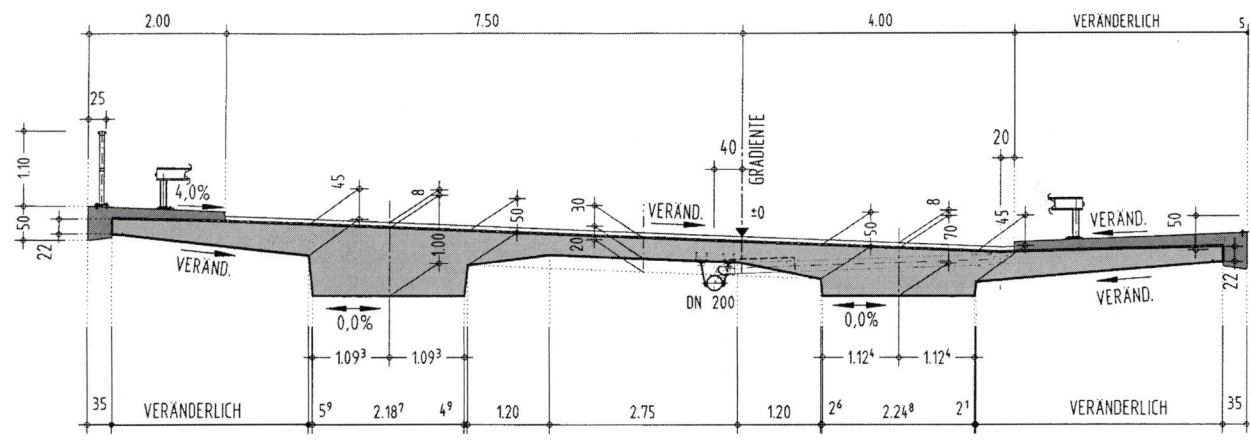

Rampe 14 Ansicht von Norden

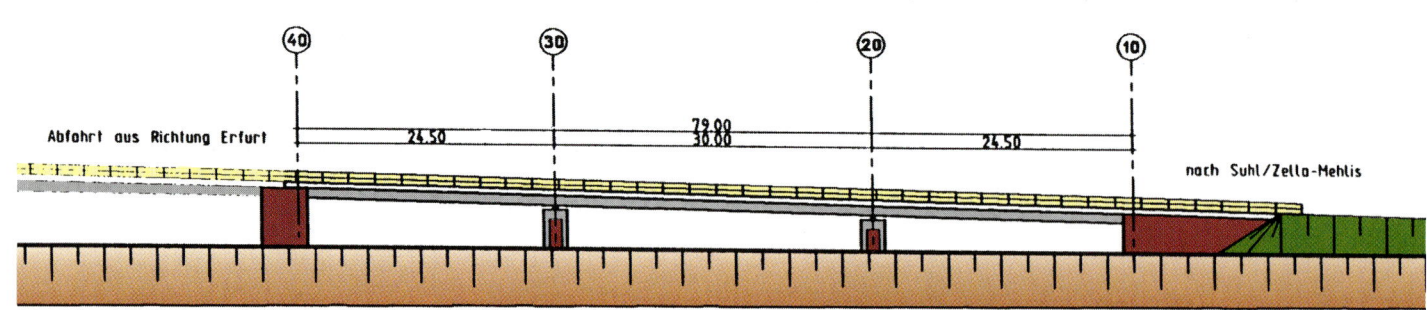

Rampe 13 Ansicht von Südwesten

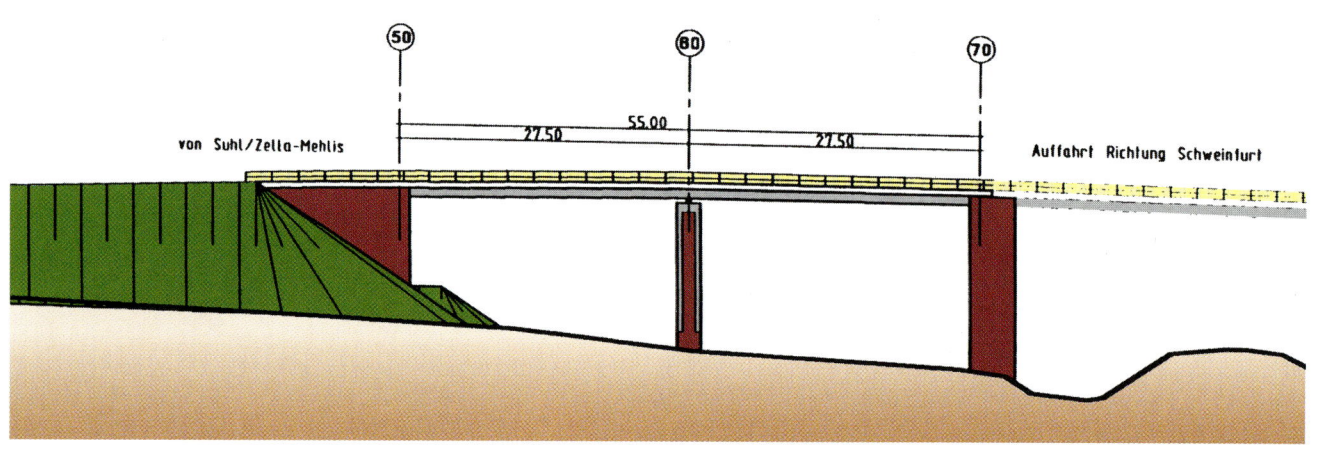

Rampenbrücken Querschnitt

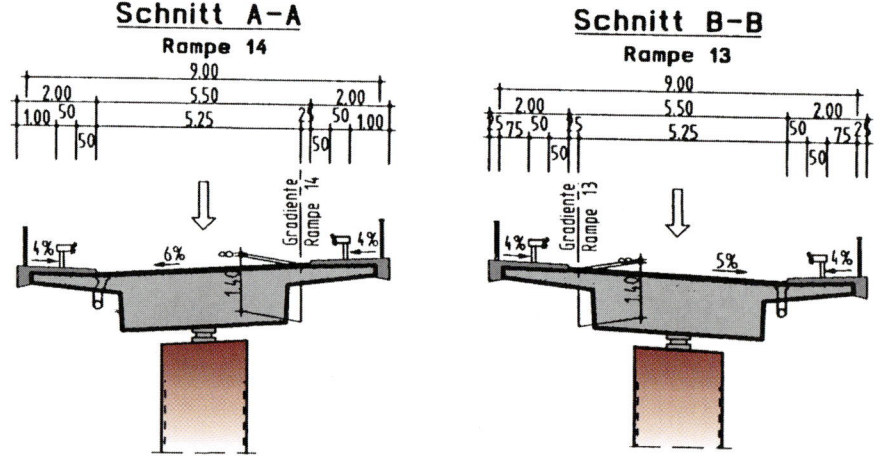

Verkehrsprojekt Deutsche Einheit Nr. 16 A 71 Erfurt–Schweinfurt Freistaat Thüringen	unten: **Steina** **B 247** **Eisenbahn** **Industriebahn**	Baujahr: **1997–1999** Bauzeit: **28 Monate**	Bauweise: **Plattenbalken**
Entwurfsbearbeitung: **Hensel Ingenieur GmbH, Kassel**	Bauwerks-Nr.: **5317/02** **/07** **/08**	Kosten (Mio. DM): **29**	Kosten (DM/m²): **2.020**

Gestalterische Beratung: **Schüler, Schüler-Witte, Berlin**	Bauausführung: **Adam Hörnig GmbH & Co., Weimar**
Prüfingenieur: **Dipl.-Ing. Bodo Hensel, Kassel**	Ausführungsplanung und Verfassung Sondervorschlag: **Köhler + Seitz, Nürnberg**
Bauüberwachung/Bauoberleitung **Prof. Bechert + Partner, Schleiz-Gräfenwarth**	

Die klinkerverblendeten Pfeiler wirken leicht und durchlässig und fügen sich gut in die Umgebung ein.

Das Y der Rampen aus der Vogelperspektive (links). Fächer an den jeweiligen Geländerenden geben dem Autofahrer ein optisches Signal: hier beginnt die Brücke (rechts).

4.   Technische Daten

Hauptbrücke

Länge: 340,50 m

Stützweiten: 30 m + 37,50 m + 37,50 m + 40 – 45 m
                         + 45 m + 40 m + 37,50 m + 28 m

Fläche: 10.045 m²

Breite: 29,50 m

Bauhöhe: 1,85 m

Höhe
über Talgrund: ca. 20 m

Konstruktion: 2 Überbauten mit zweistegigen Plattenbalken

Herstellungs-
verfahren: Vorschubrüstung

Rampen zur Hauptbrücke
                         Rampe 13 über 2 Felder
                         (2 × 27,50 m) = 55 m

                         Rampe 14 über 3 Felder
                         (24,50 – 30 – 24,50 m) = 79 m

Fläche: 485 m² und 690 m²

Konstruktion: je 1 Überbau mit einstegigem
                         Plattenbalken

Herstellungs-
verfahren: Lehrgerüst

Brücke über Industriebahn
Länge: 101,90 m

Stützweiten: 19,80 m + 24,40 m + 20,40 m + 20,30 m
                         + 17 m

Fläche: 3.130 m²

Breite: 29,50 m

Konstruktion: 2 Überbauten mit zweistegigen Plattenbalken

Herstellungs-
verfahren: Vorschubrüstung/Lehrgerüst

Beton
(gesamt):   ca. 23.000 m³

Betonstahl
(gesamt):   ca. 2.050 t

Spannstahl
(gesamt):   ca. 380 t

5.   Planungsübersicht

Sommer '91   Beginn der Planungen (A 71/A 73 insgesamt)

September '92   Übernahme des Planungsauftrages
                         durch DEGES

August '93   Vorliegen des Variantenvergleichs,
                         Auswahl der Vorzugsvariante

April '94   Abschluß des Raumordnungsverfahrens
                         für die A 71/A 73

Mai '95   Linienbestimmung durch das BMV

Juni '95   Bauwerksplanung Talbrücke Steinatal

Juli '96   Plangenehmigung erteilt

November '96   Vergabe/Baubeginn

Ende 1999   Fertigstellung

Beton-Kalender 2004
Schwerpunkt: Brücken und Parkhäuser

Bergmeister, K. / Wörner, J.-D. (Hrsg.)
Beton-Kalender 2004
2003. 1100 Seiten.
Gb., € 159,-* / sFr 235,-
Preis für Fortsetzungsbezieher:
€ 139,-* / sFr 205,-
ISBN 3-433-01668-2

Schwerpunktthema 2004: Brücken und Parkhäuser. Begleitend zur Umstellung im Brückenbau auf neue Normen bringt der Beton-Kalender 2004 Grundsätzliches und Neues zum Thema Brückenbau. Namhafte Bauingenieure schreiben zu folgenden Themen:

Teil 1
- Brücken – Entwurf und Konstruktion (Jörg Schlaich)
- Konstruktions- und Gestaltungskonzepte im Brückenbau (Alfred Pauser)
- Einwirkungen auf Brücken (Günter Timm/Fritz Großmann)
- Segmentbrücken (Günter Rombach/Angelika Specker)
- Spannglieder und Vorspannsysteme (Johann Kollegger/Roland Martinz)
- Brückenausstattung (Christian Braun/ Konrad Bergmeister)
- Ermüdungsnachweise von Massivbrücken (Konrad Zilch)
- Brückeninspektion und -überwachung (Konrad Bergmeister/Ulrich Santa)

Das zweite Schwerpunktthema sind Parkhäuser. In einem grundsätzliche Beitrag werden Bauwerkstypen und Bauweisen sowie deren Ausführung als Tiefgaragen oder Hochgaragen vorgestellt. Ein besonderer Beitrag befaßt sich mit dauerhaften Betonen, die auch bei Parkhäusern eine wichtige Rolle spielen.

Teil 2
- Parkhäuser (Manfred Curbach/Lothar Schmoh/Thomas Köster/Josef Taferner/ Dirk Proske)
- Dauerhafte Betone für Verkehrsbauwerke (Peter Schießl/Christoph Gehlen/ Christian Sodeikat)
- Bemessung nach DIN 1045-1 und DIN-Fachberichten (Konrad Zilch/ Andreas Rogge)
- Stützenbemessung (Ulrich Quast)
- Regelwerke (Uwe Hartz)

Die Bemessungsbeiträge aus dem Beton-Kalender 2002 sind aktualisiert und durch Vorgaben aus den neuen Brückenbau-Regelwerke ergänzt. Bewährte Beiträge zu Baustoffen, Bauphysik und Grundbau finden sich weiterhin im Beton-Kalender.

Wichtig für: Ingenieure für Bauwesen, Ingenieurbüros, Baufachleute, Ingenieurstudenten.

Ernst & Sohn
Verlag für Architektur und
technische Wissenschaften GmbH & Co. KG

Für Bestellungen und Kundenservice:
Verlag Wiley-VCH
Boschstraße 12
69469 Weinheim
Telefon: (06201) 606-400
Telefax: (06201) 606-184
Email: service@wiley-vch.de

www.ernst-und-sohn.de

Sensibler Naturraum erfordert behutsame Vorgehensweise beim Brückenbau

Die vier Großbrücken Altwipfergrund, Streichgrund, Reichenbach und Zahme Gera im Zuge der A 71, die nachfolgend vorgestellt werden, liegen im Streckenabschnitt zwischen den Anschlußstellen Ilmenau-Ost (B 87) und Geraberg/Geschwenda (B 88). In diesem Bereich führt die Trasse durch ausgedehnte Waldflächen und durch landwirtschaftlich genutze Flächen, aber auch durch reich strukturierte Tallandschaften, die als faunistische Funktionsräume sehr bedeutsam sind.

Als ökologisch besonders wertvoll gilt das rund 600 ha große Gebiet „Wipfragrund–Stausee Heyda", das inzwischen gemäß Flora-Fauna-Habitat-Richtilinie (FFH RL) bei der EU-Kommission als Schutzgebiet „Natura 2000" vorgeschlagen wurde. Bereits im Zuge des Planfeststellungsverfahrens wurde für das FFH-Vorschlagsgebiet „Wipfragrund–Stausee Heyda" eine Verträglichkeitsuntersuchung veranlaßt, bei der die Betroffenheit der Lebensraumtypen und Arten analysiert und im Hinblick auf die mit dem Schutzgebiet verfolgten Ziele bewertet wurde.

Mit der Maßgabe, daß alle Optimierungsmöglichkeiten ausgeschöpft und die vorgesehenen Schutz- und Minderungsmaßnahmen durchgeführt werden, kam das Gutachten zu dem Ergebnis, daß das Bauvorhaben dem Entwicklungsgebot der FFH-Richtlinie grundsätzlich nicht entgegensteht. Die bereits bestimmte Vorzugslinie für die Trassierung der A 71 in diesem Bereich konnte somit beibehalten werden, doch sowohl für die Baudurchführung als auch für die Gestaltung und die Herstellung der Brückenbauwerke ergaben sich sehr strenge Vorgaben:

- Das Baufeld für die Brücke Altwipfergrund ist äußerst begrenzt; die Talaue ist als Bautabuzone ausgewiesen.
- Die Bauwerke weisen z. T. sehr große Stützweiten auf, damit die Talräume großzügig überspannt und die schützenswerten Biotope möglichst wenig berührt werden.

- Zur Verhinderung von Schadstoffeinträgen in die Täler werden die Brücken Altwipfergrund und Streichgrund mit einem Spritzschutzgeländer ausgestattet.

Die weiteren, durch Bau und Betrieb der Autobahn verursachten, nicht vermeidbaren Eingriffe in Natur und Landschaft werden durch eine Vielzahl von Landschaftspflegerischen Maßnahmen ausgeglichen.

Planungsübersicht

Sommer '91	Beginn der Planungen (A 71/A 73 insgesamt)
Sept. '92	Übernahme des Planungsauftrages durch DEGES
August '93	Vorliegen des Variantenvergleichs; Auswahl der Vorzugsvariante der Strecke
April '94	Abschluß des Raumordnungsverfahrens für die A 71/A 73
Mai '95	Linienbestimmung durch das BMV
Herbst '95	Bauwerksplanung
Juli '99	Planfeststellungsbeschluß
Sept. '99	Vergabe/Baubeginn
2002	Fertigstellung

Talbrücke Altwipfergrund

1. Bauwerksentwurf

Nördlich von Ilmenau quert die Thüringer-Wald-Autobahn A 71 das Tal der Wipfra. In dem ökologisch wertvollen Naturraum des Altwipfergrundes ist im Trassenbereich ein ca. 100 m breites Naturschutzgebiet ausgewiesen, das in unberührtem Zustand erhalten bleiben muß.

Die Autobahn ist im gesamten Brückenbereich in einem konstanten Radius von R = 1.800 m trassiert. Ihre Gradiente liegt in einer Wannenausrundung mit H = 20.750 m. Die mittlere Längsneigung beträgt ca. 3 %. Beide Richtungsfahrbahnen weisen eine gleichsinnige Querneigung von 3 % auf.

Die Autobahn quert den Talraum in einer maximalen Höhe über Tal von ca. 35,0 m.

Für jede Richtungsfahrbahn war ein getrennter Überbau mit je zwei Fahrstreifen und einem Standstreifen vorzusehen. Entsprechend dem erforderlichen Autobahnquerschnitt beträgt die Gesamtbreite zwischen den Geländern 28,50 m.

Ziel der Entwurfsplanung war, eine Brückenkonstruktion zu finden, die einerseits das 100 m breite Naturschutzgebiet im Bau- und Endzustand unberührt läßt und sich andererseits harmonisch in die bestehende Naturlandschaft einfügt.

Zur Ausführung kam eine Dreifeldbrücke mit Einzelstützweiten von 80 bzw. 84 m in den Endfeldern und einer Stützweite des Mittelfeldes von 115,0 m. Die gewählte Stützweite des Hauptfeldes erlaubt eine freie Überspannung des Naturraumes im Wipfratal. Auch das gewählte Bauverfahren – Freivorbau – schloß eine Beeinträchtigung des Naturschutzgebietes weitgehend aus.

Gestalterisch paßt sich das Bauwerk mit dem an den Pfeilern stark gevouteten Überbau und der parabelförmig geschwungenen Tragwerksunterkante sehr gut in die vorhandene Naturlandschaft ein.

Beide Widerlager sind in den Richtungen der Talflanken angeordnet, so daß sich im Grundriß eine Schiefwinkligkeit von ca. 65° ergibt. Die Standorte der Mittelstützen der beiden Überbauten sind entlang der Naturschutzzone mit einem gegenseitigen Achsversatz von 8,0 m bzw. 9,0 m angeordnet.

2. Bauwerksbeschreibung

2.1 Gründung

Die geologischen Verhältnisse erforderten Tiefgründungen der Widerlager und Pfeiler. Ausgeführt wurden Großbohrpfähle ∅ 1,20 m mit Pfahllängen zwischen 8,50 m und 25,0 m.

Zur besseren Abtragung der Horizontalkräfte sind die Pfähle teilweise mit Neigungen 1:10 ausgeführt.

2.2 Unterbauten

2.2.1 Widerlager

Die begehbaren Kastenwiderlager sind entsprechend dem Kreuzungswinkel zwischen Tal und Autobahnachse schiefwinklig ausgebildet. Zur Minimierung der Baukörperhöhe sind die Widerlager auf angeschütteten Bermen errichtet. Die Außenflächen sind als Sichtbetonflächen mit sägerauher Brettschalung ausgebildet. Die ins Seitenfeld kragenden, dreieckigen Flügelvorsprünge, die sich von unten an den Überbau anschmiegen, fügen sich harmonisch in das gestalterische Gesamtkonzept des Bauwerks ein.

2.2.2 Pfeiler

Die Pfeiler mit Höhen zwischen 22,0 m und 25,0 m sind als Stahlbetonvollpfeiler ausgebildet. Die Pfeilerschäfte weisen an der Unterkante Außenabmessungen von 3,0 m × 5,5 m auf und verjün-

gen sich zum Pfeilerkopf mit Neigungen von 80:1 in Längsrichtung beziehungsweise 32:1 in Querrichtung. Der Pfeilerkopf ist mit einer gegenläufigen Querschnittsaufweitung bis zur Pfeileroberkante ausgebildet. Die Außenkanten sind mit Fasen von 50 cm stark gebrochen. Im oberen Bereich des Pfeilerkopfes befindet sich eine vom Überbau begehbare Nische, die für Wartungsarbeiten an den Lagern genutzt werden kann.

2.3 Überbauten

Die Überbauten stellen eine Neuheit im Deutschen Brückenbau dar. Es handelt sich um einen Kastenquerschnitt, bei dem die Fahrbahn- und die Bodenplatte aus Beton und die Kastenstege aus Trapezblechen bestehen. Brücken dieser Bauart existieren bisher nur in Frankreich und Japan.

Gegenüber Betonstegen besitzen die Trapezstege ein deutlich geringeres Gewicht. Durch die Faltung werden bei Trapezstegen im Vergleich zu ebenen Blechen die Querbiegesteifigkeit erhöht, das Beultragverhalten verbessert und die Normalkraftsteifigkeit erheblich reduziert. Infolge ihrer Faltung entziehen sich die Trapezstege also weitgehend der Wirkung von Längskräften, so daß Vorspannkräfte direkt in die Betonbauteile übertragen werden.

Der Vorteil dieser Bauweise liegt demnach einerseits in der Gewichtsersparnis durch die Stahlstege und andererseits in der effizienteren Wirkung der Vorspannkräfte. Darüber hinaus sichert die erhöhte Querbiegesteifigkeit der Trapezstege den Erhalt der Querschnittsform des Kastens. Die Verbesserung des Beultragverhaltens schließlich erlaubt den Verzicht auf Beulsteifen.

Die Konstruktionshöhen des gevouteten Tragwerks liegen bei 6,0 m über den Pfeilern sowie 3,5 m in den Seitenfeldern und 2,8 m im Mittelfeld.

Das vorgespannte Tragwerk wurde in Mischbauweise (Mischung aus externen Spanngliedern ohne Verbund und internen Spanngliedern mit Verbund) erstellt. Eine weitere Besonderheit stellen hierbei die zwischen den massiven Auflagerquerträgern befindlichen 12 Anker- und Umlenkstellen der externen Spannglieder dar, die komplett in Stahl ausgeführt wurden. Neben ihrer primären Funktion, die Spannkräfte einzuleiten, werden die Querverformungen des Tragwerks durch diese Quereinbauten minimiert.

Die Einleitung von Querbiegemomenten aus der Fahrbahnplatte in die Trapezstege erfolgt über Stahlschlaufen, die am Stahlobergurt über jeder Innen- und Außensicke angeordnet sind und bis in die obere Bewehrungslage der Platte ragen. Die Querbiegemomente der unteren Rahmenecke werden über horizontale Kopfbolzendübel an den Stegblechen im Bereich der Bodenplatte eingeleitet.

2.3.1 Lagerung

Das Tragwerk wird auf den Pfeilern mit längsfester Lagerung, an den Widerlagern längsverschieblich ausgebildet. Damit ergibt sich der Verformungsruhepunkt annähernd in der Brückenmitte. Die Querlasten insbesondere aus Wind werden über jeweils ein querfestes Lager an allen Widerlager- und Pfeilerachsen aufgenommen. Sämtliche Lager sind als Topflager ausgeführt.

3. Bauausführung

3.1 Unterbauten

Die mit massiven Vollquerschnitten auszuführenden Pfeiler wurden mit Kletterschalung schußweise mit Abschnittslängen von 4,50 m hergestellt.

Das Bauverfahren in sechs Phasen

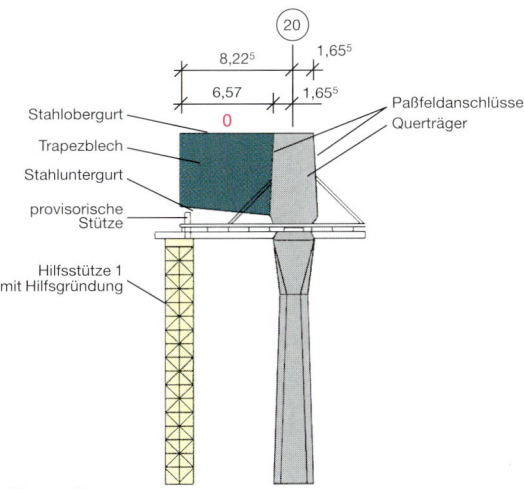

Phase 1:
– Hilfsstütze 1 an Pfeiler 20 und 30 montieren;
– Arbeitsplattform Bauabschnitt 0 (BA 0) einbauen;
– Schalung für Querträger einbauen;
– Trapezblech BA 0 mit Anschlußfeldern montieren und mit Aussteifungen stabilisieren; Querträger betonieren.

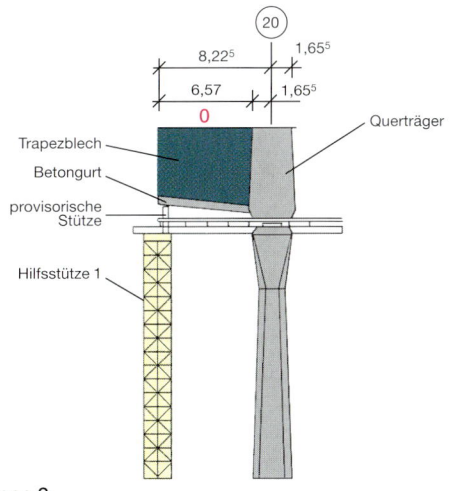

Phase 2:
– Schalung für Querträger entfernen;
– Schalung für Untergurt einbauen;
– Untergurt betonieren.

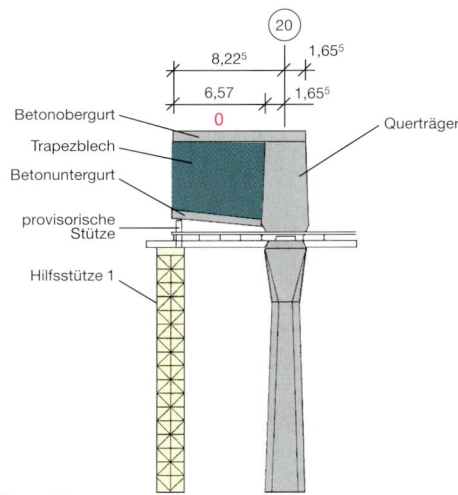

Phase 3:
– Schalung für Obergurt einbauen;
– Obergurt betonieren.

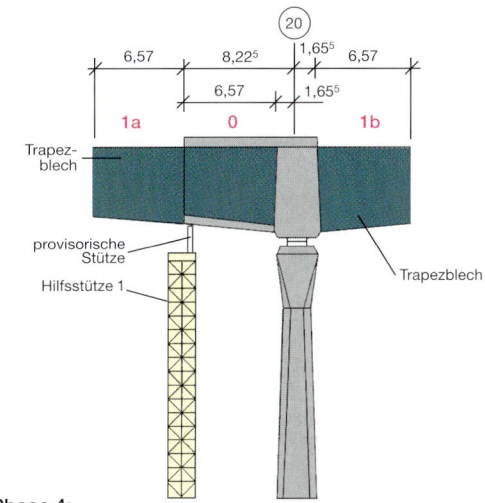

Phase 4:
– Schalung für Obergurt und Untergurt entfernen;
– Arbeitsplattform für BA 0 abbauen;
– Trapezbleche für BA 1a montieren, aussteifen;
– Trapezbleche für BA 1b montieren, aussteifen.

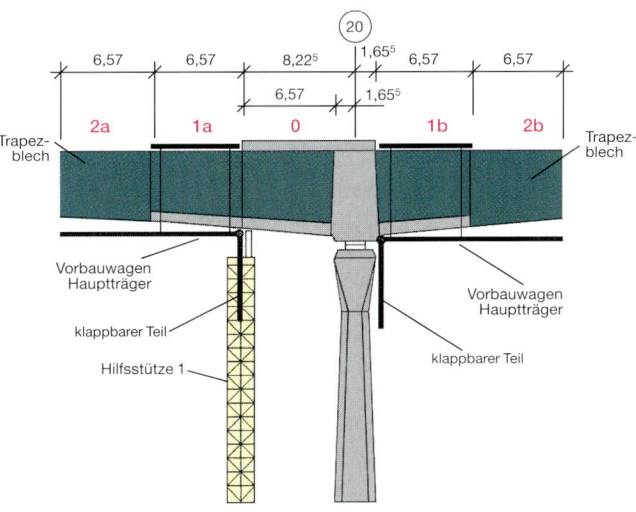

Phase 5:
– Vorbauwagen auf BA 1a und BA 1b;
– Herstellung Untergurt BA 1a und BA 1b;
– Trapezbleche BA 2a und BA 2b montieren und aussteifen.

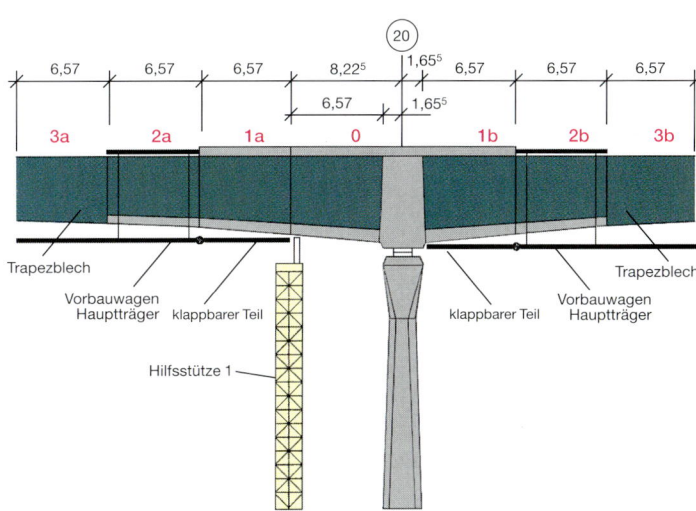

Phase 6:
– Vorbauwagen auf BA 2a und BA 2b;
– Herstellung Obergurt BA 1a und BA 1b;
– Vorspannung Obergurt BA 1;
– Herstellung Untergurt BA 2a und BA 2b;
– Trapezbleche BA 3a und BA 3b montieren und aussteifen.

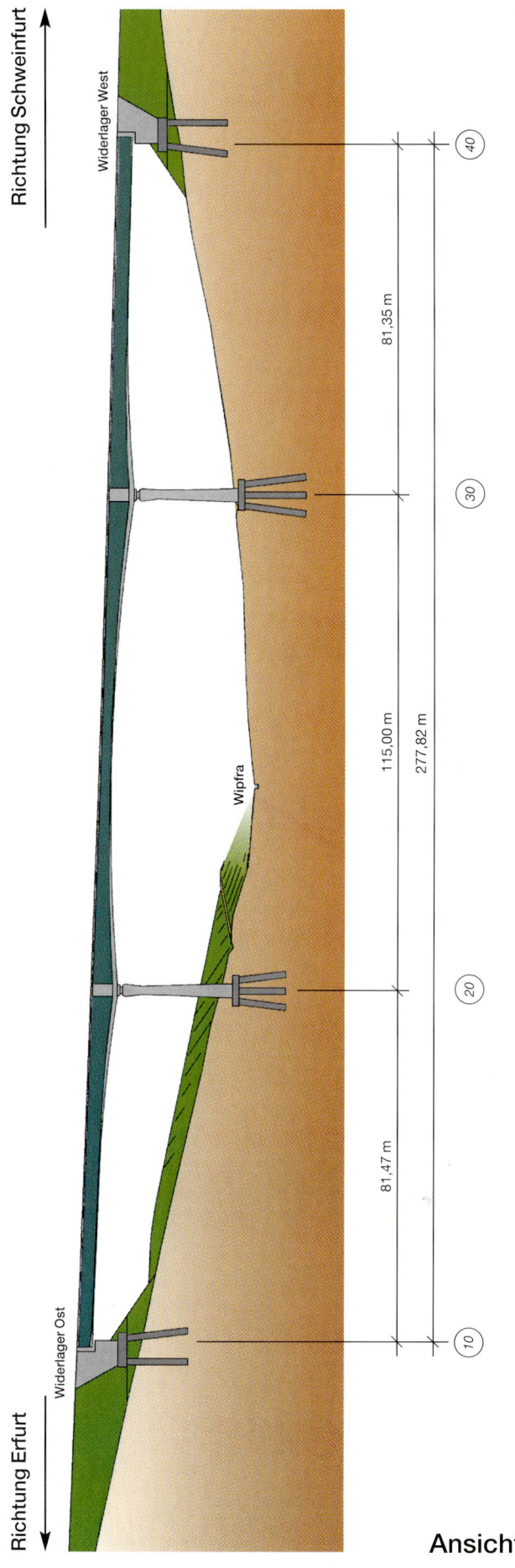

Richtung Schweinfurt

Widerlager West

Wipfra

81,35 m

115,00 m

277,82 m

81,47 m

Widerlager Ost

Richtung Erfurt

40

30

20

10

Ansicht

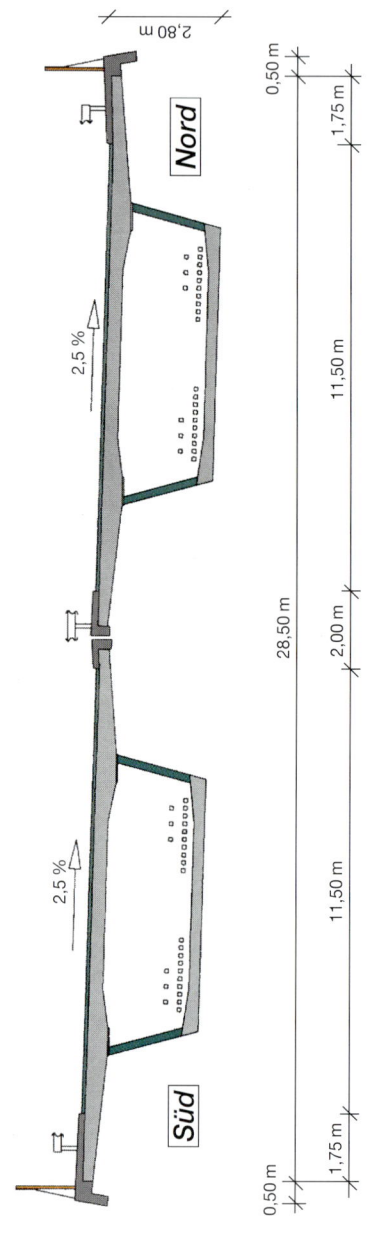

2,80 m

0,50 m

1,75 m

Nord

11,50 m

2,5 %

28,50 m

2,00 m

11,50 m

2,5 %

Süd

1,75 m

0,50 m

Regelquerschnitt

Verkehrsprojekt Deutsche Einheit Nr. 16 A 71 Erfurt–Schweinfurt Freistaat Thüringen	unten: Altwipfer- grund, Wipfra	Baujahr: 1999–2001 Bauzeit: 27 Monate	Bauweise: Spannbetonkasten mit Trapezblech- stegen
Entwurfsbearbeitung: Leonhardt, Andrä & Partner – Berat. Ingenieure	Bauwerks-Nr.: 5314/01	Kosten (Mio. DM): 23 (brutto)	Kosten (DM/m²): 2.900
Prüfingenieur: Dipl.-Ing. Wilhelm Zellner, Leinfelden	Bauausführung: Walter Bau-AG, Nürnberg Construzioni Cimolai Armando, Pordenone (Italien)		
Bauüberwachung/Bauoberleitung: BUNG, Beratende Ingenieure	Ausführungsplanung: Schüßler Plan, Düsseldorf		
Gestalterische Beratung: Frank, Jakob †, Bluth/Stuttgart			

Herstellung der Grundetappe für den Freivorbau.

Beginn des Freivorbaus am Pfeilertisch in Achse 30 Süd (links).
Blick vom Widerlager West in Richtung Brücke (rechts).

3.2 Überbauten

Der gewählte Überbauquerschnitt bietet besonders günstige Voraussetzungen für eine Herstellung im Freivorbau, weil die Trapezstege als tragende Elemente des Vorbauwagens genutzt werden können. Dadurch ergibt sich im Vergleich zur Herstellung eines Kastenträgers in Massivbauweise eine verhältnismäßig leichte Schalwagenkonstruktion. Weil Fahrbahn- und Bodenplatte ohne Nachteile hinsichtlich der Qualität der Ausführung in unterschiedlichen Arbeitsschritten herstellbar sind, treten die beim Betonieren von massiven Kastenträgern bekannten Probleme aus dem Abfließen der Hydratationswärme nicht auf.

Schüßler-Plan

Ingenieurgesellschaft
für Bau- und
Verkehrswegeplanung
mbH

10405 Berlin
Greifswalder Straße 80A
Tel.: 030. 4 21 06-0
Fax: 030. 4 21 06-301

Entwurf
Ausführungsplanung
Bauüberwachung
im modernen Brückenbau

www.schuessler-plan.de

Ingenieurhochbau

Flughafenbau

Beton- und Stahlbrückenbau

Schienenwegebau

Straßenbau

Tunnelbau

Bau- und Projektmanagement

Vermessung

Landschafts- und Umweltplanung

Erschließungsplanung

Die Überbauten wurden von den Pfeilern ausgehend auf den endgültigen Lagern im Freivorbau hergestellt. Zur Kippsicherung in den Bauzuständen war der jeweilige Waagebalken auf dem Pfeiler sowie auf einer 8,22 m in Richtung Widerlager versetzten Hilfsstütze gelagert. Die Lagerung am Kopf der Hilfsstütze erfolgte auf Kalottenlagern, welche die im Freivorbau auftretenden Drehbewegungen des Überbaus aufnahmen. Der Startbereich zwischen Pfeiler und Hilfsstütze wurde konventionell auf einem Schaltisch hergestellt. Die weiteren Schüsse wurden mit einer Länge von 6,57 m derart frei vorgebaut, daß durch einen Vorlauf der Arbeitstakte im Seitenfeld die Kippsicherheit in allen Bauzuständen gewährleistet war. (Darstellung der einzelnen Bauphasen siehe Seite 165.)

Die Stegbleche wurden von zwei, an den Pfeilerachsen 20 und 30 aufgestellten, Turmdrehkränen eingehoben. Hierbei erfolgte die Verbindung der einzelnen Stegschüsse über geschraubte Laschenkonstruktionen (GV-Verbindungen), die eine Höhenkorrektur der einzelnen Bauabschnitte bei der Montage ermöglichten.

Nach dem Lückenschluß im Hauptfeld erfolgte die Herstellung der restlichen Bauabschnitte zu den Widerlagern auf jeweils zwei weiteren Hilfsstützen.

Um Momentenumlagerungen aus Kriechen und Schwinden vorwegzunehmen, wurde nach Fertigstellung des Hauptfeldes und Einbau der Kontinuitätsspannglieder ein Hebevorgang der Seitenfelder vorgesehen. Hierbei wurde über das Hochpressen der Hilfsstützen ein Feldmoment in das Hauptfeld eingebracht, so daß keine späteren Umlagerungen mehr stattfanden und eine wirtschaftlichere Ausnutzung der Vorspannung erzielt wurde.

Nach Erreichen der Widerlager schloß die Fertigung des Überbaus mit der Herstellung der Endquerträger ab. Anschließend erfolgte der Einbau der externen Spannglieder, das Ausrüsten der Hilfsstützen und der Ausbau des Bauwerks.

Die gesamte Herstellung des Überbaus wurde durch ein umfangreiches Meßprogramm begleitet. Hierdurch wurde in jedem Bauabschnitt die sich aus Tragwerksüberhöhung und der jeweiligen Eigenlastverformung ergebende Form des Überbaus kontrolliert. Nach Auswertung der Meßdaten konnten ggf. Höhenkorrekturen vorgenommen werden.

4. Technische Daten

Länge:	277,8 m (Überbau Nord) 280,0 m (Überbau Süd)
Stützweiten:	81,5 m + 115 m + 81,4 m 84,6 m + 115 m + 80,5 m
Breite:	28,5 m zwischen den Geländern
Fläche:	7960 m²
Bauhöhe:	2,80 m – 6,00 m
Höhe max. über Tal:	35 m
Beton:	ca. 11.000 m³
Betonstahl:	ca. 1.500 t
Spannstahl:	ca. 300 t
Baustahl:	ca. 1.200 t
Herstellungs- verfahren:	Freivorbau

Talbrücke
Streichgrund

1. Bauwerksentwurf

Bei km 66+500 quert die Autobahn den Streichgrund, ein flaches Tal mit ökologisch hochwertigem Naturraum. Im Talgrund verlaufen der Wiesenbach, die Landesstraße L 2272 sowie Wirtschafts- und Forstwege. Die BAB A 71 ist im Bereich der Brücke in einer Geraden trassiert mit anschließender Klothoide (A = 600) und einem Kreisbogen mit R = 1.800 m. Das 450 m lange Bauwerk kreuzt das Tal im Winkel von ca. 50 gon in einer maximalen Höhe von 27,5 m über Grund. Der Fahrbahnquerschnitt ist entsprechend den Anforderungen des RQ 26 ausgebildet. Die Gesamtbreite zwischen den Geländern beträgt 28,5 m: die Führung von zwei Standstreifen je Richtungsfahrbahn erfordert eine Fahrbahnbreite von jeweils 11,50 m.

Für den Entwurf der Brücke war ausschlaggebend, das im Naturschutzgebiet liegende Tal möglichst wenig zu beeinträchtigen; ein Mindestabstand der Pfeiler von ca. 10 m vom uferbegleitenden Gehölz war einzuhalten.

Diese Randbedingungen führten zu einer Hauptstützweite im Bereich der Talaue von 85 m. Zur bestmöglichen Einpassung der Brücke in die Landschaft wurde die Pfeilerstellung an der Waldgrenze ausgerichtet und der Überbau mit einer Stahlverbundkonstruktion sehr schlank gestaltet.

2. Bauwerksbeschreibung

2.1 Gründung

Die Widerlager wurden auf einer bis zu 6 m hohen Dammvorschüttung flachgegründet. Die Pfeiler wurden im verwitterten Sandstein gegründet. Diese Schicht wird in den Achsen 20, 30, 70 und 80 mit Flachgründungen erreicht. In den Achsen 40, 50 und 60 waren Tiefgründungen mit Großbohrpfählen ($\varnothing$ = 1,50 m) erforderlich.

2.2 Widerlager

In den Achsen 10 und 90 wurde jeweils ein begehbares Kastenwiderlager ausgeführt. Die Flügelwände erhielten als besonderes, gestalterisches Element in Brückenrichtung vorgezogene Wandscheiben, deren vordere Begrenzung senkrecht auf der Böschungslinie steht.

2.3 Pfeiler

Die massiven Pfeiler der Talbrücke Streichgrund sind 13 bis 22 m hoch und im Grundriß rechteckig geformt mit abgefasten Ecken. Der Pfeilerschaft verjüngt sich nach oben mit dem Anzug von 80:1, im Bereich des Pfeilerkopfes wird der Schaftquerschnitt aufgeweitet. Die Abmessungen des Pfeilerschaftes unterhalb der Kopfaufweitung betragen 4,80 × 1,63 m, bei den Pfeilern neben dem Hauptfeld 4,80 × 1,92 m.

2.4 Überbau

Die beiden 8feldrigen Überbauten in Stahlverbundbauweise sind 450 m lang, die Hauptstützweite beträgt 85 m, die Stützweiten der übrigen Felder sind abgestuft von 36 bis 70 m. Die Konstruktionshöhe beträgt im Regelquerschnitt 2,50 m und an den Vouten 4,0 m. Das gevoutete Hauptfeld besitzt damit die Schlankheiten l/h = 85/4,0 = 21 bzw. 85/2,5 = 34. Die Stahlkästen haben eine konstant breite Bodenplatte von b = 5,40 m und geneigte Stege, die die Brückenlast direkt auf die Lager abgeben.

Über den Punktkipplagern sind außen am Steg Lisenen ausgebildet, die den Überbau optisch gliedern und den Kraftfluß deutlich machen. Zum Schutz der Umwelt unter der Brücke erhält der Überbau einen 1,50 m hohen Spritzschutz, der als Glaswand ausgebildet ist, um den Autofahrern den Blick in das schöne Tal zu ermöglichen.

2.4.1 Lagerung

Aufgrund der vorhandenen großen Lagerkräfte und Verschiebungen und der Verdrehungen im Bauzustand wurden Punktkipp- und Gleitlager (Kalottenlager) als wirtschaftliche, dauerhafte und wartungsfreundliche Lösung gewählt. Der verschiebliche Teil der Lager wurde am Überbau befestigt, um den erforderlichen Platz auf den Pfeilerköpfen nicht unnötig zu vergrößern.

Der Festpunkt der Brücke wird durch die Festpfeiler in Achse 50 und 60 bestimmt, hier sind längsfeste Lager angeordnet.

Die Lagesicherung in Querrichtung ist in den Achsen 10, 30, 50, 60, 70 und 90 in der nördlichen Lagerreihe durch querfeste Lager gewährleistet.

3. Bauausführung

3.1 Vorarbeiten

Vor Beginn der Bauarbeiten wurde die zukünftige Trasse der Planung entsprechend gerodet. Um die notwendigen Baustraßen anlegen zu können, mußte ein bestehender Flußlauf verrohrt werden. Nach Abschluß der Baumaßnahme ist der ursprüngliche Zustand wieder hergestellt worden. Der Verkehr auf der Landesstraße L 2271 wurde durch die Bauaktivitäten kaum beeinträchtigt. Eine Abstimmung mit den örtlichen Behörden fand ständig statt; mit Genehmigung des Straßenbauamtes wurden für die Stahlbaumontage kurze Straßensperrungen durchgeführt.

3.2 Pfeiler

Die Betonagen verschiedener Pfeilertakte erfolgten im Wochenrhythmus. Um die Vorgaben des Bauzeitenplans zu erreichen, wurden 3 Stück DOKA-Kletterschalungen eingesetzt. Diese Schalungssysteme konnten unabhängig voneinander an den einzelnen Pfeilerschäften umgesetzt werden. Die Köpfe der Stützpfeiler mußten aufgrund ihrer Geometrie im „Nachlauf" mit einer weiteren Schalung erstellt werden.

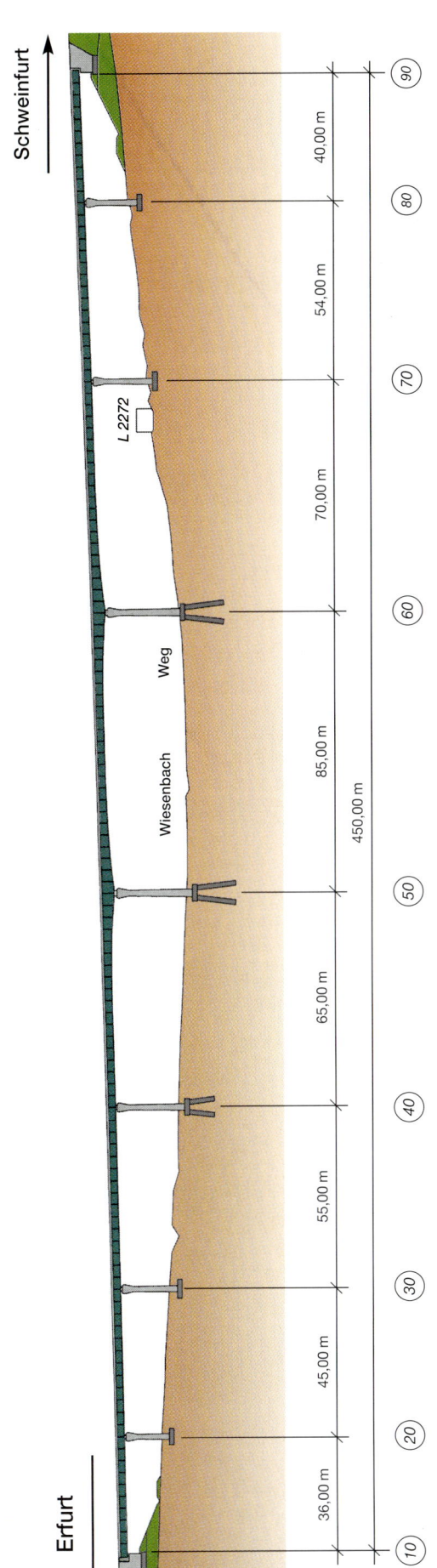

Ansicht

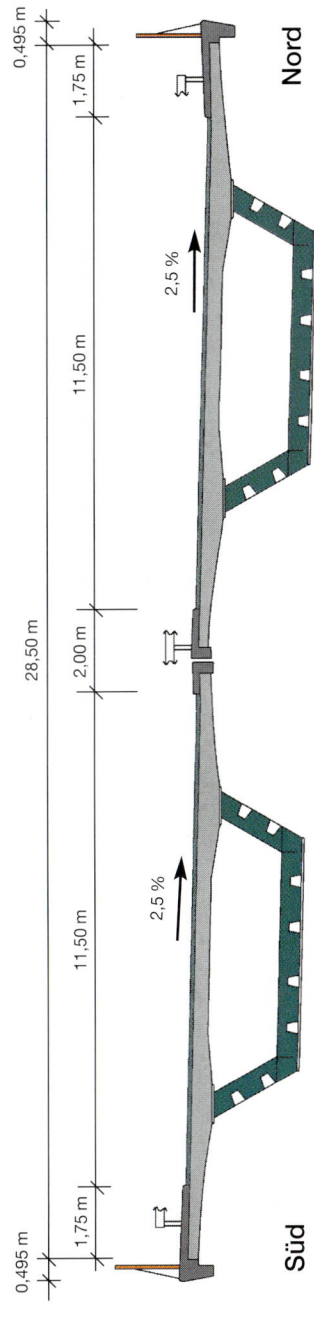

Regelquerschnitt

Verkehrsprojekt Deutsche Einheit Nr. 16 A 71 Erfurt–Schweinfurt Freistaat Thüringen	unten: Wiesenbach, L 2272	Baujahr: 2000–2002 Bauzeit: 29 Monate	Bauweise: Stahlverbund
Entwurfsbearbeitung: Leonhardt, Andrä & Partner – Berat. Ingenieure	Bauwerks-Nr.: 5314/02	Kosten (Mio. DM): 29 (brutto)	Kosten (DM/m²): 2.265
Prüfingenieur: Prof. Sedlacek & Partner, Aachen	Bauüberwachung/Bauoberleitung: BUNG, Beratende Ingenieure		
Bauausführung: Hein GmbH, Georgsmarienhütte/ VOEST – Alpine MCE, Linz (Österreich)	Ausführungsplanung: NW Planungsgesellschaft NORD-WEST, Hannover Meyer + Schubart, Partnerschaft Berat. Ingenieure		
Gestalterische Beratung: Frank, Jakob †, Bluth/Stuttgart			

Der Stahltrog für den Überbau
wird vormontiert.

Blick in den Stahltrog (Überbau Süd).

3.3 Überbau

Der Stahlüberbau wurde je Richtungsfahrbahn in 15 Schüsse aufgeteilt. Bis auf die beiden Voutenschüsse, die in vier Segmenten an der Baustelle angeliefert wurden, konnten alle anderen Schüsse in der üblichen L-Form zweiteilig vorgefertigt werden. Als Material kam S 355 J2 G3 zur Anwendung.

Das Gesamtstahlgewicht beträgt ca. 2.600 t bei Schußlängen zwischen 23,50 m und 35,40 m. Der Antransport aller Bauteile erfolgte mittels Schwerlast-LKW über die Straße. Als Montagemethode wurde seitens der ausführenden Firma eine konventionelle Autokran-Hubmontage auf Hilfsstützen mit temporärer Flachgründung gewählt. Die Stellung der Fachwerkhilfsstützen wurde auf die einzelnen Schußlängen optimal abgestimmt. Zum Einsatz kamen Autokräne mit einer Hubkapazität von bis zu 500 t.

Vor Ort wurden die einzelnen Schüsse im üblichen Handschweißverfahren untereinander verbunden und stichprobenartig zerstörungsfrei geprüft. Für die vorherzusehenden Herstellungstoleranzen wurde bereits in der Planung eine Ballastierung der freien Kragarmspitze (Angleichung der Schnittufer im Zustand Lückenschluß) und somit ein Einfrieren der Spannungen berücksichtigt.

Die Fahrbahnplatte wurde im Pilgerschrittverfahren hergestellt. Insgesamt wurden je Überbau 13 Feldabschnitte betoniert, bevor die sieben Stützenabschnitte in umgekehrter Schalwagenvorschubrichtung betoniert wurden. Die Abschnittlängen liegen zwischen max. 24,60 m für die Felder und 20,00 m für die Stützenbereiche.

4. Technische Daten

Länge:	450 m
Stützweiten:	Süd: 37,6 m + 48 m + 57 m + 70 m + 85 m + 65 m + 50 m + 37,4 m
	Nord: 36 m + 45 m + 55 m + 65 m + 85 m + 70 m + 54 m + 40 m
Breite:	28,5 m zwischen den Geländern
Fläche:	12.800 m²
Bauhöhe:	2,50 m – 4,00 m
Höhe max. über Tal:	27,5 m

Beton:

	Unterbauten:	6.600 m³
	Überbauten:	4.650 m³
	Betonstahl:	1.700 t

Stahlbau: 2.650 t Konstruktionsstahl

Herstellungs-verfahren:

	Unterbauten:	Kletterschalung
	Überbauten:	Schalwagen für Fahrbahnplatte mit Längsverzug

Gesamtansicht des Bauwerks während der Herstellung der Fahrbahnplatte bzw. des Stahltrogs.

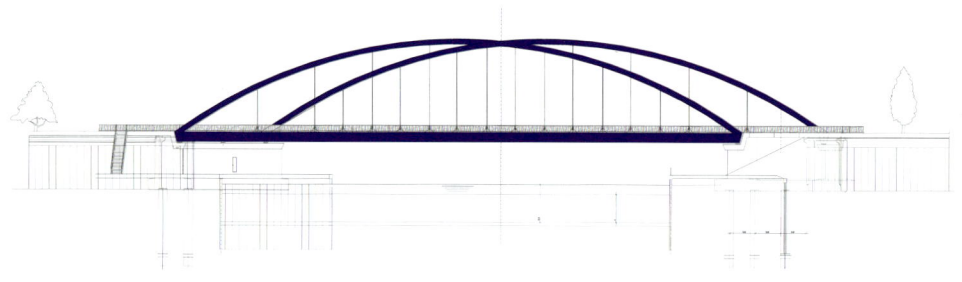

Talbrücke Reichenbach

1. Bauwerksentwurf

Zwischen Geraberg und Martinroda quert die Bundesautobahn A 71 in einer Höhe über Talgrund von ca. 60 m das langgestreckte, landschaftlich sehr reizvolle Reichenbachtal.

Im westlichen Talraum verläuft die Bahnlinie Arnstadt–Ilmenau, etwa in Talmitte der Reichenbach und die Landstraße L 2699 und im Osten des Tales die Bundesstraße B 4.

Die A 71 ist im Bereich des Reichenbachtales auf einer Geraden trassiert. Ihre Gradiente liegt in einer Wannenausrundung mit H = 50.000 m, so daß veränderliches Längsgefälle besteht.

Der im Bauwerksbereich vorzusehende Autobahnquerschnitt besitzt bei einer Fahrbahnbreite je Richtungsfahrbahn von 11,50 m jeweils zwei Fahrstreifen und einen Standstreifen. Bei Außen- und Mittelkappenbreiten von 2,00 m ergibt sich demnach für das Bauwerk eine Gesamtbreite zwischen den Geländern von 28,50 m.

Nach den Ergebnissen der Baugrunderkundung war von schwierigen, über die große Länge des Talraumes wechselnden Gründungsverhältnissen auszugehen.

Während der ausreichend tragfähige Mittlere Buntsandstein an der östlichen Talseite relativ oberflächennah ansteht, erreichen die ihn überlagernden Schichten des Oberen Buntsandsteines zur Westseite hin Mächtigkeiten von ca. 40,0 m. Der Obere Buntsandstein ist tiefgründig entfestigt, teilweise verwittert und hat überwiegend den Charakter eines Lockerbodens. Er ist aufgrund der zu erwartenden unverträglichen Setzungen als Gründungshorizont für die Ausführung einer Flachgründung ungeeignet.

Zielsetzung der Entwurfsplanung war, unter den genannten Randbedingungen ein wirtschaftlich herstellbares und unterhaltungsarmes Brückenbauwerk mit ausgewogenen Proportionen zwischen Talform, Stützweiten, Bauhöhen und Pfeilerabmessungen zu finden, das sich harmonisch in den Talraum einfügt und im Hinblick auf das landschaftlich reizvolle Tal eine größtmögliche Transparenz erreicht.

Im Rahmen der Vorplanung wurden 12 sinnvolle Ausführungsalternativen mit unterschiedlichen Haupttragwerken, Bauarten und Baustoffen untersucht und nach allen relevanten Kriterien bewertet.

Zur Ausführung kam ein Bauwerk mit einer Gesamtlänge von 1.000,0 m, dessen Feldweiten auf die Talform abgestimmt sind. Die insgesamt 14 Felder des als Durchlaufträger konzipierten Überbaues weisen Stützweiten zwischen 40,0 m in den Endfeldern und 105,0 m im mittleren Talraum auf. Im Bereich der Endfelder ist der Überbau bis zu Stützweiten von 75,0 m als Parallelträger mit einer Konstruktionshöhe von 3,70 m und im Bereich größerer Stützweiten als Voutenträger ausgebildet. Bei gleicher Konstruktionshöhe in Feldmitte betragen die Konstruktionshöhen an den Stützpunkten entsprechend der Größe der angrenzenden Felder 5,85 m bzw. 6,50 m.

Insgesamt ergibt sich bei den gewählten Abmessungen des Überbaues und der Pfeiler ein sehr schlankes Bauwerk, das mit der vorhandenen Talform gut in Einklang steht.

Beide Richtungsfahrbahnen werden über einen einteiligen Überbau in Stahlverbundbauweise überführt.

Der Brückenquerschnitt besteht aus einem Kastenträger mit beidseitig außenliegenden schrägen Druckstreben und verbindenden Zuggurten. Kastenträger, Druckstreben und Zuggurte sind in Stahlbauweise ausgeführt. Die Stahlkonstruktion wurde nach ihrer Montage durch die in Ortbeton auszuführende, schlaff bewehrte Fahrbahnplatte ergänzt.

Der einteilige Überbau erlaubte die Ausführung ebenfalls einteiliger Stützpfeiler. Im Vergleich zur Ausführung von zwei getrennten Überbauten konnte daher eine Stützenreihe entfallen. Dadurch wird der langgestreckte Talraum weniger verstellt und die Transparenz des Bauwerkes insgesamt verbessert.

Bei den schwierigen Baugrundverhältnissen ergeben sich im vorliegenden Falle auch erhebliche wirtschaftliche Vorteile, weil bei der gewählten einteiligen Überbaulösung insgesamt geringere Lasten zu gründen waren als bei Ausführung von zwei getrennten Überbauten.

Bei einem einteiligen Überbau muß die Möglichkeit bestehen, Teile der Fahrbahnplatte unter weitgehender Aufrechterhaltung des Verkehrs bei Erfordernis austauschen zu können.

Der einteilige Überbau ist daher so ausgebildet und wird so bemessen, daß halbseitig die Fahrbahnplatte an jeder Stelle auf einer Länge von 15,0 m im Instandsetzungsfalle unter 4+0-Verkehr ausgetauscht werden kann.

2. Bauwerksbeschreibung

2.1 Unterbauten

2.1.1 Gründung

Bedingt durch die örtlich sehr unterschiedlichen Gründungsbedingungen kamen bei den Widerlagern und Pfeilern unterschiedliche Gründungsarten zur Ausführung.

Beide Widerlager wurden flach über Bodenaustauschschichten gegründet. Bei den Pfeilern in den Achsen 2 und 3 wurden ebenfalls Flachgründungen ausgeführt, weil an diesen Standorten der tragfähige Mittlere Buntsandstein geländenah ansteht.

Zunächst war auf der Grundlage der „üblichen" Baugrunderkundung geplant, in den Achsen 4 bis 14 konventionelle Tiefgründungen aus Großbohrpfählen (∅ 1,50 m) mit Absetztiefen im Mittleren Buntsandstein auszuführen. Dabei ergaben sich Pfahllängen von bis zu 50 Metern.

Im Rahmen der daraufhin von DEGES veranlaßten ergänzenden Baugrunduntersuchung mit statischen und dynamischen Probebelastungen an Großbohrpfählen (∅ 0,90 m) mit Längen von 12,50 m und 20,0 m konnte jedoch die Eignung des anstehenden Baugrundes für die Ausführung einer kombinierten Pfahl-Plattengründung (KPP) nachgewiesen werden.

In den für eine Pfahl-Plattengründung in Frage kommenden Stützenachsen bestehen die Gründungselemente der Talbrücke Reichenbach daher aus einer bis zu 3,0 m dicken Gründungsplatte und jeweils 6 bzw. 8 Großbohrpfählen (∅ 1,30 m). Die Großbohrpfähle haben Längen von 15,0 m.

Im vorliegenden Falle ergaben sich gegenüber einer konventionellen Tiefgründung bei Ausführung der kombinierten Pfahl-Plattengründung erhebliche wirtschaftliche Vorteile, weil diese erstmals bei einer Großbrücke eingesetzte Gründungsart sowohl deutlich geringere Pfahllängen als auch geringere Pfahldurchmesser erfordert.

Die Kosteneinsparungen (ca. 1,5 Mio. DM) ergaben sich allein aus den Erkenntnissen der vorgezogenen Pfahlprobebelastungen und der Anwendung der kombinierten Pfahl-Plattengründung.

Die ausgeführten Gründungen wurden kontinuierlich meßtechnisch beobachtet. Die Daten wurden elektronisch gemessen und per Datenfernübertragung an das überwachende Ingenieurbüro übermittelt.

2.1.2 Widerlager

Beide Widerlager wurden als begehbare Kastenwiderlager rechtwinklig zur Fahrbahnachse in Stahlbetonbauweise errichtet. Die Zugänge zu den Wartungsgängen für die Kontrolle der Fahrbahnübergänge befinden sich an den Talseiten der Widerlager. Sie sind über Böschungstreppen erreichbar.

An der Nordseite des östlichen Widerlagers ist zur Begrenzung der Böschungslänge eine ca. 41 m lange und max. 2,50 m hohe Stützwand erforderlich, um die Steigung des dort vorhandenen Forstweges auf ca. 10 % zu begrenzen.

2.1.3 Pfeiler

Die schlanken, bis zu 50 m hohen Stützpfeiler sind mit Hohlquerschnitt in Stahlbetonbauweise ausgeführt. Als Querschnitt wurde eine Rechteckform mit abgefasten Kanten gewählt. Der Querschnitt verjüngt sich zunächst über die Pfeilerhöhe nach oben mit einem Anzug 1 : 70 und verbreitert sich an den Pfeilerköpfen in beiden Querschnittsrichtungen auf einer konstant gewählten Höhe von 4,0 m (parallelgurtiger Bereich) bzw. 5,0 m Höhe (gevouteter Bereich). Die Querschnittseinschnürungen unter den markanten Pfeilerköpfen sind bei allen Stützen mit 2,20 m × 6,60 m gleich gewählt. Die Pfeilerköpfe in den Lagerebenen haben im Grundriß Abmessungen von 3,50 m × 10,0 m.

Die Hohlpfeiler enthalten Aussparungen im Pfeilerkopf zur Lagerkontrolle. Die Pfeiler sind sowohl von oben her über eine Bodenluke vom Stahlüberbau aus als auch vom Gelände her über ebenerdig angeordnete Stahltüren zugänglich.

Die mit 0,30 m Wanddicke ausgeführten Hohlpfeiler sind alle 5,0 m durch massive Zwischendecken ausgesteift. Ihre Ausstattung mit Leitern und Geländern erfolgte nach Richtzeichnung Zug 6.

2.2 Überbau

Die Stützweiten des Stahlverbundüberbaues betragen 40 – 50 – 55 – 65 – 75 – 80 – 95 – 105 – 95 – 80 – 75 – 70 – 65 – 50 m. Der einteilige Überbauquerschnitt ist als Kastenträger mit geneigten Stegen ausgebildet. Obere und untere Kastenbreite wurden in allen Feldern mit konstanten Abmessungen ausgeführt. Diese betragen 10,50 m und 8,50 m. Dadurch ergaben sich in den gevouteten Feldern leicht veränderlich geneigte Stegflächen.

Der Kastenträger wurde in Querrichtung im Abstand von 5,0 m durch Querrahmen und Diagonalstreben ausgesteift. Die Aussteifung des Bodenbleches und der Kastenstege erfolgte über Trapezhohlsteifen. Die außen beidseitig weit über die Stege des Hohlkastens auskragende Fahrbahnplatte wird durch geneigte Druckstreben aus Stahlrohren gestützt, die im Abstand der Querverbände angeordnet sind. Die Neigung der Druckstreben erforderte die Ausbildung eines Zugbandes zwischen den fahrbahnseitigen Endpunkten der Druckstreben in der Höhenlage der Kastenobergurte.

Die schlaff bewehrte Fahrbahnplatte wird trägerrostartig durch gevoutete Unterzugssysteme gestützt. Diese befinden sich in Bauwerkslängsrichtung über den äußeren Druckstreben, den Kastenstegen und in Kastenmitte oberhalb der Diagonalsteifen sowie in Bauwerksquerrichtung in den Achsen der Queraussteifungen. Zwischen den Zugbändern in Bauwerksquerrichtung und den die Fahrbahnplatte unterstützenden Stahlbetonunterzügen wurde ein Schubverbund über Kopfbolzendübel hergestellt.

Die geschweißte Stahlkonstruktion besteht aus S 355 J2G3 (St 52-3) und S 460 M, für deren Einsatz eine Zustimmung im Einzelfall erteilt wurde. Alle Hohlprofile wurden dichtgeschweißt.

Die Ausführungsplanung berücksichtigt einen Austausch von ggfs. verschleißanfälligen Teilen der Fahrbahnplatte unter Aufrechterhaltung einer 4+0-Verkehrsführung. Für die im Falle eines Plattentausches erforderlichen Hilfsverbände wurden bereits bei der Bauwerksherstellung die erforderlichen Anschlußkonstruktionen vorgehalten. Darüber hinaus sind alle Bauwerksteile und Verbundfugen für die beim Austausch der Fahrbahnplatte wirkenden Lasten bemessen.

Das Ermüdungsverhalten der Zugbänder und der Schweißnähte des Baustahles S 460 M wurden auf der Grundlage des Eurocode untersucht.

2.2.1 Lagerung

Der Überbau ruht in jeder Stützenachse auf zwei Lagern, die im Abstand von 7,50 m angeordnet sind.

In einer Lagerreihe sind ausschließlich allseits bewegliche und in der gegenüberliegenden Lagerreihe in den Achsen 2 bis 6 und 11 bis 14 quer feste und längsbewegliche und in den Achsen 7 bis 10 allseits feste Lager vorhanden. In den Widerlagerachsen sind getrennte Lager für Vertikal- und Horizontallasten vorgesehen, weil die in diesen Achsen vorhandenen Auflasten gering sind.

Aufgrund großer Systemverschiebungen und Temperaturausdehnungen wurden zur Beschränkung der Verformungen an den Widerlagern Festhaltekonstruktionen eingebaut, welche Zug- und Druckkräfte übertragen können. Durch den Einsatz dieser Bewe-gungsbegrenzer konnten die Lagerwege und die Dehnwege der Fahrbahnübergangskonstruktionen wirtschaftlicher dimensioniert werden.

2.2.2 Entwässerung

Die Entwässerung der Fahrbahn erfolgt über 41 Brückenabläufe je Richtungsfahrbahn, die im Abstand von 25 m im Bereich der Mittelkappe angeordnet sind. Sie sind über Querleitungen an die im Hohlkasten verlaufende Längsleitung angeschlossen. Das auf der Brücke anfallende Oberflächenwasser wird am Pfeiler 11 über eine Falleitung mit anschließendem Energieumwandlungsbecken und am Pfeiler 14 über eine Falleitung und einen anbetonierten Tonschacht in ein im Talgrund zu errichtendes Regenrückhaltebecken geleitet.

3. Bauausführung

3.1 Gründung

Beide Widerlager und die Stützen in den Achsen 2 und 3 konnten auf anstehendem Fels flach gegründet werden. Die Gründungen in den Pfeilerachsen 4 bis 6 erfolgten über konventionelle Tiefgründungen mit Bohrpfahllängen bis zu 40,0 m.

Die Pfeiler in den Achsen 7 bis 14 sind als kombinierte Pfahl-Plattengründungen mit Bohrpfahllängen von 15,0 m ausgeführt.

Um das Tragverhalten der Pfahl-Plattengründung zu überprüfen, wurden umfangreiche geotechnische Messungen durchgeführt und zeitnah ausgewertet. Zur Ermittlung der Größe und Verteilung der auftretenden Sohlspannungen unter der Pfahlkopfplatte wurden mehrere Sohldruck- und Porenwasserdruckgeber eingebaut. Über Betondehnungsaufnehmer konnten in jedem Pfahlkopf die Pfahlkräfte gemessen werden. Die Meßeinrichtungen arbeiteten vollständig automatisch und wurden über Datenfernübertragung per Funk gesteuert.

3.1.1 Widerlager

Im Zuge der Bauausführung wurde im Bereich des östlichen Widerlagers eine 0,50 m bis 0,60 m mächtige, talwärts einfallende Tonschicht angetroffen. Sie wurde vollständig gegen ca. 1.600 m^3 Magerbeton ausgetauscht. Zur Vermeidung eines unplanmäßig großen Hangschubes auf das Widerlager wurde die Tonschicht auch hinter dem Widerlager großflächig gegen scherfestes Material ausgetauscht. Zusätzlich wurde der Fundamentkörper konstruktiv mit einer Verdübelung gegen Abgleiten gesichert.

3.1.2 Pfeiler

Die Pfeilerschäfte wurden mit Hilfe einer Kletterschalung hergestellt. Die Abschnittslängen betrugen 4,0 m bzw. 5,0 m.

Die Pfeilerköpfe mußten aufgrund ihrer Formgebung im Nachlauf mit konventionellen Schalungen hergestellt werden.

3.2 Lager

In den Achsen 7 bis 10 kamen aufgrund der Größe der vorhandenen Lagerkräfte und Auflagerdrehwinkel Kalottenlager und in den übrigen Achsen Topflager zum Einsatz.

3.3 Überbau

Die parallelgurtigen Teile der Stahlkonstruktion wurden von beiden Widerlagern aus im Taktschiebeverfahren in die vier bzw. fünf hangseitigen Felder eingeschoben. Die gevouteten Überbauabschnitte wurden eingehoben.

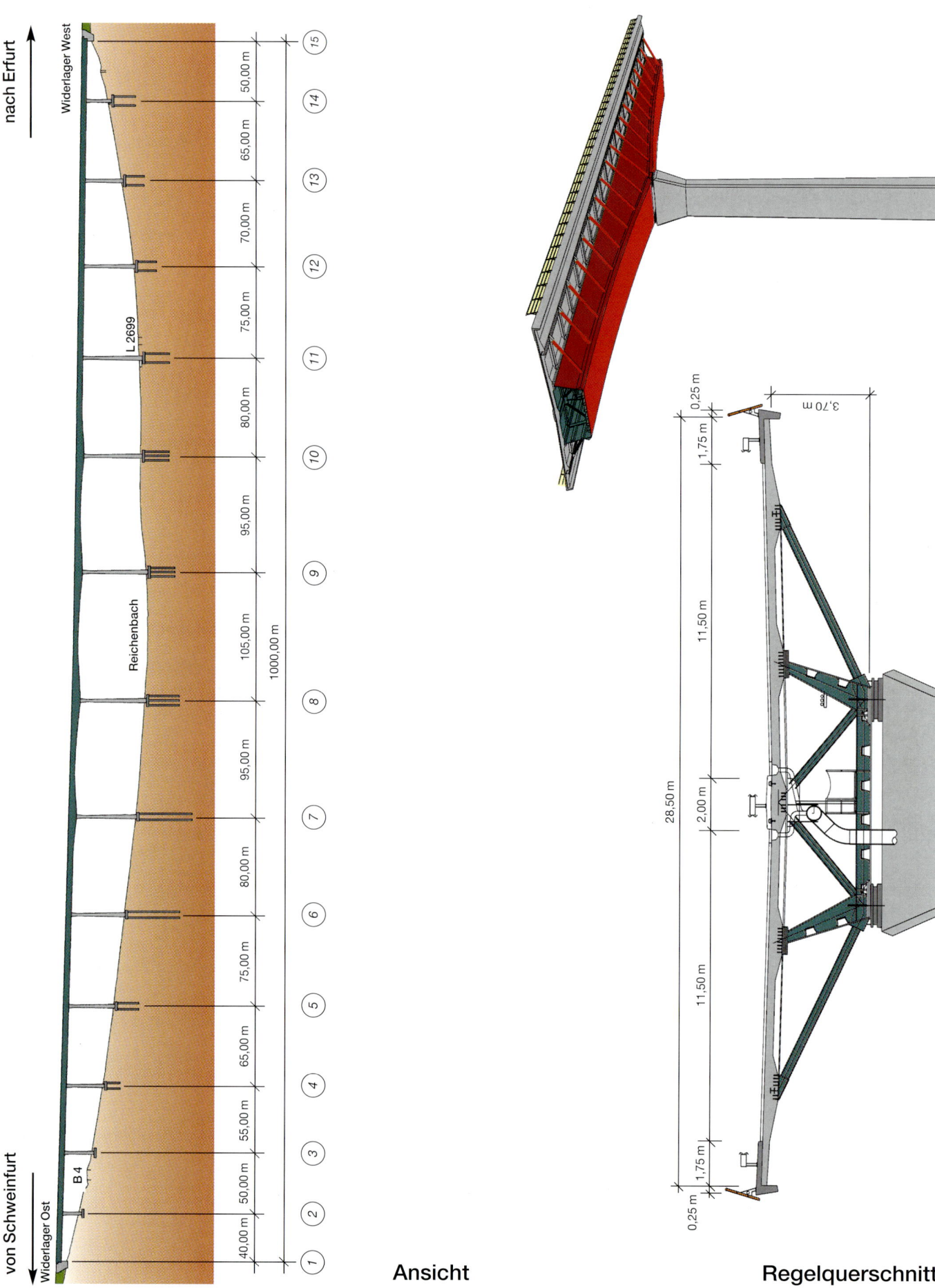

nach Erfurt

Widerlager West

L 2699

Reichenbach

von Schweinfurt

Widerlager Ost

B 4

40,00 m · 50,00 m · 55,00 m · 65,00 m · 75,00 m · 80,00 m · 95,00 m · 105,00 m · 95,00 m · 80,00 m · 75,00 m · 70,00 m · 65,00 m · 50,00 m

1000,00 m

① ② ③ ④ ⑤ ⑥ ⑦ ⑧ ⑨ ⑩ ⑪ ⑫ ⑬ ⑭ ⑮

Ansicht

0,25 m · 1,75 m · 11,50 m · 2,00 m · 11,50 m · 1,75 m · 0,25 m

28,50 m

3,70 m

Regelquerschnitt

Verkehrsprojekt Deutsche Einheit Nr. 16 A 71 Erfurt–Schweinfurt Freistaat Thüringen	unten: **Reichenbach, DB-Strecke Arnstadt–Ilmenau, B 4, L 2699**	Baujahr: **2000–2002** Bauzeit: **36 Monate**	Bauweise: **Stahlverbund einteilig**
Entwurfsbearbeitung: **Peter + Lochner, Stuttgart**	Bauwerks-Nr.: **5311/05**	Kosten (Mio. DM): **59 (brutto)**	Kosten (DM/m²): **2.070**
Prüfingenieur (Unterbauten): **Prof. Dr.-Ing. Breitschuh†, Berlin**	Bauausführung: **ARGE Reichenbachbrücke STRABAG, Österreich/ H+I AG, NL Nürnberg/DSD Dillinger Stahlbau GmbH**		
Prüfingenieur (Überbau): **Prof. Dr.-Ing. Schmackpfeffer, Berlin**	Ausführungsplanung: **FCP-Ziviltechniker GmbH, Wien**		
Bauüberwachung/Bauoberleitung: **BUNG, Beratende Ingenieure**	Gestalterische Beratung: **Frank, Jakob†, Bluth/Stuttgart**		

Bauzustand Stützpfeiler.

Herstellung Pfeiler und Widerlager
West (links).
Geradezu filigran wirkt die Stahlkonstruktion des Überbaus auf
den schlanken Pfeilern (rechts).

Zum Einsatz kamen zwei Taktanlagen, die hinter den Widerlagern positioniert waren. Allein für die Anlage der jeweils 110 m langen Montage- und Takteinrichtungen mußten 35.000 m³ Erdmaterial bewegt werden.

Begonnen wurde mit dem westlichen, 260 m langen Überbauteil. Dieser wurde nach Montage des Vorbauschnabels beginnend am Widerlager West über Verschubschlitten über vier Pfeiler bis zum Pfeiler 11 vorgeschoben. Der Verschub des östlichen, 285 m langen Überbauteiles begann am Widerlager Ost und endete am Pfeiler 6. Beide Überbauabschnitte wurden in drei Phasen verschoben.

Zeitgleich mit den Taktschiebevorgängen wurden die vier Pfeilerkopfschüsse in den Achsen 7 bis 10 mit einem 800 t-Gittermastraupenkran auf die Pfeilerköpfe gehoben und dort befestigt. Im Anschluß wurden die gevouteten Mittelfelder mittels eines elektronisch gesteuerten Litzenhubsystems eingehoben und mit den Pfeilerkopfschüssen verschweißt.

Nachdem der erste Überbauabschnitt vollständig eingeschoben und auf die endgültigen Lager abgesenkt war, begannen die Betonierarbeiten der Fahrbahnplatte. Die Fahrbahnplatte wurde im Pilgerschrittverfahren hergestellt. Für das Betonieren der Feld- und Stützenabschnitte kamen zwei Schalwagen zum Einsatz.

Nachdem der zweite Überbauabschnitt eingeschoben und abgesenkt war, kam ein dritter Schalwagen zum Einsatz, mit dem die Fahrbahnplatte dieses Abschnittes an der Ostseite beginnend hergestellt wurde.

Insgesamt waren 57 Betonierabschnitte mit Längen zwischen 10,0 m und 17,50 m herzustellen.

4. Technische Daten

Länge:	1.000 m
Stützweiten:	40 m + 50 m + 55 m + 65 m + 75 m + 80 m + 95 m + 105 m + 95 m + 80 m + 75 m + 70 m + 65 m + 50 m
Breite:	28,5 m
Fläche:	28.500 m²
Bauhöhe Überbau:	3,70 m – 6,50 m
Höhe max. über Tal:	60 m
Herstellungsverf. Stahlüberbau:	Taktschiebeverfahren/Einheben
Herstellungsverf. Fahrbahnplatte:	Pilgerschrittverfahren
Herstellungsverf. Pfeiler:	Kletterschalung
Beton:	ca. 24.000 m³
Betonstahl:	ca. 4.000 t
Stahl/Überbau:	6.000 t

Talbrücke
Zahme Gera

1. Bauwerksentwurf

Aus der Autobahntrassierung stellte sich die Aufgabe, das ca. 65 m tief eingeschnittene Tal der „Zahmen Gera" in der Nähe der Ortschaft Geraberg zu überqueren. Die Trasse kreuzt das Tal in dieser Höhe unter einem Winkel von etwa 65 gon und in einem Grundrißradius von R = 1.500 m bzw. einer Klothoide A = 1000.

Wesentliche Randbedingungen für die Gestaltung des Bauwerks lieferten die nahegelegene Ortschaft sowie mehrere schützenswerte Biotope der Klasse 4 und 5 im Flußtal und besonders an den Talflanken. Ziel der Entwurfsbearbeitung war es damit, ein Bauwerk mit ausgewogenen Proportionen zwischen Stützweite, Bauhöhe und Überbaukonstruktion, Tiefe des Tals, den Randbedingungen des Landschaftschutzes und der schwierigen Geländeverhältnisse sowie Gründungsverhältnisse zu planen. Hier sei der westliche stark geneigte (ca. 40°) Hang als Biotop besonders hervorgehoben. Die Steilheit des Hanges ist durch den Schrägschnitt der Trasse durch das Tal in der Brückenansicht nicht erkennbar.

In der Vorplanung wurden 11 Lösungen untersucht, darunter auch Überbauten in Stahlverbundbau oder Mehrfeld-Bogenbrücken mit aufgeständerter Fahrbahn. Alle Lösungen wurden mit dem von der DEGES in diesem Streckenabschnitt für die architektonische Gestaltung beauftragten Architekten Dipl.-Ing. Jakob vom Büro Frank – Jakob – Bluth abgestimmt bzw. von ihm kritisch durchgesehen.

Der Bauherr hat sich dann für die Lösung eines schlanken, gevouteten, vorgespannten 4-Feld-Balkens auf 3 biegesteif angeschlossenen und in der Ansicht Y-förmigen Pfeilern bei freier Auflagerung an den Widerlagern entschieden. Von der Seite Geraberg her wirkt das Bauwerk durch örtlich vorgelagerte Hänge wie eine Dreifeldbrücke.

Diese Lösung ist gestalterisch sehr ansprechend, sie erfüllt die Bedingungen der Einbindung in das Landschaftsbild, des weitgehenden Landschaftsschutzes sowie der Gründungsmöglichkeit sehr gut. Sie ist wirtschaftlich vertretbar.

Der Autobahnquerschnitt RQ 26 wird auf zwei getrennten Überbauten geführt, so daß die Pfeiler jeweils paarweise angeordnet werden. Zur Verringerung der Brückenlänge bindet das Bauwerk in ca. 10 m hohe Dämme ein. Daraus ergab sich eine Gesamtlänge von 520 m. Als Stützweiten wurden 115 – 145 – 145 – 115 m festgelegt. Durch die obere Spreizung der Y-förmigen Stützen konnte der Hohlkasten des Überbaues trotz der großen Spannweite schlank gehalten werden. Im Feld und an den Widerlagern wurden 3,80 m Konstruktionshöhe und über den Gabelästen 6,70 m festgelegt. Es ergibt sich daraus ein minimales Verhältnis zur Stützweite von ca. l/38 bzw. l/22.

Im Aufriß liegt die Brücke in einer Wanne von H = 50.000 m, die mittlere Neigung beträgt ca. 0,9 % und das Quergefälle konstant 3 %.

2. Bauwerksbeschreibung

2.1 Unterbauten

2.1.1 Widerlager

An der Widerlagerfrontseite finden sich dieselben Winkel wie die der Pfeilergabel wieder. Der Überbau lagert frei sichtbar auf einem vorgesetzten „Rucksack". Dies soll das Aufsitzen des Überbaues auf dem Unterbau betonen.

Die aufgehende Widerlagerwand ist 4,50 m dick, die Breite der Widerlager beträgt 27,00 m. Das Widerlager Erfurt weist eine Höhe von 13,50 m auf, das Widerlager Schweinfurt ist 12,00 m hoch. Die Widerlagerkammer (ca. 3,30 m × 21,40 m) ist von der Frontseite her begehbar ausgebildet. Ihre Größe ist auf den nachträglichen Einbau externer Spannglieder abgestimmt. Die Flügel werden als Kragflügel ausgebildet. Die Flügellänge beträgt auf der Seite Erfurt ca. 16,00 m und auf der Seite Schweinfurt ca. 14,40 m.

Auf dem gut tragfähigen „Unteren Muschelkalk", der gemäß Bodengutachten mit 1.000 kN/m² max. Bodenpressung belastet werden darf, wurden die Widerlager flach gegründet.

2.1.2 Pfeiler

Die in der Brückenansicht Y-förmig gestalteten Pfeiler haben in der Gabel eine innere Spreizung von ca. 25 m bei einer Höhe von ca. 20 m. Die Ansichtsbreite der Gabeläste verringert sich von 2,50 m am Knoten bis auf 2,00 m an Unterkante Überbau.

Die massiven Gabeläste schließen biegesteif an den Überbau sowie den Pfeilerschaft an.

Die Gabeläste erhielten einen hantelförmigen Vollquerschnitt mit den Hauptabmessungen 2,5–2,0 × 6,0 m. Der ursprünglich aufgelöste Steg zwischen den Gabelästen wurde aus Gründen der Bauwerksunterhaltung letztlich als Vollquerschnitt ausgeführt.

Der Pfeilerschaft hat in Brückenlängsrichtung einen Anzug von 70:1. Im unteren Pfeilerschaft wird die Form der Gabeläste optisch durch eine 0,20 m tiefe Nut weitergeführt.

Die maximale Pfeilerhöhe beträgt ca. 63,50 m.

Die Pfeilerschäfte wurden zugänglich als Hohlpfeiler ausgebildet und haben im Abstand von 5 m aussteifende 18 cm dicke Zwischendecken erhalten. Die Hauptabmessungen der Pfeiler vergrößern sich durch den Anzug 70:1 von 6,00 m × 3,50 m an Unterkante Gabelknoten auf ca. 6,00 m × 4,50 m am Fundamentanschluß bei Wanddicken 70 cm bzw. 50 cm. Das Pfeilerpaar einer Auflagerachse beider Überbauten bindet in eine gemeinsame Pfahlkopfplatte ein.

2.1.3 Tiefgründung

Für die Gründung der Pfeiler kam ein Sondervorschlag mit bis zu 10:1 geneigten Pfählen (∅ 1,20 m) zur Ausführung.

Die Pfahlkopfplattenabmessungen reduzieren sich hierdurch von 10 m × 30 m auf 7 m × 26,75 m. Die Pfahlkopfplattendicke von 3,00 m wurde gegenüber dem Ausschreibungsentwurf nicht verändert.

Die Pfähle durchörtern die verkarsteten oberen Buntsandstein-Schichten (Röt) und binden in die nicht verkarsteten Sandsteinschichten ein. Das Grundwasser ist stark betonangreifend. Für jede Pfeilerachse waren 26 Großbohrpfähle (∅ 1,20 m) mit Pfahllängen bis zu 31 m erforderlich.

2.2 Überbau

2.2.1 Tragkonstruktion

Als Tragsystem wurde ein einzelliger, gevouteter, in Längsrichtung beschränkt vorgespannter Hohlkasten vorgesehen. Die Konstruktionshöhe des Hohlkastens beträgt in den Feldern sowie an den Widerlagern minimal 3,80 m und wächst parabelförmig bis zu den Stützungen der Pfeilergabeln auf 6,70 m an. Im Bereich der Grundetappen erhält die Unterkante des Hohlkastens einen Stich von 40 cm, so daß sich in Pfeilerachse eine Bauhöhe von 6,30 m ergibt.

Die Stegdicke wächst mit Bauhöhe von 40 cm bis auf 60 cm an, die Bodenplatte analog von 23 cm bis auf 85 cm. Für die Fahrbahnplatte war eine Dicke von 32 cm mit Anvoutung auf 55 cm vorgesehen. Die 3,17 m langen Kragarme erfordern einen 58 cm starken Anschnitt und verjüngen sich am Kragarmende auf 22 cm.

Über allen Stützungen sind Querträger im Hohlkasten angeordnet. Die Querträger haben eine ausreichend große Durchgangsöffnung, Aussparungen für die erforderlichen Leitungsstränge sowie Umlenkungen für externe Spannglieder. In den Feldern sind Ankerlisten zum Spannen für die Feldzulagen (mit Verbund) und Umlenkblöcke für die externen Spannglieder erforderlich.

2.2.2 Vorspannung

Die Längsvorspannung des Überbaus erfolgte in Mischbauweise, gemäß dem Allgemeinen Rundschreiben Straßenbau (ARS) Nr. 17/1999. Die interne Vorspannung in der Fahrbahn- und Bodenplatte wird durch eine externe Vorspannung im Kasteninnern ergänzt. Für die externe Vorspannung mußten im Kastenquerschnitt Anker- und Umlenkstellen vertikal und horizontal vorgesehen werden. Für die interne Vorspannung der Felder waren Bodenlisenen erforderlich.

Die für den Endzustand zusätzlich erforderliche Vorspannkraft wird durch externe Spannglieder der Fa. VBF Ratingen mit zul. P = 2.974 kN abgedeckt.

Nach dem ARS Nr. 17/1999 wurden als Maßnahmen zur Verstärkung und Instandsetzung pro Steg 2 „Vorsorgespannglieder" angeordnet.

Alle externen Spannglieder sind austauschbar und nachspannbar.

Eine Vorspannung der Fahrbahnplatten in Querrichtung ist nicht erforderlich.

2.2.3 Kappen

Die Kappen an den Außenseiten des Bauwerkes sind entsprechend den architektonischen Vorgaben mit nach innen geneigter Außenkante ausgebildet. Die Kappen im Mittelstreifenbereich wurden gemäß Richtzeichnung Kap 2 hergestellt.

2.3 Lager/Übergänge

Lager sind nur an den Widerlagern angeordnet. Je Überbau und Auflagerachse waren zwei stählerne Punktkippgleitlager mit einer Längsverschieblichkeit von ± 250 mm bei Achse 10 bzw. ± 300 mm bei Achse 50 erforderlich. Die jeweils inneren Lager wurden querfest ausgebildet.

An den Überbauenden wurden wasserdichte, regelgeprüfte Übergangskonstruktionen analog Richtzeichnung ÜBE 1 eingebaut. Am Widerlager Erfurt war eine Übergangskonstruktion mit 6 Profilen, am Widerlager Schweinfurt eine mit 7 Profilen erforderlich. Die unterschiedlichen Dehnwege bei Widerlager 10 und 50 resultieren aus den unterschiedlichen Pfeilerhöhen in Achse 20 und 40 und aus dem Bauablauf von Achse 10 nach Achse 50.

3. Bauausführung

3.1 Widerlager

In der Gründungsebene bei Widerlager Achse 10 wurden die im Muschelkalk vorgefundenen großen Klüfte und Spalten mit einer Mörtelmischung verfüllt. Einzelne Hohlräume erforderten eine Magerbetonverfüllung bis zu 2 m Stärke.

3.2 Y-Pfeiler

Der Pfeilerschaft wurde mit einer Kletterschalung in 5,18 m langen Schüssen hergestellt. Über den massiven Pfeilerknoten werden die Lasten aus dem hantelförmigen Gabelquerschnitt in den Hohlpfeilerschaft eingeleitet.

Für die Herstellung der Gabeläste wurde speziell für diesen Einsatz eine „Schreitschalung" entwickelt. Mit dieser „Schreitschalung" wurden die beiden Gabeläste in 13 Betonierabschnitten von 1,50 m hergestellt. Mit Hilfe von Hydraulikzylindern bewegte sich die „Schreitschalung" an den schrägen Gabelästen ohne Kranhilfe in die nächste Betonierstellung.

Die Arbeitsfugen sind horizontal ausgebildet.

Damit sich die Schreitschalungen der beiden Äste nicht gegenseitig behinderten, mußten die ersten drei Takte eines Astes vor-

gezogen werden. Dann wurden die unteren drei Takte des zweiten Astes nachgezogen und anschließend beide Äste wechselseitig hergestellt. Um Unterbrechung bei der Einsatzfolge der Schreitschalung zu zu vermeiden, wurden die vorzuziehenden drei Takte der nächsten Pfeilergabeln mit einer gesonderten baugleichen Schreitschalung ohne Hydraulikzylinder, die mit dem Baukran umgesetzt wurde, im voraus hergestellt.

In der halben Gabelhöhe wurde zur Begrenzung der Kragmomente ein mit Gewi-Spanngliedern vorgespanntes Druckrohr eingebaut.

Vor dem Betonieren des jeweils letzten Gabelschusses war eine weitere Durchspannung aus Gewi-Spanngliedern zur Begrenzung der Biegemomente erforderlich. Nach einer ersten Teilvorspannung wurde die untere Durchspannung ausgebaut und eine zweite Teilvorspannung aufgebracht, bevor die jeweils letzten Gabeltakte betoniert wurden.

3.3 Überbau

3.3.1 Freivorbau

Die Herstellung der beiden Überbauten erfolgte von den Achsen 20, 30 und 40 aus im Freivorbau. Das Lehrgerüst für die Grundetappe war auf Konsolen an den oberen Gabelschüssen und einem Traggerüstturm in Pfeilerachse aufgelagert. Vor dem Betonieren der Bodenplatte der Grundetappe war eine dritte Teilvorspannung der oberen Gabeldurchspannung erforderlich. Nach dem Vorspannen der Bodenplatten- und Stegspannglieder wurde die obere Gabeldurchspannung entspannt und ausgebaut.

Die Grundetappe des Freivorbaues mit einer Gesamtlänge von 32 m wurde auf einem herkömmlichen Lehrgerüst in drei Betonierabschnitten, Bodenplatte – Stege – Fahrbahnplatte, hergestellt.

Für die Herstellung der Waagebalken kamen vier Vorbauwagen gleichzeitig zum Einsatz. Begonnen wurde mit dem Freivorbau an Achse 20 Nord und ca. 10 Wochen später an Achse 30 Nord. Nach Fertigstellung des Waagebalkens Achse 20 Nord wurden die Vorbauwagen zur Achse 40 Nord umgesetzt. Die Vorbauwa-

Die Einleitung der Abspannkräfte in den Baugrund erfolgte mit 16 Verpreßankern mit je $3 \times 0,6''$ Litzen aus St 1570/1770 und einer zul. Gesamtkraft von $16 \times 377 = 6.032$ kN. Pro Abspannung wurden zusätzlich 3 Reserveanker vorgesehen. Alle Verpreßanker wurden mit der 1,5fachen Kraft einer Abnahmeprüfung unterzogen und dann auf die 0,7fache Last abgelassen. Erst in einem zweiten Schritt wurden sie auf die 1,0fache Last gespannt, um eine möglichst gleichmäßige Ausnutzung aller Anker zu erhalten. Zur Eignungsprüfung wurden jeweils 3 Anker pro Abspannung mit der 1,5fachen Kraft geprüft.

Die Vorspannkraft der Verpreßanker wird über eine durchlaufende Stahlgurtung auf Einzelfundamente abgesetzt. Zwischen den Einzelfundamenten werden die Abspannungen über die Gurtung verankert. Durch die auf Lücke gesetzten Einzelfundamente war hier ausreichend Platz für den Litzenüberstand und Spannpressen.

3.3.3 Bauzustände, Lückenschluß

Die Bemessung des Rahmensystems erfolgte zuerst für das System „Einguß". Die für den Freivorbau erforderliche Kragarmvorspannung war für die Stützmomente des Systems „Einguß" unter Ansatz der zusätzlichen externen Spannglieder voll ausreichend. Die Feldspannglieder wurden für das System „Einguß" dimensioniert.

Zur Kontrolle wurden die Spannungen mit den Schnittkräften aus der „elastischen Überlagerung der Bauzustände" kontrolliert. In beiden Grenzfällen traten keine Spannungsüberschreitungen auf.

Vor den Lückenschlüssen 20/30 bzw. 30/40 wurden die Felder 2 bzw. 3 mit 0,25 % der Feldspannglieder vorgespannt. Dabei verdrehten sich beide Schnittufer gegeneinander um die vorabbetonierte Fahrbahnplatte. Danach wurde die Lücke ausbetoniert. Mit dem „Einfrieren" dieses Zustandes wurde je nach gewählter Vorspannung der Eingußzustand erreicht. Hier wurde bewußt weniger Vorspannung gewählt, als für den Eingußzustand notwendig gewesen wäre, da beim Eingußzustand die Felder mehr ausgenutzt sind als die Stützen. Von Achse 20 bis Achse 40 ist der Überbau unten aus Summe Bauzustand überdrückt.

Die Endfelder (Lehrgerüstbereich) wurden an die Freivorbauabschnitte Achse 20 bzw. 40 anbetoniert.

Eine Annäherung über eine „Lückenvorspannung" erfolgte hier nicht. Entsprechend deutlich waren die Endfelder an der Unterseite überdrückt. Beim linken Kragarm der Achse 20 traten oben geringe Randzugspannungen auf. Die Systemumlagerungen aus Kriechen waren in den Endfeldern größer als in den Innenfeldern (vom Kragsystem zum Durchlaufträger).

Für die Ermittlung der Verformungen war eine genaue Berechnung der Bauzustände mit allen Systemänderungen unter Berücksichtigung der Langzeiteinflüsse erforderlich.

Entsprechend dem Bauzeitenplan wurden die einzelnen Systeme des Freivorbaues im Wochentakt, die Systemänderungen durch Anschluß der Lehrgerüstbereiche und durch die diversen Arbeiten beim Lückenschluß unter Berücksichtigung der Einflüsse aus Kriechen, Schwinden und Relaxation berechnet. Inklusive der Berechnung zum Zeitpunkt der Verkehrsübergabe und zum Zeitpunkt $T = \infty$ wurden so 68 Bauzustände gerechnet.

Ausschlaggebend bei der Verformungsberechnung war die Größe des E-Moduls. Bei der Eignungsprüfung des Betons wurde der E-Modul zu 37.000 kN/m² bestimmt und entspricht so dem nach DIN 1045 für B 45 angegebenen Wert.

Die Verformungen der mit ausmittigem Takt hergestellten Freivorbauabschnitte resultierten nicht nur aus den bis zu 72,50 m langen Kragarmen, sondern zusätzlich noch aus der Biegebeanspruchung der bis zu 64 m hohen Pfeiler. Der Verformungsanteil aus der Horizontalverformung des Pfeilerkopfes brauchte durch das Zurückziehen mit Hilfe der Abspannung bei der Überhöhung der Kragarme nicht berücksichtigt zu werden.

Die einzelnen Bauabschnitte wurden so überhöht, daß sich im Endzustand insgesamt die gewünschte Überhöhung einstellte, insbesonders aber auch im Bauzustand „Lückenschluß" sich die Kragarme des Freivorbaus auf der gleichen Höhe befanden.

gen von Achse 30 Nord wechselten dann zum Einsatz bei Achse 20 Süd und zum Schluß zur Achse 40 Süd. Achse 30 Süd wurde mit den Vorbauwagen von Achse 40 Nord hergestellt.

Die Vorbauwagen übertragen die Schalung und Betonierlasten auf die zurückliegenden Takte. Der Freivorbau erfolgte mit max. Taktlängen bis zu 5,00 m im Feldbereich bei den leichten Querschnitten. Mit den größeren Bauhöhen und Querschnittsabmessungen zum Pfeilerbereich hin mußten die Taktlängen bis auf 2,00 m verringert werden, um die Vorbaugeräte nicht zu überlasten.

Im Bauzustand Freivorbau wurden die Pfeiler einseitig mit Spanngliedern abgespannt und mittels Verpreßanker im Hang bzw. im Tal verankert. Oben am Pfeiler wurden die Spannglieder unterhalb der Querträger in den Gabeln verankert. Durch diese Abspannung war der Bauzustand gegenüber dem Endzustand nicht bemessungsmaßgebend.

Nach Herstellung der entsprechenden Pfeilerachsen im Freivorbau wurden die Endfelder auf Lehrgerüsten erstellt, wobei auf eine möglichst landschaftsschonende Aufteilung der Gerüsttürme geachtet wurde.

3.3.2 Abspannungen

Bei der Herstellung der „Waagebalken" können aus baubetrieblichen Gründen aus den beiden Kragarmbaustellen Einspannmomente für den Pfeiler auftreten, die gegenüber dem Endzustand leicht zu einer Verdoppelung der Pfeilerbewehrung führen.

Im Ausschreibungsentwurf waren aus diesem Grund für jeden Pfeiler einseitige Hilfsstützen unter einem Gabelkopf vorgeschlagen worden.

Im Rahmen der Angebotsbearbeitung entschied man sich jedoch, die Hilfsunterstützungen durch Schrägabspannungen zu ersetzen, die vom oberen Gabelende her mit einer Verankerung im Boden vorgesehen waren. Alle Pfeiler wurden dazu schräg in Richtung Widerlager Achse 10 abgespannt.

Das ursprüngliche Vorhaben, die Abspannung der Achse 40 analog des Systems an der Achse 20 auch in Richtung des Widerlager 50 anzuordnen, wurde aufgrund der ca. 40° steilen Böschung und damit verbundenen aufwendigen Herstellung der Bohrebenen und deren Zugänge verworfen.

Durch einen einseitigen Anfängertakt wurden die Abspannungen schrittweise mit zunehmender Kragarmlänge automatisch gespannt. Für die im Wochenrhythmus erforderlichen Einmessungen der Vorbauwagen wurde der Pfeiler mit Hilfe der Abspannung in die Pfeilerachse zurückgezogen. Die hierbei meßbaren Spannkräfte ermöglichten eine gute Überprüfung der Rechenannahmen.

Für die Abspannung wurden je Pfeiler 2 Spannglieder mit temporärem Korrosionsschutz der Fa. VBF Ratingen mit je 16 Litzen und einer zul. Kraft von $2 \times 2.974 = 5.948$ kN verwendet. Sie werden nur bis maximal 5.125 kN beansprucht. Die Spannglieder der Abspannung erhielten weiße Hüllrohre, um den Temperatureinfluß zu begrenzen.

3.3.4 Verformungen

Z-Richtung (dz)

Die größten Verformungen traten in Z-Richtung (vertikal) auf. Die Verformung des Freivorbaukragarmes betrug vor dem Lückenschluß ca. 18 cm und vergrößerte sich anschließend bis T = ∞ bis zu 24 cm. Dazu kam noch eine Überhöhung aus Verkehr von ca. 5 cm in Feldmitte.

X-Richtung (dx)

Im Freivorbau wurden die horizontalen Verschiebungen durch die Schrägabspannung bis auf wenige Millimeter kompensiert. Erst nach Lückenschluß zog sich der gesamte Überbau bis T= ∞ ca. 25 cm zusammen.

Y-Richtung (dy)

Durch die Krümmung der Brücke in Y-Richtung (R = 1.500 m) stellte sich eine Verschiebung der Pfeilerköpfe von ca. 3,5 cm ein (Achse 30). Diese Schiefstellung zum Zeitpunkt der Brückenfertigstellung verringerte sich bis T = ∞ auf ein Wert von ca. 3,0 cm.

Verdrehung um x-Achse (rx)

Der Überbau wurde mit einem konstanten Quergefälle von 3 % erstellt. Die aus den Bauzuständen resultierende Verdrehung führte zu einer Quergefälleänderung auf max. 3,1 %.

Das Einrichten des Vorbauwagens reduzierte sich somit im wesentlichen auf die vertikale Überhöhung.

3.4 Meßprogramm

Aufgrund der besonderen Konstruktion des Bauwerks und der Herstellung im Freivorbau mußten alle Einflüsse, die relativ große Verformungen ergeben konnten, kontinuierlich überwacht werden. Ein detailliertes Meßprogramm protokollierte für jeden Bauzustand solche Einflüsse, so daß – falls erforderlich – unmittelbar darauf reagiert werden konnte und die errechneten notwendigen Überhöhungen eingehalten werden konnten.

Die Überhöhung der Gradiente in den einzelnen Bauzuständen errechnete sich aus der Summe aller noch folgenden vertikalen Verschiebungen bis zum Zeitpunkt T= ∞. Dazu kamen noch Überhöhungen aus Verkehr, Temperatur (delta T) und eine Korrektur aus Bauzustand „Lückenschluß". Der Einfluß aus Temperatur wurde vor Einstellung eines Taktes ermittelt und deshalb erst bauseits auf einem hierfür vorbereiteten Meßblatt ausgewertet und gegebenenfalls zur Überhöhung addiert.

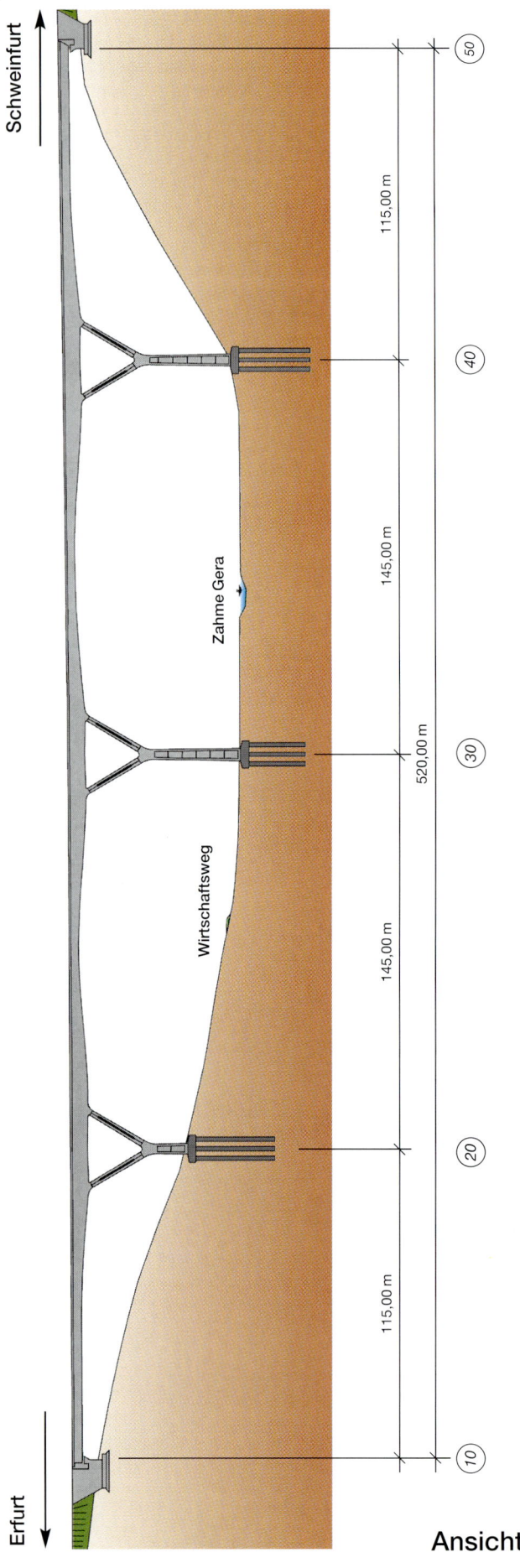

Schweinfurt

Erfurt

50

115,00 m

40

Zahme Gera

145,00 m

520,00 m

30

Wirtschaftsweg

145,00 m

20

115,00 m

10

Ansicht

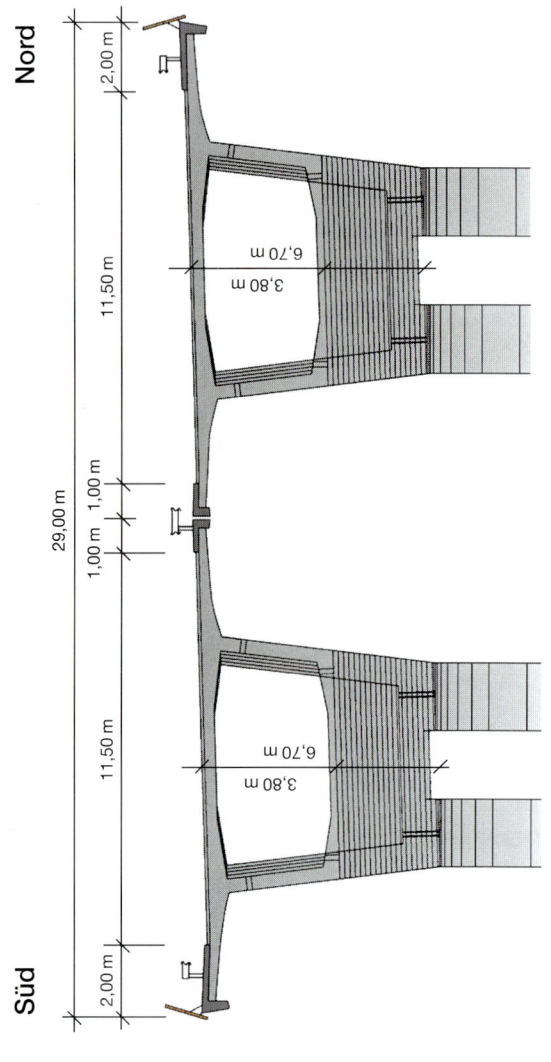

Nord

2,00 m

6,70 m
3,80 m

11,50 m

29,00 m

1,00 m 1,00 m

11,50 m

6,70 m
3,80 m

Süd

2,00 m

Regelquerschnitt

Verkehrsprojekt Deutsche Einheit Nr. 16 A 71 Erfurt–Schweinfurt Freistaat Thüringen		unten: **Zahme Gera**	Baujahr: **1999–2002** Bauzeit: **22 Monate**	Bauweise: **Spannbeton-Hohlkasten**
Entwurfsbearbeitung: **Planungsgemeinschaft Fritsche – Haugg**		Bauwerks-Nr.: **5314/07**	Kosten (Mio. DM): **36 (brutto)**	Kosten (DM/m²): **2.400**
Prüfingenieur: **Ingenieurbüro Fritsche, Deggendorf**		Bauausführung: **Adam Hörnig GmbH, NL Thüringen**		
Bauüberwachung/Bauoberleitung: **BUNG, Beratende Ingenieure**		Ausführungsplanung: **Thormälen + Peuckert, Paderborn**		
Gestalterische Beratung: **Frank – Jakob† – Bluth, Stuttgart**				

Trogschalung der Grundetappe über einer Pfeilergabel.

Der Freivorbau beginnt – Blick nach Osten (rechts).
Pfeilerknoten und -gabel (links).

4.   Technische Daten

Länge:	520 m
Stützweiten:	115 m + 145 m + 145 m + 115 m
Gesamtbreite:	28,50 m
Fläche:	14.820 m²
Bauhöhe:	3,80 m–6,70 m
Höhe max. über Tal:	ca. 63 m
Herstellungsverf. System:	gevouteter Hohlkastenüberbau mit biegesteifen Y-Stützen
Herstellungsverf. Pfeiler:	Kletterschalung
Herstellungsverf. Y-Gabel:	Schreitschalung
Herstellungsverf. Überbau:	Freivorbau mit Hilfsabspannung/Lehrgerüst

Beton:	Überbau	ca. 13.500 m³
	Unterbauten	ca. 12.000 m³
Betonstahl:	Überbau	ca. 2.000 t
	Unterbauten	ca. 1.200 t
Spannstahl:	Überbau	ca. 900 t (extern + intern)
	Abspannung	ca. 7 t

5.   Planungsübersicht

Sommer '91	Beginn der Planungen (A 71/A 73 insgesamt)
September '92	Übernahme des Planungsauftrages durch DEGES
August '93	Vorliegen des Variantenvergleichs, Auswahl der Vorzugsvariante der Trasse
April '94	Abschluß des Raumordnungsverfahrens für die A 71/A 73
Mai '95	Linienbestimmung durch das BMV
Herbst '94 bis Sommer '98	Bauwerksplanung Talbrücke Zahme Gera
Juli '99	Planfeststellungsbeschluß
September '99	Vergabe/Baubeginn
2002	Fertigstellung

Entwurfsplanung für die Talbrücke "Zahme Gera" in Planungsgemeinschaft

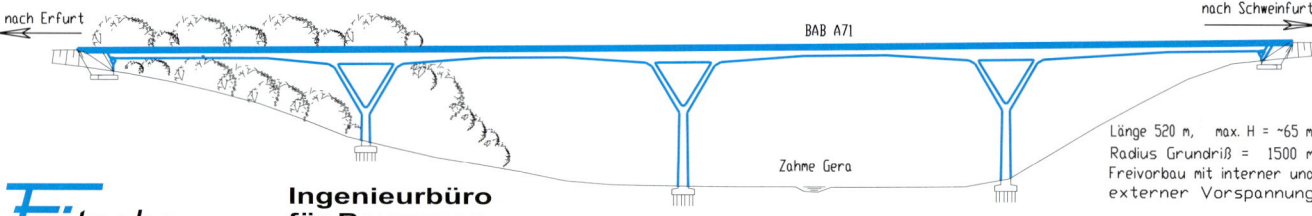

Fritsche Ingenieure

Ingenieurbüro für Bauwesen

Dipl.-Ing. Lothar Fritsche
Dr.-Ing. Thomas Fritsche

Prüfingenieur für die Talbrücke "Zahme Gera"
Dipl.-Ing. Lothar Fritsche

Westl. Stadtgraben 30 b • 94469 DEGGENDORF
www.fritsche-ingenieure.de • info@fritsche-ingenieure.de

Besondere Herausforderung: Einteilige Überbauten

Nachfolgend werden zehn Großbrücken vorgestellt, die sich im Zuge der BAB A 71 Erfurt–Schweinfurt zwischen dem Autobahndreieck Suhl und der Anschlußstelle Meiningen befinden. Drei dieser Bauwerke sind mit einteiligem Überbauquerschnitt, sieben mit getrennten Überbauten ausgeführt. Die dabei jeweils zu beachtenden besonderen Anforderungen werden zur Vermeidung von Wiederholungen den Bauwerksbeschreibungen vorangestellt.

Brückenbreite

Der für die BAB A 71 festgelegte Querschnitt mit zwei Fahrstreifen und einem Standstreifen je Richtungsfahrbahn erfordert einschließlich der 2,00 m breiten Mittelkappe, den Außenkappenabmessungen nach Kap 1 sowie den Randstreifen bei allen Bauwerken eine Brückenbreite zwischen den Geländern von 28,50 m.

Einteilige Überbauten

Bei der festgelegten Nutzbreite waren nach den Vorgaben des Bundesministers für Verkehr für jede Richtungsfahrbahn getrennte Überbauten herzustellen, um bei größeren Instandsetzungsmaßnahmen den Verkehr einer Fahrbahn sperren und auf die Gegenseite umlegen zu können.

Gerade in landschaftlich sensiblen Lagen bringt die Ausführung getrennter Überbauten jedoch besondere Probleme mit sich. Vor allem dort, wo der Überbau den Talraum in sehr großer Höhe quert, ergeben sich mitunter gestalterisch unbefriedigende Lösungen, weil die für jeden Überbau erforderlichen Stützen den Talraum verstellen.

Darüber hinaus bedeutet der Schutz der an einigen Bauwerksstandorten vorhandenen großflächigen Biotope des Thüringer Waldes eine zusätzliche Herausforderung für die Brückenbauer.

Durch den Einsatz moderner Bauverfahren bei der Überbauherstellung ergibt sich die bauzeitliche Beanspruchung des Geländes im wesentlichen bei der Herstellung der Pfeiler und ihrer Fundamente. Im Hinblick auf eine Minimierung dieser Eingriffe werden deshalb bei Vorliegen der genannten Voraussetzungen auch Überbauten mit einteiligen Querschnitten ausgeführt. Dies betrifft die Bauwerke Albrechtsgraben, Seßlestal und Schwarza.

Bei einteiligen Überbauten muß jederzeit – wie bei der Regelbauweise – die Möglichkeit bestehen, Instandsetzungsarbeiten unter weitgehender Aufrechterhaltung des Verkehrs ausführen zu können.

Weil sich bei den infrage kommenden Stützweiten die Verbundbauweise als besonders wirtschaftlich erwiesen hat und bei dieser Bauweise die Fahrbahnplatte als Verschleißteil gesehen werden muß, ergaben sich für die Planung, Berechnung und Konstruktion der einteilig auszuführenden Überbauten weitreichende, über die Festlegungen der üblichen Normen hinausgehende Anforderungen.

Im Hinblick auf normale Instandsetzungsmaßnahmen und diese besonderen Anforderungen wird daher verlangt, ergänzend zu DIN 1072 mit allen Konsequenzen hinsichtlich Bemessung und Konstruktion einen Lastfall „Fahrbahnplattenauswechslung" mit folgenden Randbedingungen zu untersuchen:

- 4/0-Verkehr auf einer Brückenhälfte
- auf der anderen Brückenhälfte Belag und Kappen über die gesamte Brückenlänge entfernt
- halbseitiger Abbruch der Fahrbahnplatte an beliebiger Stelle. Die Abschnittslängen sollen 15–20 m betragen.

Bei allen von DEGES ausgeführten einteiligen Überbauten hat sich gezeigt, daß der geforderte Lastfall mindestens für die Bemessung der Fahrbahnplatte, der Verdübelung, der äußeren und inneren Längsträger sowie der Obergurte des Haupttragwerks bemessungsmaßgebend ist und daher gegenüber einer Bemessung nach DIN 1072 zu Mehrmengen führt, die robuste und dauerhafte Bauwerke erwarten lassen. Die Wirtschaftlichkeit dieser Bauweise ist ab einer Höhe von ca. 50 m über Tal gegeben.

Planungsübersicht

Sommer '91	Beginn der Planungen (A 71/A 73 insgesamt)
Sept. '92	Übernahme des Planungsauftrages durch DEGES
Aug. '93	Vorliegen des Variantenvergleichs; Auswahl der Vorzugsvariante der Strecke
April '94	Abschluß des Raumordnungsverfahrens für die A 71/A 73
Mai '95	Linienbestimmung durch das BMV
Herbst '95	Bauwerksplanung
Juli '99	Planfeststellungsbeschluß
Sept. '99	Vergabe/Baubeginn
2002/2003	Fertigstellung

Verbundbrücken mit einteiligem Überbau

Bauwerk	Albrechtsgraben	Seßlestal	Schwarza
Hauptabmessungen			
Brückenlänge	770 m	320 m	675 m
Brückenbreite	28,5 m	28,5 m	28,5 m
Brückenfläche	21.945 m²	9.120 m²	19.237,5 m²
Höhe über Talgrund	80 m	53 m	68 m
Pfeilerhöhen	16,8–64,7 m	27,8–40,8 m	15–63 m
Bogenstützweite	156,5 m	–	–
Scheitelhöhe Bogen	70,0 m	–	–
Verbundüberbau			
Tragwerksform	Parallelträger	Parallelträger	Parallelträger
Anz. Felder	14	4	9
größte Stützweite	70,0 m	87,5 m	85,0 m
kleinste Stützweite	45,0 m	72,5 m	55,0 m
Bauhöhe Überbau	4,6 m	4,6 m	4,2 m
Querschnitt	Hohlkasten	Hohlkasten	Hohlkasten
Abstand Querrahmen	5,0 m	5,0 m	5,0 m
Kastenbreite unten	8,3 m	7,9 m	7,4 m
Kastenbreite oben	11,0 m	10,6 m	10,4 m
Lagerabstand	6,8 m	7,9 m	7,4 m
Lage Zugband	in Fahrbahnplatte	in Fahrbahnplatte	Plattenunterseite
Längsträger	Kastenmitte und außen	Kastenmitte und außen	Kastenmitte und außen
Verbundmittel	Kopfbolzendübel	Kopfbolzendübel	Kopfbolzendübel
Dicke Fahrbahnplatte	0,35–0,44 m	0,32–0,43 m	0,35 m
Betongüte	B 35	B 35	B 45
Herstellung			
Fahrbahnplatte	Pilgerschritt	Pilgerschritt	Pilgerschritt
Überbau	Längsverschub	Längsverschub	Längsverschub
Pfeiler	Kletterschalung	Kletterschalung	Kletterschalung
Bogen	Lehrgerüst	–	–
Mengen			
Beton Überbau	8.500 m³	3.300 m³	6.450 m³
Betonstahl Überbau	1.500 t	800 t	1.700 t
Baustahl Überbau	5.100 t	2.521 t	4.428 t
Beton Unterbauten	14.500 m³	3.410 m³	9.370 m³
Betonstahl Unterbauten	1.540 t	381 t	856 t

Talbrücke
Albrechtsgraben

1. Bauwerksentwurf

Die 770 m lange Talbrücke Albrechtsgraben überquert in einer Höhe von 80 m über Talgrund in der Nähe von Suhl die Landesstraße L 2630 und den Albrechtsgraben.

Beginnend am Widerlager West wird die BAB im Grundriß auf einer Länge von ca. 316 m auf einer Klothoide mit A = 1.200 geführt. Daran schließen sich auf einer Länge von ca. 309 m ein Kreisbogen mit R = 3.000 m und im restlichen Bereich wieder eine Klothoide mit A = 474 an (Wendelinie).

Die Gradiente der BAB liegt im Aufriß in einer Wanne mit 12.000 m Radius. Das Quergefälle ist im gesamten Brückenbereich konstant und beträgt 2,5 %.

Aus gestalterischen Gründen wird der unmittelbare Talraum des Albrechtsgrabens mit einem etwa 157 m weit gespannten Bogen überbrückt. Die Fahrbahn wird im Bogenbereich etwa in den Viertelspunkten aufgeständert und außerhalb des dominanten Bogentragwerks durch Pfeiler gestützt.

Mit Rücksicht auf die landschaftlich reizvolle Umgebung wurde ein einteiliger Überbauquerschnitt ausgeführt, der in jeder Stützenachse nur Einzelstützen erfordert.

Abgestuft entsprechend der angetroffenen Geländeform ergeben sich dabei von West nach Ost folgende Feldweiten 45,00 – 55,00 – 60,00 – 70,00 – 70,00 – 70,00 – 45,00 – 40,00 – 40,00 – 45,00 – 70,00 – 60,00 – 55,00 – 45,00 m.

2. Bauwerksbeschreibung

2.1 Gründung

Pfeiler und Bogentragwerk sind auf den in geringer Tiefe anstehenden Buntsandsteinschichten über Magerbeton-Auffüllungen flach gegründet. Im Bereich der hochgesetzten Widerlager waren Dammschüttungen erforderlich.

2.2 Widerlager

Die Widerlager sind als begehbare Stahlbeton-Kastenwiderlager ausgebildet und rechtwinklig zur Brückenachse angeordnet.

2.3 Pfeiler

Die Breite der begehbaren Stahlbeton-Hohlpfeiler beträgt in Brückenquerrichtung 8,80 m. Die Pfeilerabmessungen in Brückenlängsrichtung sind aus gestalterischen Gründen an die Überbaustützweiten angepaßt. Die zwischen 16,80 m und 64,70 m hohen Pfeiler haben Breiten zwischen 2,50 m und 3,20 m.

Auf eine besondere Strukturierung der Pfeilermantelflächen wurde bewußt verzichtet, weil das bestimmende architektonische Element des Gesamtbauwerkes der Bogen ist und die Pfeiler sich seiner eindrucksvollen Großform gestalterisch unterordnen sollen.

2.4 Lagerung

In den Pfeilerachsen kommen Topf-Gleitlager und in den Widerlagerachsen (aufgrund der dort größeren Überbaudrehwinkel) Kalottenlager zum Einsatz.

Der Festpunkt des Brückenlängssystems befindet sich auf dem Bogenscheitel.

2.5 Fahrbahnübergänge

Auf der Grundlage einer Genehmigung im Einzelfall erhielten beide Fahrbahnübergänge besondere Maßnahmen zur Lärmminderung beim Überfahren. Die Übergangskonstruktionen waren für Dehnwege von 650 mm bzw. 520 mm auszubilden.

2.6 Bogen

Mit einer Spannweite von ca. 157 m und einer Scheitelhöhe von ca. 70 m über Grund setzt das monolithisch in die Kämpfer eingespannte Bogentragwerk den gestalterischen Akzent innerhalb des gesamten Brückenbauwerkes. Der Bogen folgt in der Ansicht einer quadratischen Parabel (Stützlinie für Eigengewicht) und im Grundriß einem Kreisbogen. Seine Konstruktionshöhe verändert sich linear von 3,25 m im Kämpferbereich bis auf 2,00 m im Scheitel. Seine Breite in Brückenquerrichtung entspricht mit 8,80 m der Pfeilerbreite. Im Querschnitt ist der Bogen als zweizelliger Kasten ausgebildet, der von innen her über ein System von Treppen und Podesten begehbar ist.

2.7 Überbau

Es wurde in allen Feldern ein einteiliger Überbauquerschnitt in Stahlverbundbauweise mit einer konstanten Konstruktionshöhe von 4,50 m ausgeführt. Der Querschnitt besteht aus einem Stahlkasten mit geneigten Stegen und einer im Verbund liegenden, quer und längs schlaff bewehrten Fahrbahnplatte in Stahlbetonbauweise. Die Fahrbahnplatte wird im Kastenbereich durch die Gurte des Stahlkastens und einen in Kastenmitte liegenden Längsträger gestützt.

Die Stützung der beidseitig außerhalb des Kastens vorhandenen Bereiche der Fahrbahnplatte erfolgt über zusätzliche Randlängsträger, die wiederum durch zum Kastenboden geführte Druckstreben im Abstand von 5,0 m gestützt sind. Der Kraftausgleich zwischen den äußeren Schrägstreben erfolgt über Zugglieder mit Vollquerschnitt in Kreisform, die in der Mitte der Fahrbahnplatte im Abstand der Druckstreben angeordnet sind.

Der Stahlkasten ist im Abstand von 5,0 m durch Querrahmen und die den inneren Längsträger stützenden Diagonalverbände ausgesteift.

In den Stützenachsen sind zweiteilige Querschotte ausgebildet, welche die Lager- und Pressenkräfte in die Stege weiterleiten. Die gesamte Stahlkonstruktion ist geschweißt und besteht aus Stahl S 355 J2G3.

Die Fahrbahnplatte ist in Querrichtung als gevoutete Platte mit Dicken von 0,32 m im Feld und 0,47 m in den Stützenbereichen in B 35 ausgeführt.

3. Bauausführung

3.1 Baustelleneinrichtung

Die Baustelleneinrichtung für die Talbrücke Albrechtsgraben begann mit dem Herstellen der Baustraßen. Wegen der Steigungen des vorhandenen Geländes, die z. B. an der Achse 150 etwa 20 bis 25 % betrugen, mußten Serpentinen innerhalb des Baufeldes angelegt werden, um alle Transporte, insbesondere die Anlieferung der Stahlteile zu ermöglichen.

An beiden Brückenenden wurden dann auf etwa 150 m Länge die anschließenden Autobahndämme geschüttet. Die Dammhöhe an der Achse 150 beträgt etwa 30 m. In den Dämmen wurden die hochgesetzten Widerlager gegründet und dahinter die Vormontage- und Montageflächen für den Stahlbau hergerichtet.

Die Baustelle wurde zur Herstellung der Unterbauten mit sechs Turmdrehkränen eingerichtet.

3.2 Unterbauten

3.2.1 Pfeiler

Die Hohlpfeiler wurden in Abschnitten mit einer Regelhöhe von h = 5 m hergestellt. Dafür kam eine kranumsetzbare Kletterschalung zum Einsatz, mit der ein Tagesrhythmus je Abschnitt erreicht wurde.

3.2.2 Bogen

Der Bogen wurde auf einem bodengestützten Lehrgerüst in zwei Anfangsschüssen, zehn Bogenschüssen je Seite und einem Schlußstück abschnittsweise gebaut. Dabei wurden jeweils in einer 14tägigen Taktzeit zuerst die Bodenplatte und die Stege des Bogens und daran anschließend auf Deckentischen die obere Platte hergestellt.

Das Lehrgerüst des Bogens war zu den Kämpfern hin abgespannt und blieb mit den bereits fertiggestellten Schüssen gekoppelt. So wurde auch für das Lehrgerüst ein abschnittsweiser Aufbau ermöglicht. Damit konnte an Gerüst und Bogen gleichzeitig gearbeitet und eine mit vier Monaten sehr kurze Bauzeit erreicht werden.

Insgesamt wurden für den Bogen etwa 1.500 t Gerüstmaterial benötigt. Die Fachwerktürme des Lehrgerüstes waren bis zu 70 m hoch.

Ein hohes Maß an Sorgfalt und Genauigkeit verlangte auch der Aus- und Rückbau des Lehrgerüstes. Nach dem Absenken der Schalung wurde das gesamte Lehrgerüst seitlich verschoben und anschließend abgebaut.

3.2.3 Widerlager

Die Widerlager sind konventionelle aufgelöste Konstruktionen. Für den Verschub des Stahltroges mußten auf der Auflagerbank verschiedene Einbauteile eingesetzt werden.

Unterbauten bei Beginn der Überbauherstellung.

Herstellung des Bogenpfeilers.

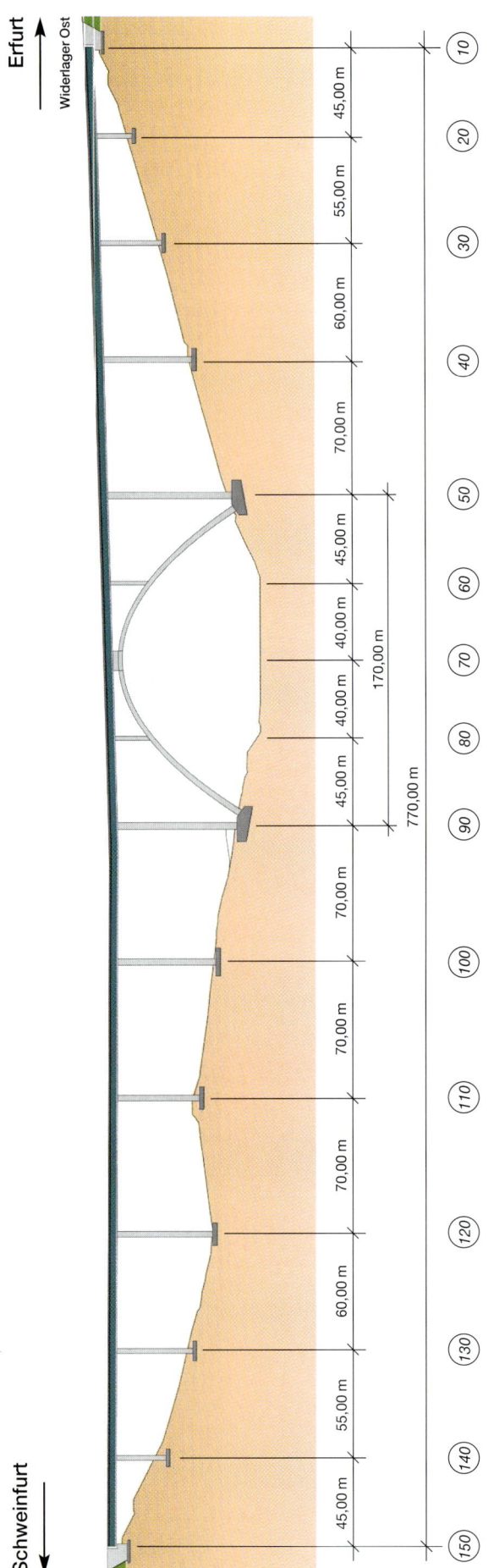

Ansicht

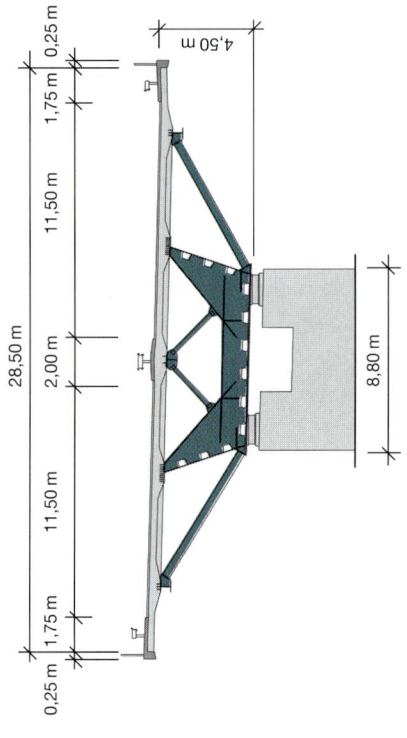

Regelquerschnitt

Verkehrsprojekt Deutsche Einheit Nr. 16 A 71 Erfurt–Schweinfurt Freistaat Thüringen	unten: Talgrund, L 2630	Baujahr: 1999–2002 Bauzeit: 33 Monate	Bauweise: einteiliger Stahlverbund- Überbau
Projektleitung: DEGES	Bauwerks-Nr.: 5321/01	Kosten (Mio. DM): 54,3 (brutto)	Kosten (DM/m²): 2.475

Entwurfsbearbeitung: HENSEL Ingenieur GmbH, Kassel	Bauausführung: ARGE Talbrücke Albrechtsgraben:
Prüfingenieur/Unterbauten: Prof. Dr.-Ing M. Curbach, Nürnberg	Gerdum und Breuer, Kassel/ Leonardi Construzioni S.r.l., Italien
Prüfingenieur/Überbauten: Prof. Dr.-Ing. G. Hanswille, Bochum	Ausführungsplanung/Unterbauten, Fahrbahnplatte: Kinkel u. Partner, Neu-Isenburg
Bauüberwachung/Bauoberleitung: EHS Beratende Ingenieure, Erfurt	Ausführungsplanung/Stahlüberbau: Dr.-Ing. W. Schrade, Idstein/Ts.

Bogen vor dem Lückenschluß.

Herstellung der Bogenkämpfer.

Einschub des Überbaus von der Westseite.

3.3 Überbau

Der Stahltrog für den Verbundquerschnitt des einteiligen Überbaus war in insgesamt 47 Schüsse unterteilt. Im Werk des italienischen Partners der ausführenden Arbeitsgemeinschaft bei Verona wurden je Schuß sechs Einzelsegmente hergestellt und aus Italien per Bahn bis zum Bahnhof Zella-Mehlis transportiert. Von hier aus wurden die Stahlteile mit Tiefladern über öffentliche Straßen zur Baustelle gebracht.

Die weitere Fertigung fand hinter beiden Widerlagern statt. Auf den Vormontageplätzen wurden jeweils zwei Teile der beiden Stege und der Bodenplatte zu insgesamt zwei Stegteilen und einem Bodenplattenteil verschweißt.

Auf den beiden Montageplätzen, die mit allen Versorgungseinrichtungen ausgestattet waren, erlaubte jeweils eine fahrbare leichte Montagehalle die witterungsunabhängige Endmontage des Stahltroges. Sie umfaßte im wesentlichen die Verschweißung der beiden Stegseiten und des Bodenteiles sowie die Verschweißung an den vorab hergestellten Schuß und den Einbau der Zugbänder, der Queraussteifungen mit allen Verbänden, der äußeren Schrägstützen und der Randlängsträger.

Die Stahlkonstruktion wurde von den beiden Montageplätzen in vier Phasen mit Abschnittslängen von 85 m bis 102,5 m in die Endlage mit Seilwinden eingeschoben. Die Verschubebene verlief dabei um etwa 80 cm höher als die endgültige Gradiente. Der Lückenschluß wurde zwischen den Achsen 80 und 90 örtlich hergestellt.

Nach Erreichen der Endlage wurde die Fahrbahnplatte mit zwei Schalwagen im Pilgerschrittverfahren gebaut. Die Kappen wurden danach mit zwei Kappenschalwagen abschnittsweise betoniert.

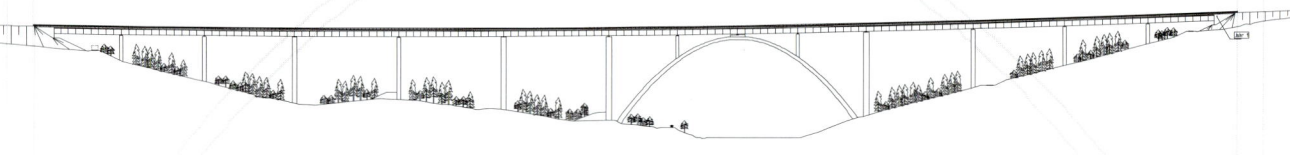

Talbrücke
Seßlestal

1.   Bauwerksentwurf

In der Nähe der Ortschaft Dietzhausen überquert die A 71 ein landschaftlich sehr reizvolles Seitental des Thüringer Waldes, das mit seiner reichhaltigen Flora und Fauna ein großflächiges Biotop darstellt und daher in besonderer Weise schützenswert ist.

Die überführte A 71 verläuft von Westen her im Grundriß auf einer Länge von ca. 7,50 m in einer Klothoide A = 500. Daran schließt sich auf der Brücken-Restlänge von ca. 313,0 m ein Radius R = 1.200 m an. Ihre Gradiente liegt in einer Wanne mit dem Radius H = 10.000 m. Dadurch ergibt sich im Brückenbereich ein variables Längsgefälle mit einem Mittelwert von etwa 2 %. Das Quergefälle ist über die gesamte Brückenlänge mit 2,5 % konstant. Der maximale Abstand zwischen Gradiente und Talgrund beträgt etwa 53 m.

Eine wesentliche Randbedingung für den Brückenneubau war die Minimierung des Eingriffes in die Naturschutzfläche und eine gestalterisch ansprechende Einbindung des Bauwerkes in die Umgebung.

Daher kommt ein Brückensystem mit Feldweiten von 72,50 – 87,50 – 87,50 – 72,50 m zur Ausführung, dessen Überbau einteilig für die Überführung beider Richtungsfahrbahnen ausgebildet ist.

2.   Bauwerksbeschreibung

2.1   Gründung

Beide Widerlager konnten hochgesetzt auf hochverdichteten Dammvorschüttungen aus grobkörnigem Material flach gegründet werden. Die Pfeiler wurden auf den wenig setzungsempfindlichen anstehenden Buntsandsteinschichten ebenfalls flach gegründet.

2.2   Widerlager

Die rechtwinklig zur Brückenachse angeordneten Widerlager sind als begehbare Stahlbeton-Kastenwiderlager ausgeführt.

2.3   Pfeiler

Zur Abstützung des Überbaues auf dem Baugrund dienen drei Stahlbeton-Pfeiler mit einem über die Höhe veränderlichen eingeschnürten Achteck-Querschnitt. Von Fundament-Oberkante bis etwa Pfeilermitte wurde aus statischen Gründen ein Vollbeton-Querschnitt gewählt, der im Mittelbereich der Pfeilerbreite auf einer Länge von 3,10 m eine Pfeilerdicke von 2,50 m erhält, die sich zu den Randbereichen hin auf einer Länge von jeweils 2,85 m linear und symmetrisch auf eine Dicke von 3,50 m aufweitet. Zwischen Pfeilermitte und Pfeilerkopf wurde der Pfeilerquerschnitt derart aufgelöst, daß hier nur die äußeren aufgeweiteten, im Querschnitt trapezförmigen Bereiche als Einzelpfeilerpaar nach oben geführt werden. Die Querschnittsabmessungen des Vollpfeilers und der Einzelpfeiler sind über die Höhe jeweils konstant. Am Pfeilerkopf sind die Einzelpfeiler wieder monolithisch miteinander verbunden, so daß hier genügend Raum für eine Besichtigungskammer entstand. Die verbleibenden Pfeilerkopfbereiche boten ein ausreichendes Platzangebot zur Aufstellung der Lager und Hubpressen.

2.4   Lagerung

Bei der Größe der vorhandenen Lagerkräfte und -verschiebungen führt die Wahl von Topflagern für die Pfeilerstützungen und von Kalottenlagern auf den Widerlagern zu einer wirtschaftlichen, dauerhaften und statisch günstigen Lösung. Das Lagerungssystem sieht in Längsrichtung Festpunkte auf den Mittelpfeilern vor.

2.5   Überbau

Der in den Stegachsen gelagerte einteilige Überbau besteht aus einem Stahlkasten aus S 355 J2G3 mit geneigten Stegen und parallel zur Fahrbahn geneigtem Kastenboden und der in Bauwerksquerrichtung gevouteten, längs und quer schlaff bewehrten Fahrbahnplatte aus Beton B 35. Die Bauhöhe des Verbundtragwerkes beträgt 4,50 m.

Die durch Kopfbolzendübel im Verbund an allen Stützungen mit dem Stahltragwerk liegende Fahrbahnplatte wird in Kastenmitte und im Bereich der beidseitigen Kragarme durch Längsträger gestützt. Die äußeren Längsträger unter den Kragarmen werden durch Schrägstreben in Form von dichtgeschweißten Rohrprofilen gestützt. Die aus der Neigung der äußeren Streben resultierenden Zugkräfte werden über ein Zugband ausgeglichen, das aus vierkantigen Vollprofilen besteht und in der Mitte der Fahrbahnplatte angeordnet ist.

Der Kasten wird im Abstand von 5,0 m durch Querrahmen und Diagonalverbände aus Rohrprofilen, die den inneren Längsträger stützen, ausgesteift. Als äußere Diagonalverbände werden ebenfalls Rohrprofile verwendet.

Die Stabilität der Kastenstege und des Bodenbleches wird durch Beulsteifen in Trapezform gewährleistet.

3. Bauausführung

3.1 Baustelleneinrichtung

Die Baustelle der Talbrücke Seßlestal mußte über eine 3,5 km lange Baustraße durch dicht bewaldetes Gebiet erschlossen werden. Diese Baustraße mit Steigungen bis zu 16 % ist in das Wegnetz für die logistische Erschließung des Baufeldes der gesamten Verkehrseinheit eingebunden und wurde durch Nutzung und Ausbau vorhandener Waldwege hergestellt.

Für beide Widerlager war jeweils ein Damm mit etwa 8 m Höhe bis zur Unterkante Fundament zu schütten.

Nach Herstellung des Widerlagers West wurde der anschließende Damm bis zur Oberkante der Auflagerbank um etwa 4,50 m erhöht und als Montagefläche für den Stahlbau genutzt.

Während der Bauzeit waren bis zu drei Turmdrehkräne und vier Autokräne mit Hakenhöhen bis zu 50 m im Einsatz.

3.2 Pfeiler

Die Vollpfeiler mit seitlichem Auszug wurden in Abschnitten von jeweils 5 m Höhe hergestellt. Dafür wurde eine kranumsetzbare Kletterschalung eingesetzt.

3.3 Überbau

Der einzellige Stahltrog des Verbundquerschnittes war in Längsrichtung in 15 Schüsse unterteilt. In den beiden Werken Sarralbe, Frankreich und Vitkovice, Tschechien, waren für jeden Schuß die beiden Seitenteile, das Bodenblech sowie die zugehörigen Längsträger, die Querverbände und Diagonalstreben vorgefertigt worden.

Diese Einzelelemente waren bis zu 23 m lang und wogen bis zu 94 t. Sie wurden mit LKW-Sondertransporten zur Baustelle gebracht.

Auf dem Montageplatz der Baustelle wurden diese Einzelteile zunächst zu einem Querschnitt verschweißt und anschließend als fertige Schüsse zu Verschublängen von 87 m zusammengeschweißt.

Der gesamte Stahltrog des Überbaus wurde in Abschnitten verschoben. Dafür war am vorderen Ende ein 32 m langer Vorbauschnabel montiert und aus Schienen eine Verschubbahn ausgelegt worden, die der horizontalen Achskrümmung folgte.

Nach dem Erreichen der Endlage wurde der Überbau aus der Verschubhöhe abgestapelt und auf die endgültigen Kalottenlager abgesetzt.

Zur Herstellung der Verbundplatte aus Stahlbeton im Pilgerschrittverfahren gelangte ein Schalwagen zum Einsatz, der sich auf den Längsträgern abstützte und von einem obenliegenden Tragwerk ausgehend die Kragarme umfaßte.

Die Kappen wurden mit einem Kappenschalwagen abschnittsweise betoniert.

Der dritte Deckanstrich der Außenbeschichtung wurde abschließend von einem gesonderten verfahrbaren Gerüst aus aufgebracht.

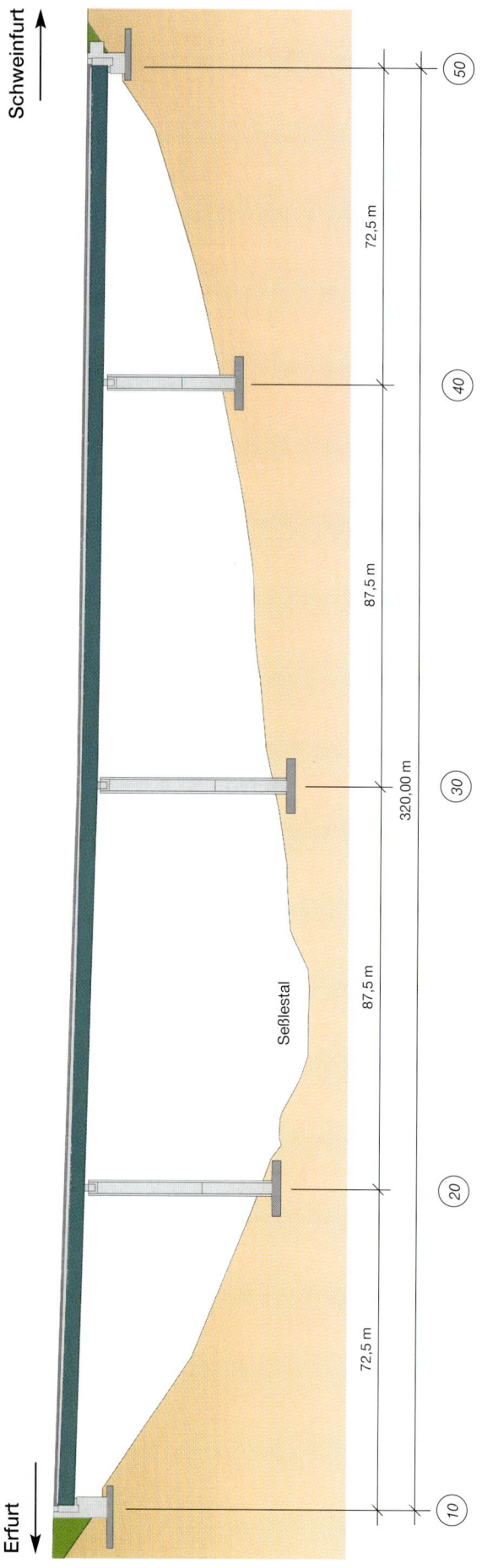

Ansicht

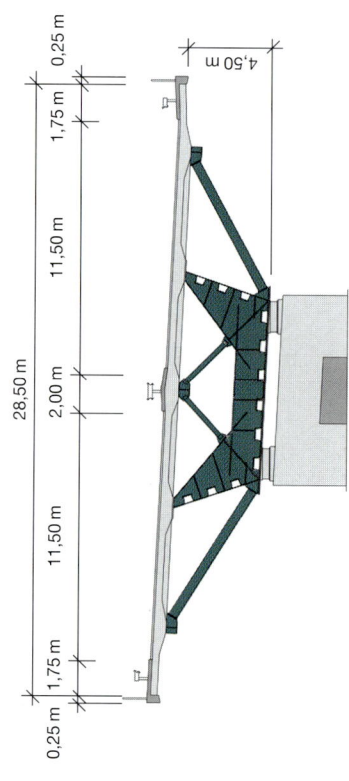

Regelquerschnitt

Verkehrsprojekt Deutsche Einheit Nr. 16 A 71 Erfurt–Schweinfurt Freistaat Thüringen	unten: **Talgrund mit Biotop**	Baujahr: **2000–2002** Bauzeit: **28 Monate**	Bauweise: **einteiliger Stahlverbund- Überbau**
Projektleitung: **DEGES**	Bauwerks-Nr.: **5321/05**	Kosten (Mio. DM): **24 (brutto)**	Kosten (DM/m²): **2.643**
Entwurfsbearbeitung: **HENSEL Ingenieur GmbH, Kassel**	Bauausführung: **ARGE Talbrücke Seßlestal:** **Adam Hörnig Bauges. mbH & Co., Aschaffenburg/ DSD Dillinger Stahlbau, Saarlouis**		
Prüfingenieur: **Prof. Dr.-Ing. U. Weyer, Dortmund**			
Bauüberwachung/Bauoberleitung: **EHS, Beratende Ingenieure, Erfurt**	Ausführungsplanung: **Köhler + Seitz, Nürnberg**		

Taktkeller auf der Westseite.

Innerer Längsträger mit Queraussteifung.

Anschluß Zugband/Schrägstrebe/äußerer Längsträger.

Talbrücke Schwarza

1. Bauwerksentwurf

Das 675 m lange Brückenbauwerk überquert südlich der Gemeinde Schwarza den Wasserlauf der Schwarza mit ihren ökologisch wertvollen Talauen und Trockenhängen sowie die Landesstraße L 1131.

Im Bauwerksbereich verläuft die Achse der Autobahn in einer Klothoide mit A = 1.200. Die Gradiente ist bei einem Gefälleknick von 4,5 % auf 0,8 % mit einem Wannenhalbmesser von 25.000 m ausgerundet. Beide Richtungsfahrbahnen sind mit 4 % zur Nordseite geneigt.

Als statisches System wurde ein parallelgurtiger Durchlaufträger über 9 Felder gewählt, dessen Stützweiten mit 55 – 70 – 80 – 3×85 – 80 – 70 – 60 m auf den Geländeverlauf und die größte Höhe der Gradiente über dem Talgrund von ca. 68 m abgestimmt wurden.

Mit der maximalen Stützweite von 85 m konnten die hinsichtlich Natur- und Landschaftsschutz als Tabuzone eingestuften unmittelbaren Uferbereiche der Schwarza von Pfeilern freigehalten werden.

Da zwei getrennte Überbauten für die beiden Richtungsfahrbahnen bei der großen Höhe über Tal in gestalterischer Hinsicht eine unbefriedigende Lösung darstellen, wurde ein einteiliger Querschnitt gewählt.

2. Bauwerksbeschreibung

2.1 Gründung

Die Widerlager konnten auf hochverdichteten Vorschüttungen aus grobkörnigem Material 0–200 mm flach gegründet werden.

Der Stützpfeiler in Achse 30 erforderte eine Tiefgründung. Alle anderen Pfeiler sind flach gegründet. Die Flachgründungen sind über Magerbetonpolster auf den oberflächennah anstehenden Kalksteinschichten abgesetzt.

2.2 Widerlager

Der Übergang zwischen Damm und Brücke wird durch kastenförmige Widerlager mit Wartungsgang und Besichtigungssteg mit Zugangstreppe gebildet.

Wegen der großen Breite erhielten die Widerlagerwände zwei Scheinfugen nach RZ Fug 2.

2.3 Pfeiler

Die bis zu 64 m hohen Pfeiler bestehen im oberen Bereich aus zwei trapezförmigen Einzelstützen mit einem lichten Abstand von 3,8 m, die am Kopf durch einen Riegel mit Wartungsgang verbunden sind. Mit Abmessungen in Brückenlängsrichtung von 3,5 m außen und 2,5 m innen und einer Breite von 3,2 m in Brückenquerrichtung bietet der Stützenquerschnitt Platz für Lager und die für den Lagerwechsel erforderlichen Pressen.

Ab einer Höhe von 24 m unter Oberkante Pfeilerkopf sind die Einzelstützen durch ein massives Zwischenstück zu einem einteiligen Querschnitt verbunden.

Während die Einzelstützen über die Höhe von 24 m mit konstantem Querschnitt hergestellt wurden, erhielt der untere Pfeilerteil einen Anzug in Brückenlängsrichtung, wodurch sich am Fuß des höchsten Pfeilers Querschnittsabmessungen von ca. 5,5 m × 10,2 m ergeben.

Der untere Bereich der Pfeiler in den Achsen 20–60 wurde als Ergebnis eines Nebenangebotes mit Hohlquerschnitt und Wanddicken von 40 cm ausgeführt. Die Begehbarkeit ist durch Türen, Leitern und Podeste entsprechend den gültigen BMV- Richtzeichnungen sichergestellt.

2.4 Überbau

Beide Richtungsfahrbahnen der Autobahn werden auf einem einteiligen Stahlverbundquerschnitt überführt, der aus einem einzelligen Stahltrog mit geneigten Stegen und der in Längs- und Querrichtung schlaff bewehrten massiven Fahrbahnplatte besteht.

Die Platte ist in Querrichtung gespannt mit Stützungen durch die beiden Hauptträgerstege und durch drei längslaufende Stahlträger, die jeweils durch Kopfbolzendübel mit der Platte schubfest verbunden sind. Sie ist zwischen den äußeren Längsunterzügen konstant 35 cm dick und wird von den äußeren Längsunterzügen zu den Kragarmenden auf 25 cm reduziert.

Die äußeren Längsträger unter den Kragarmen werden durch schräg angeordnete Stahlstreben, der innere Längsträger durch die Diagonalverbände der Queraussteifungen unterstützt.

Der Stahltrog aus S 355 J2G3 (St 52-3N) ist einzellig ausgebildet. Alle Kastenaußenflächen sind glatt. Sprünge infolge veränderlicher Blechdicken wurden nur nach innen angeordnet. Die Längsaussteifung der Stege und des Bodenbleches erfolgte durch Trapezsteifen. Die Queraussteifung wird durch Querrahmen mit Diagonalverbänden im Abstand der seitlichen Streben (a = 5,0 m) gewährleistet. Für die Diagonalverbände und Streben wurden dichtgeschweißte Rohrprofile verwendet.

Das Bodenblech verläuft in der Querneigung der Fahrbahnplatte, die Steg- und Strebenneigungen sind so gewählt, daß der Trog symmetrisch ist.

Die mittlere Bauhöhe des Troges beträgt 3,85 m, so daß eine Gesamtbauhöhe von 4,20 m vorliegt. Das entspricht einer maximalen Schlankheit von ca. 20.

Die Umlenkkräfte infolge der geneigten Streben werden durch Zugbänder aus Flachblechen aufgenommen, die bündig mit der Unterkante der Betonplatte angeordnet und mit dieser durch Kopfbolzendübel schubfest verbunden sind.

2.5 Lagerung

Aufgrund der vorhandenen Auflagerdrehwinkel kamen Kalottenlager zum Einsatz. Festpunkte des Brückenlängssystems sind die Stützen in den Achsen 30 bis 60.

3. Bauausführung

3.1 Baustelleneinrichtung

Für die Baustelle der Talbrücke Schwarza mußte an der steilen Westflanke des Tales von der Kreisstraße ausgehend eine Baustraße angelegt werden, die mit etwa 16 % Steigung auf die 11 m hoch geschüttete Gründungsebene des Widerlagers führte. Nach Fertigstellung des Widerlagers wurde die Dammschüttung nochmals um 4,5 m bis zur Oberkante der Auflagerbank erhöht und als Montageplatz für den gesamten Stahltrog genutzt. Diese Dammschüttung ging nach 120 m Länge in das anstehende Gelände über.

Im Verlauf der Bauzeit gelangten bis zu vier Turmdrehkräne und drei Autokräne mit Hakenhöhen bis zu 75 m über Gelände zum Einsatz.

Das östliche Widerlager war über eine kurze Baustraße – von vorhandenen Wirtschaftswegen aus – zugänglich.

Während der Fahrbahnplattenherstellung ist am östlichen Widerlager eine vorläufige Auffahrt hergestellt worden, um fertige Fahrbahnabschnitte für den Baubetrieb nutzen zu können.

3.2 Unterbauten

Die Stützweite zwischen Achse 80 und dem Widerlager Achse 90 ist in der Ausführung gegenüber dem ursprünglichen Entwurf um 10 m verlängert. Damit konnten die Massen für den Dammbau sowie die Abmessungen des Widerlagers Achse 90 deutlich verringert werden. Diese Änderung erwies sich als wirtschaftlich wegen der steilen Talflanke.

3.2.1 Gründung

Die Pfeiler wurden entsprechend den Entwurfsvorgaben gegründet. Bei der einzigen Tiefgründung für den Pfeiler im Talgrund wurden Großbohrpfähle mit d = 1,50 m Durchmesser und etwa 22 m Länge hergestellt.

Die Widerlager wurden abweichend zum Entwurf nicht auf Pfählen, sondern flach gegründet.

3.2.2 Pfeiler

Das beauftragte Angebot sah abweichend zum Entwurf vor, bei den hohen Pfeilern in den Achsen 20 bis 60 die unteren nicht gegliederten Querschnitte als Hohlquerschnitte herzustellen. Der Mehraufwand an Schalung gegenüber den Vollquerschnitten des Entwurfs wurde von der Einsparung an Beton und Betonstahl sowie den kleineren Fundamenten ausgeglichen. Des weiteren wurde bei der Ausführung auch die Pfeilerbreite geringfügig so geändert, daß die Lager unmittelbar unter den Stegen des Überbaus angeordnet werden können.

Zur Herstellung der Pfeiler kam eine Kletterschalung zum Einsatz, mit der eine Taktzeit von einer Woche für die im Mittel 5 m hohen Abschnitte erreicht wurde.

3.2.3 Widerlager

Beide Widerlager sind konventionelle aufgelöste Konstruktionen und wurden mit baubetriebsüblichen Schalungen hergestellt.

3.3 Überbau

Um das Ziel einer unmittelbaren Lasteinteilung aus den Stegen in die Lager zu erreichen, wurde die erwähnte Pfeilerverbreiterung von einer Verringerung der unteren Hohlkastenbreite ergänzt und so eine wirtschaftliche und konstruktiv ausgewogene Abstimmung erreicht.

Der einzellige Stahltrog des Verbundquerschnittes war längs in 24 Schüsse aufgeteilt. In der Werksfertigung in Darmstadt waren für jeden Schuß die beiden Seitenteile und das Bodenblech mit den zugehörigen Längsträgern, den Diagonalstreben und Querverbänden vorab hergestellt und anschließend mit LKW-Schwertransporten zur Baustelle gefahren worden. Die Einzelteile waren dabei bis zu 30 m lang und hatten ein Einzelgewicht von bis zu 100 t.

Auf dem Montageplatz der Baustelle wurden die Teile der Werksfertigung entladen, ausgerichtet und schußweise verschweißt. Dabei erfolgte der Anschluß an den bereits fertiggestellten Brückenstrang. Wenn auf der Montagefläche eine Troglänge von etwa 60 m montiert war, wurde der gesamte Brückenstrang in Richtung des westlichen Widerlagers verschoben.

Dafür waren auf der Montagefläche, dem Widerlager West und auf den Pfeilern Verschublager mit Seitenführungen eingebaut. Am Brückenanfang war ein 30 m langer Vorbauschnabel montiert.

Für den Verschub waren vom Widerlager bis zum Brückenende auf dem Montageplatz Litzen horizontal gespannt, die durch Hohlkolbenpressen und Litzenheber gezogen wurden. Mit dieser Verschubtechnik konnte ein Verschubweg von 6 m pro Stunde im Mittel erreicht werden.

Da die Achse der Talbrücke Schwarza in einer Klothoide trassiert ist, ergaben sich während der Zwischenzustände des Verschubes Lageabweichungen der Achse des Stahltroges zu den Unterbauten von bis zu 2,50 m in Brückenquerrichtung. Die Pfeilerköpfe waren deshalb beim Verschub mit Stahlträgern konsolartig so verbreitert, daß die Verschublager um diese Abweichung exzentrisch auf den Pfeilern angeordnet werden konnten.

Der Verschub des 675 m langen Überbaus hatte am 2. September 2000 mit dem 1. Abschnitt begonnen. Mit dem Verschub des 13. Abschnittes wurde am 1. März 2001 die Endlage erreicht.

Nach dem Endeinschub des Stahltroges wurde die Fahrbahnplatte unter Einsatz von drei getrennt verfahrbaren Schalwagen im Pilgerschrittverfahren hergestellt. Mit jedem Schalwagen wurde im Mittel ein 15 m langer Plattenabschnitt über die gesamte Breite der Fahrbahnplatte in einer Woche geschalt, bewehrt und betoniert. Der für Längstransporte des Streckenbaus vertraglich vereinbarte Zwischentermin zur Befahrbarkeit wurde von der ausführenden Arbeitsgemeinschaft eingehalten.

Möglich war dies nicht zuletzt wegen der vorausschauenden Planungsabstimmung zwischen dem Stahl- und Betonbau. Dabei wurden wenige Details insbesondere an der Kante von Bodenblech und Stegseite des Stahltroges sowie die Höhe des Längsträgers und der Anschluß der Diagonalstreben wirkungsvoll verändert. Auf diese Weise konnte der Schalwagen unterhalb der Fahrbahnplatte an der Stahlkonstruktion aufgehängt und geführt werden. Der Einsatz von Gerüstträgern oberhalb der Fahrbahnplatte und das Umbauen der Kragarme war damit entbehrlich. Die Fotos auf Seite 206 belegen die funktionsgerechte Konstruktion der Schalwagen, die für Absenk- und Verfahrzustände mit den dafür notwendigen hydraulischen Einrichtungen ausgestattet waren.

Die Talbrücke Schwarza ist ein Beispiel dafür, daß sich die Eleganz und Wirtschaftlichkeit solcher Bauwerke mit einteiligem Verbundquerschnitt nicht nur im Endzustand zeigen, sondern daß bereits die Bauzustände und das Bauverfahren ingenieurmäßige Lösungen erlauben, die neben den genannten Merkmalen auch die Robustheit und Zuverlässigkeit dieses Brückentyps gewährleisten.

Ein weiterer Vorteil der eingesetzten Fahrbahnschalwagen zeigte sich darin, daß sie mit geringen Umbauten auch für die Kappenherstellung eingesetzt werden konnten. Um ausreichende Abschnittslängen zu erreichen, waren dafür alle drei Schalwagen miteinander gekoppelt worden.

Schweinfurt

Erfurt

55,00 m

75,00 m

80,00 m

85,00 m

85,00 m

85,00 m

80,00 m

70,00 m

60,00 m

675,00 m

Schwarza

L 1131

0 · 10 · 20 · 30 · 40 · 50 · 60 · 70 · 80 · 90

Ansicht

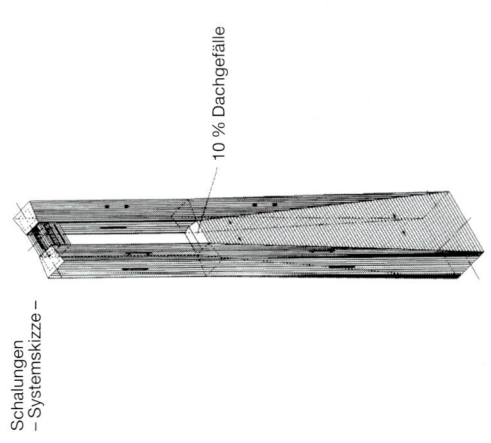

Schalungen
– Systemskizze –

10 % Dachgefälle

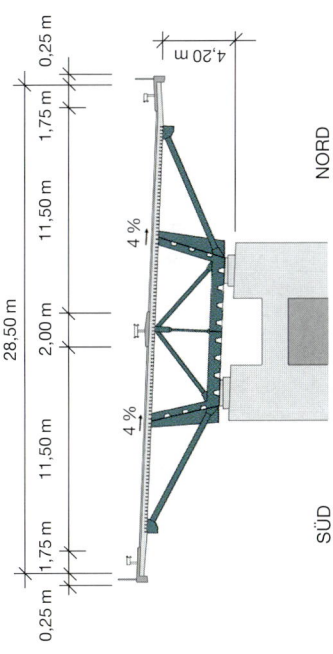

0,25 m

1,75 m

11,50 m

2,00 m

11,50 m

1,75 m

0,25 m

28,50 m

4 %

4 %

4,20 m

NORD

SÜD

Regelquerschnitt

Verkehrsprojekt Deutsche Einheit Nr. 16 A 71 Erfurt–Schweinfurt Freistaat Thüringen		unten: Schwarza, L 1131	Baujahr: 1999–2002 Bauzeit: 30 Monate	Bauweise: einteiliger Stahlverbund- Überbau
Projektleitung: DEGES		Bauwerks-Nr.: 5321/14	Kosten (Mio. DM): 42,8 (brutto)	Kosten (DM/m²): 2.223
Entwurfsbearbeitung: BUNG Beratende Ingenieure, Heidelberg		Bauausführung: ARGE Talbrücke Schwarza:		
Prüfingenieur: Prof. Dr.-Ing. Jörg Peter, Stuttgart		H. Kirchner GmbH & Co. KG, Bad Hersfeld/ Donges Stahlbau GmbH, Darmstadt		
Bauüberwachung/Bauoberleitung: EHS Beratende Ingenieure, Erfurt		Ausführungsplanung/Unterbauten, Fahrbahnplatte: Ing.-Büro Wolf, Gaiberg		
Ausführungsplanung/Stahlüberbau: Ing.-Büro Meyer & Schubart, Wunstorf				

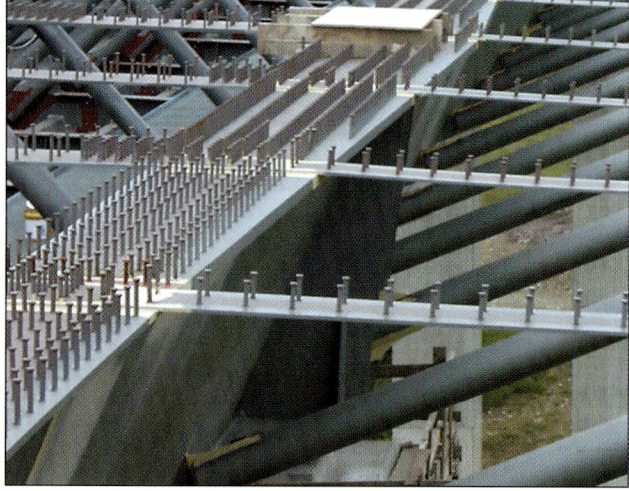

Detailansichten der Stahlkonstruktion des Überbaus (oben und unten): Kastenobergurt mit Zugbändern und Diagonalstreben.

Gesamtübersicht von unten auf den Schalwagen.

Durch Längsträger und Bodenblech gestützter Schalwagen der äußeren Fahrbahnplatte.

Bauwerke mit getrennten Überbauten

Bauwerk	Schafstalgrund	Schindgraben	Rotes Tal	Streitschlag	Haseltal	Judental	Werratal Einhausen
Hauptabmessungen							
Brückenlänge	524,6 m	464,0 m	406,0 m	256,2 m	714,0/724,0 m	456,0 m	1.194,0 m
Brückenbreite	28,5 m	28,5 m	28,5 m	28,5 m	28,5 m	28,5 m	28,5 m
Brückenfläche	14.951 m²	13.224 m²	11.571 m²	7.302 m²	20.435 m²	12.996 m²	34.029 m²
Höhe über Talgrund	61 m	55 m	19 m	33 m	22 m	45 m	34 m
Pfeilerhöhen	24,0–57,0 m	14,0–48,0 m	10,0–19,0 m	11,0–30,0 m	16,0–20,0 m	25,0–40,0 m	9,50–30,0 m
Haupttragwerk							
Tragwerksform	Parallelträger	Parallelträger	Parallelträger	Parallelträger	Parallelträger	Parallelträger	Voutenträger
Anz. Felder	11	10	12	11	12	10	18
Regelstützweite	49,4 m	47,5 m	35,0 m	45,0 m	65,0 m	50,0 m	80,0 m
Anzahl Regelfelder	9	8	10	4	8	3	3
kleinste Stützweite	40,0 m	46,5 m	28,0 m	38,1 m	31,0 m	40,0 m	37,0 m
Überbauquerschnitt							
Form	Kasten	Kasten	Plattenbalken	Kasten	Kasten	Kasten	Plattenbalken
Bauart	Spannbeton	Spannbeton	Spannbeton	Spannbeton	Spannbeton	Spannbeton	Verbundbauweise
Art Vorspannung	Mischbauweise	Mischbauweise	intern	nur extern	Mischbauweise	Mischbauweise	keine
Bauhöhe Überbau	3,3 m	3,2 m	1,8 m	3 m	3,5 m	3,1 m	2,1–4,85 m
Herstellung							
Überbau	Taktschieben	Taktschieben	Vorschubrüstung	Taktschieben	Vorschubrüstung	Taktschieben/Lehrgerüst	Kranmontage
Anzahl Takte/Abschnitte	21	20	–	12	2	14	33
Fahrbahnplatte							Pilgerschritt
Anz. Schalwagen							2
Pfeiler	Kletterschalung	Kletterschalung	umsetzbare Schalung	Kletterschalung	umsetzbare Schalung	Kletterschalung	Abschnittsschalung
Mengen							
Beton Überbau	13.335 m³	10.000 m³	9.116 m³	5.800 m³	14.850 m³	9.300 m³	10.800 m³
Betonstahl Überbau	1.860 t	1.300 t	896 t	800 t	2.070 t	1.335 t	2.700 t
Spannstahl intern	380 t	330 t	228 t	–	355 t	275 t	–
Spannstahl extern	132 t	100 t	–	160 t	232 t	75 t	–
Baustahl Überbau							7.600 t
Beton Unterbauten	18.500 m³	9.400 m³	6.208 m³	5.700 m³	6.770 m³	9.000 m³	15.300 m³
Betonstahl Unterbauten	1.700 t	1.200 t	534 t	600 t	1.192 t	1.320 t	2.150 t

Talbrücke
Schafstalgrund

1. Bauwerksentwurf

Etwa 6 km westlich von Suhl bei Dietzhausen überspannt die 524 m lange Brücke das dicht bewaldete Tal des Schafstalgrundes, das eine wechselhafte Topographie aufweist und an den Talflanken örtlich um mehr als 15° ansteigt. Auch quer zur Bauwerksachse ist das Gelände stark geneigt.

Wesentlicher Zwangspunkt für Stützenstandorte im Talraum ist eine ökologische Schutzzone, die unberührt erhalten bleiben mußte.

Zwischen Gradiente und Talgrund besteht ein Höhenunterschied von ca. 57,0 m.

Der Achsverlauf der Bundesautobahn folgt vom östlichen Widerlager auf etwa 96 m Länge einem Kreisbogen mit R = 1.800 m. Daran schließt sich bis zum westlichen Widerlager hin eine Klothoide mit dem Parameter A = 900 an.

Die Gradiente fällt von Osten nach Westen mit veränderlichem Längsgefälle. Es beträgt am Widerlager Ost 1,1 % und am Widerlager West 3,1 %. Bei beiden Richtungsfahrbahnen ist ein konstantes Quergefälle mit 2,5 % vorgesehen.

Ergebnis der Entwurfsplanung ist ein Mehrfeldbauwerk mit 9 Feldöffnungen und Regelstützweiten von 60,0 m. Die Überbauten sind für jede Richtungsfahrbahn einzellige Spannbeton-Hohlkästen mit 3,90 m Konstruktionshöhe, die aufgrund der erforderlichen Grundrißform des Bauwerkes auf Lehrgerüst oder mit Vorschubrüstung hergestellt wurden.

2. Bauwerksbeschreibung

2.1 Gründung und Unterbauten

Die Unterbauten konnten flach auf dem hoch anstehenden Buntsandstein gegründet werden. Die Widerlager sind auf Vorschüttungen aus Kalksteinschotter gegründet, die am Widerlager 10 eine Mächtigkeit von 7,50 m erreichen.

Die Pfeiler haben einen aufgelösten Querschnitt aus zwei Trapezen mit einem monolithisch angeschlossenen Verbindungssteg, der in Bauwerksquerrichtung beidseitig zurückgesetzt ist. Die Pfeiler haben in Bauwerksquerrichtung eine konstante Breite und in Bauwerkslängsrichtung einen Anzug von 70 : 1.

2.2.1 Lagerung

Der Überbau ist in den Achsen 30 bis 90 über Verformungslager und in den übrigen Achsen über Verformungsgleitlager elastisch gelagert. In den Widerlagerachsen wurden in Bauwerksquerrichtung Festhaltungen angeordnet.

2.3 Überbau

Zur Ausführung kam ein Überbau mit reduzierten Stützweiten der Regelfelder, der im Taktschiebeverfahren hergestellt wurde. Bei der gewählten Stützweite von 49,40 m beträgt die Bauhöhe des Überbaues 3,30 m. Die als einzellige Hohlkästen vorgesehenen Überbauten sind nur in Längsrichtung beschränkt vorgespannt. Diese Vorspannung erfolgt in Mischbauweise.

3. Bauausführung

3.1 Unterbauten

Die Herstellung der Pfeiler in Stahlbeton B25 erfolgte mit einer Kletterschalung mit Regelschußlängen von 5,10 m.

Erst durch den Querverzug während des Einschiebens der letzten Takte wurde der Überbau auf den Pfeilern 20 und 30 in seine endgültige Lage gebracht. Damit die Takte 1 bis 15 über die Pfeiler 20 und 30 geschoben werden konnten, waren an diesen Pfeilerstandorten umfangreiche Hilfsmaßnahmen in Form von Konsolen, Querträgern und Hilfsstützen erforderlich.

3.2 Überbau

Die Taktschiebeanlage war hinter dem Widerlager Ost (Achse 10) angeordnet. Bei Widerlager West liegt die Bauwerksgradiente 13,91 m höher, als bei Widerlager Ost. Daher ist ein Aufwärtsschub mit einer mittleren Steigung von 2,65 % erforderlich.

Die beiden Überbauten wurden getrennt nacheinander mit je 21 Takten (i. M. 25,0 m lang) hergestellt. Weil die Befahrbarkeit des Überbaues Süd für Erdtransporte des Streckenbaues ab Oktober 2001 zu gewährleisten war, wurde dieser Überbau zuerst hergestellt.

Die Herstellung des auf einer Klothoide verlaufenden Überbauabschnittes erforderte eine Taktstation, die in ihrer Grundrißlage drehbar und in Bauwerksquerrichtung verschiebbar war und leichte Kippbewegungen um ihre Längsachse ausführen konnte. Weil Längs- und Querverschub gleichzeitig erfolgen mußte, waren alle für den Verschub erforderlichen Einrichtungen wie Seitenführungen, Absetzblöcke, Hilfsunterstützungen so ausgebildet, daß diese Bewegungen zwangsfrei ausführbar waren.

Der Überbau wurde auf einer Raumkurve verschoben. Im Regelbereich der Takte 1 bis 16 genügte es, die zwischen Ersatzkreis und BAB-Trasse bestehenden Abweichungen durch variable Kragarmlängen auszugleichen.

Im Bereich der Takte 17 bis 21 bestand zwischen BAB-Achse und Ersatzkreis eine Abweichung von 5,22 m. Deshalb mußte während des Längsverschubes dieser Takte die gesamte Taktstation und die darin befindlichen Überbautakte um dieses Maß kontinuierlich quer verschoben werden.

Für die Herstellung des Überbaues Nord wurde die Taktstation vollständig quer verschoben, um ca. 25 cm angehoben und der erforderlichen Längsneigung dieses Überbaues angepaßt.

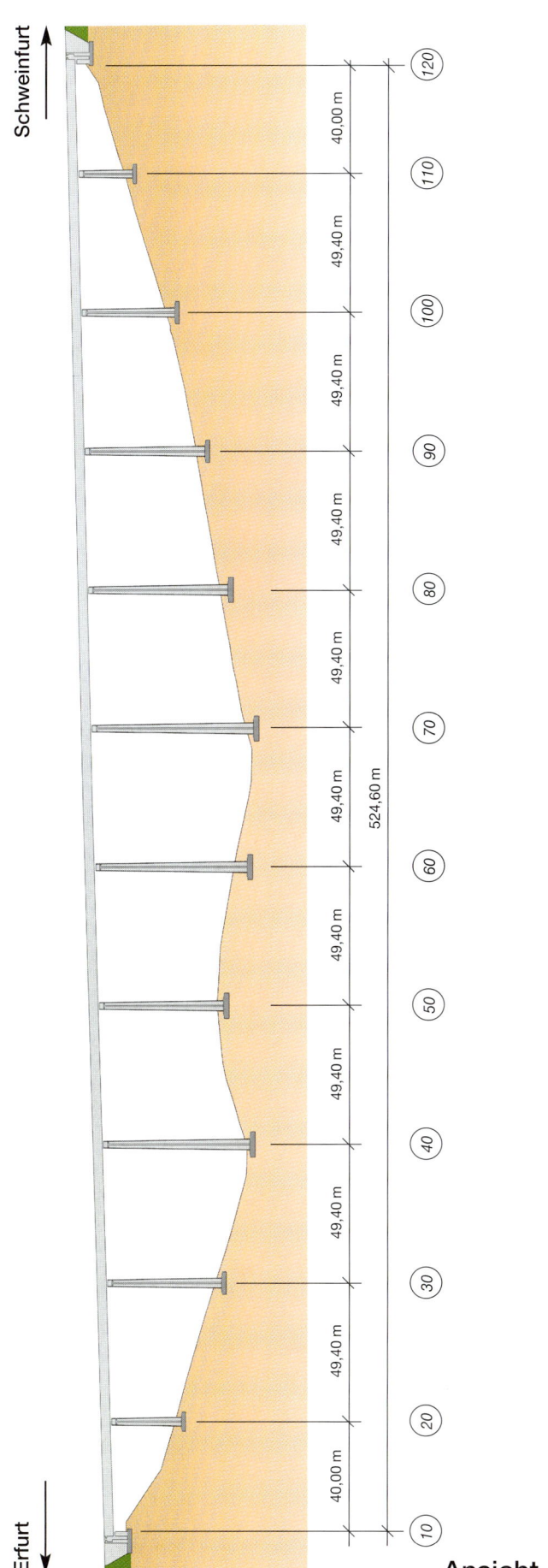

Ansicht

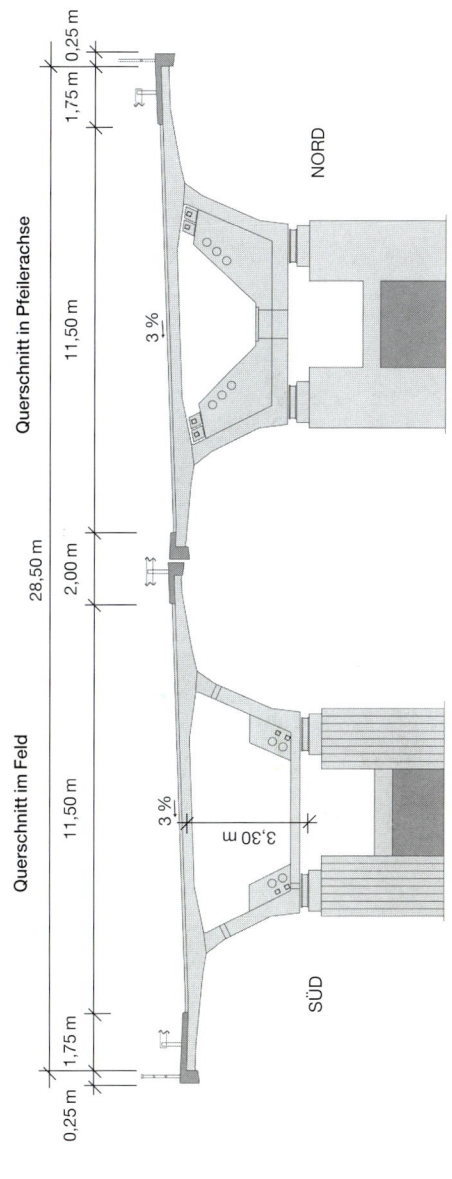

Regelquerschnitt

Verkehrsprojekt Deutsche Einheit Nr. 16 A 71 Erfurt–Schweinfurt Freistaat Thüringen	unten: Schafstal Bachlauf Wirtschaftsw.	Baujahr: 2000–2002 Bauzeit: 28 Monate	Bauweise: Spannbeton- Hohlkasten
Projektleitung: DEGES	Bauwerks-Nr.: 5321/08	Kosten (Mio. DM): 23,6	Kosten (DM/m²): 1.581

Entwurfsbearbeitung: EHS – Beratende Ingenieure, Erfurt	Bauausführung: HOCHTIEF Construction AG, Frankfurt/Leipzig
Prüfingenieur: Dipl.-Ing. T. Rostalski, Berlin	Ausführungsplanung & Verfasser Sondervorschlag: Leonhardt, Andrä und Partner, Dresden
Bauüberwachung/Bauoberleitung: ARGE MTI: Ing.-Gem. Setzpfandt, Weimar/ Lomb Consult, Weimar/Ing.-Büro Kleb, Erfurt	

Bauzustand vor Erreichen des Widerlagers Schweinfurt.

Taktstation hinter dem Widerlager Ost.

Talbrücke
Schindgraben

Nach Fertigstellung des ersten Überbaus konnten die Erdmassentransporte über die Richtungsfahrbahn Erfurt geführt werden.

1. Bauwerksentwurf

Zwischen den Gemeinden Rohr und Meiningen überquert das 464 m lange Bauwerk einen in Betrieb befindlichen Kalksteinbruch, den Schindgraben und die Landesstraße L 1140.

Die Autobahnachse beschreibt im Bauwerksbereich einen Kreisbogen mit R = 3.800 m. Die größte Höhe zwischen Bauwerksgradiente und Talgrund beträgt ca. 55 m. Zwischen dem Widerlager Schweinfurt und dem Widerlager Erfurt besteht ein konstantes Längsgefälle von 0,8 %. Beide Richtungsfahrbahnen besitzen eine Querneigung von 2,5 %.

Zur Ausführung kam ein Mehrfeldbauwerk mit 10 Feldöffnungen, dessen Regelstützweite 47,50 m beträgt. Die Stützweiten der Endfelder betragen 46,50 m bzw. 37,50 m.

2. Bauwerksbeschreibung

2.1 Gründung und Unterbauten

Die Pfeiler in den Achsen 10 bis 90 wurden flach auf dem anstehenden Kalksteinfels gegründet.

Das Herstellen der Widerlager erforderte Vorschüttungen mit hohen Qualitätsanforderungen an Material und Verdichtung, auf denen ebenfalls flach gegründet wurde.

Weil bei dem anstehenden harten Kalkstein mit seiner horizontalen Schichtenlagerung eine ausreichende Geländebruchsicherheit besteht, konnten einige Gründungen sehr nahe an den bestehenden Abbruchrändern errichtet werden.

2.2 Widerlager

Die kastenförmigen Widerlager sind in der Mittelachse durch Raumfugen und in jeder Widerlagerhälfte zusätzlich durch Scheinfugen getrennt. Die Fundamente wurden fugenlos hergestellt. Die Zugänglichkeit der Lager und Fahrbahnübergänge und der Überbauten über Wartungsgänge, Stahltreppen und Stahlstege entsprechend den Regelwerken ist gewährleistet.

2.3 Pfeiler

Die Stützpfeiler sind rechtwinklig zur Brückenachse angeordnet. Ihre Höhen variieren zwischen 14 m und 48 m. Der Pfeilerquerschnitt mit Außenabmessungen von 5,85 m × 2,70 m wird aus zwei Trapezen mit einem dazwischen liegenden Rechteck gebildet. Die Größe der Pfeilerköpfe wurde so gewählt, daß beidseitig neben den Lagern ausreichend Platz für die beim Lagertausch erforderlichen Pressen vorhanden ist. Die Pfeilerköpfe sind vom Überbau her über Durchstiegsöffnungen in der Bodenplatte und Leitern zugänglich. Die Sichtflächen der Pfeiler wurden mit vertikaler Brettstrukturschalung erstellt.

2.4 Lagerung

Die Lagerung des Überbaues erfolgte elastisch über Verformungs- und Verformungsgleitlager. Auf den Pfeilern kommen allseits bewegliche Verformungslager und in den Widerlagerachsen jeweils ein allseitig bewegliches und ein querfestes Verformungsgleitlager zum Einsatz.

2.5 Überbau

Beide Überbauten wurden als 10feldrige Durchlaufträger mit einzelligem Hohlkastenquerschnitt in Spannbeton B45 mit beschränkter Vorspannung in Brückenlängsrichtung ausgeführt. Die Konstruktionshöhe der Hohlkästen beträgt 3,20 m.

Die Breiten der beiden Überbauten betragen 14,05 m (Nord) und 13,65 m (Süd). Das Differenzmaß wird allein in den Längen der inneren Kragarme ausgeglichen, so daß alle übrigen Abmessungen für beide Überbauten gleich bleiben.

Der Überbau ist auf der Grundlage der „Richtlinie für Betonbrücken mit externen Spanngliedern" für die sogenannte Mischbauweise konstruiert und bemessen worden.

Dabei wurden die für die Bauzustände erforderlichen Spannglieder als Spannglieder mit nachträglichem Verbund in der Fahrbahn- und Bodenplatte verlegt. Die für den Endzustand zusätzlich benötigten Spannglieder wurden extern mit Umlenkungen in den Feldmitten und den Stützquerträgern im Hohlkasten geführt. Darüber hinaus wurden die nach ARS 17/1999 für eine spätere Verstärkung vorzusehenden Einrichtungen berücksichtigt.

3. Bauausführung

3.1 Widerlager

Im Zuge der Bauausführung wurde nach Begutachtung der örtlichen Verhältnisse entschieden, die Vorschüttung des Widerlagers Erfurt nach dem Verfahren „Bewehrte Erde" auszuführen. Es kam

Geogitter zum Einsatz, das bei einer Gesamtschütthöhe von 18,0 m im Bereich der ersten 8,0 m in Abständen von 0,60 m einzulegen war.

3.2 Pfeiler

Zum Einsatz kamen selbstkletternde hydraulische Schaleinheiten mit angehängten Nachbehandlungsbühnen.

Der Einsatz mobiler Hebetechnik war beim Anhängen der Kletterschalung nach Errichtung der Anfänger, bei der Demontage der Einheiten nach Erreichen der Zielhöhe und beim Einhub der am Boden gefertigten Bewehrungskörbe erforderlich.

3.3 Überbau

Die Fertigung des Überbaues erfolgte mit einer Regeltaktlänge von 23,75 m im Taktschiebeverfahren. Aufgrund einer querenden Hochspannungsfreileitung mußte die Feldfabrik etwa 55 m hinter dem Widerlager Schweinfurt (Achse 100) errichtet werden. Das Zurücksetzen der Feldfabrik machte es erforderlich, die ersten drei Überbautakte mit montiertem Vorbauschnabel zunächst bis zum Wirksamwerden der Hub-Schub-Anlage mittels hydraulischer Litzenheber in Position zu ziehen.

Dafür mußten im Bereich der Freileitungstrasse zwei Hilfsstützungen für die Verschubbahn errichtet werden, deren Stützweiten 21 m–20 m und 15 m betragen.

Zur Kompensation der Durchbiegungen (ca. 20 cm unter Eigenlast) kamen beim Erreichen der Gleitlager auf den Pfeilern spezielle Hubeinrichtungen zum Einsatz.

Der vorhandene Kalksteinbruch war nicht zu umgehen und mußte mit dem Bauwerk überführt werden.

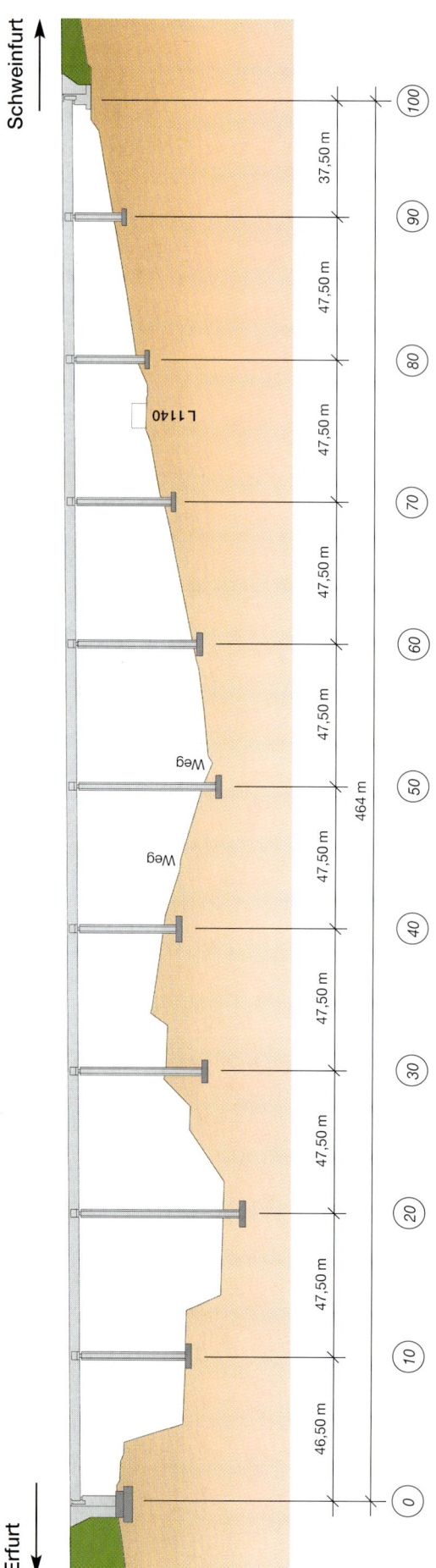

Schweinfurt

Erfurt

46,50 m
47,50 m
47,50 m
47,50 m
47,50 m
47,50 m
47,50 m
47,50 m
47,50 m
37,50 m

464 m

L 1140

Weg

Weg

0 · 10 · 20 · 30 · 40 · 50 · 60 · 70 · 80 · 90 · 100

Ansicht

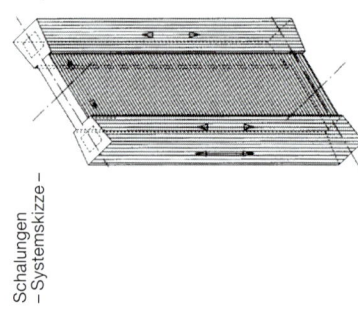

Schalungen
– Systemskizze –

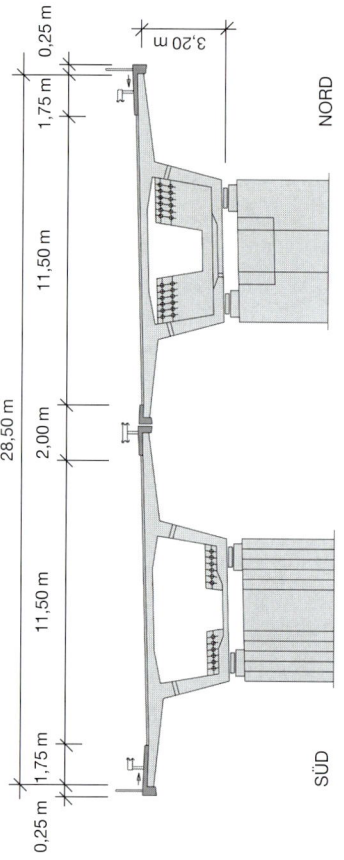

0,25 m
1,75 m
3,20 m
11,50 m
2,00 m
11,50 m
1,75 m
0,25 m
28,50 m

NORD

SÜD

Regelquerschnitt

Verkehrsprojekt Deutsche Einheit Nr. 16 A 71 Erfurt–Schweinfurt Freistaat Thüringen	unten: Schindgraben L 1140 Steinbruch	Baujahr: 2000–2002 Bauzeit: 27 Monate	Bauweise: Spannbeton- Hohlkasten
Projektleitung: DEGES	Bauwerks-Nr.: 5321/16	Kosten (Mio. DM): 20 (brutto)	Kosten (DM/m²): 1.512
Entwurfsbearbeitung: BUNG Beratende Ingenieure, Heidelberg	Bauausführung: Ingenieur- und Tiefbau Stetzler GmbH & Co. KG, NL Leipzig		
Prüfingenieur: Dr.-Ing. H. Bökamp, Münster/ Dipl.-Ing. J. Dietzel, Meiningen	Bauüberwachung/Bauoberleitung: ARGE Mittelständischer Thüringischer Ingenieurbüros: Setzpfandt, Weimar/Lomb Consult, Weimar/ Ing.-Büro Kleb, Erfurt		
Ausführungsplanung: Leonhardt, Andrä und Partner, Dresden			

Herstellung der Stützen im Bereich des Steinbruches,
der von der Brücke gequert wird.

Überbauherstellung im Taktschiebeverfahren
(oben und links).

Talbrücke Rotes Tal

1. Bauwerksentwurf

Etwa zwei Kilometer nördlich der Anschlußstelle Rohr–Meiningen überquert die A 71 eine relativ flache Talmulde, die den Bau eines 406 m langen Bauwerks, der Talbrücke Rotes Tal, erforderte.

Besondere Zwangspunkte für mögliche Stützenstandorte im Talraum waren nicht vorhanden. Die Trassierungselemente des Grundrisses bestehen aus einem Kreisbogen mit R = 1.500 m, der in der westlichen Brückenhälfte in eine Klothoide mit A = 1.000 übergeht.

Im Aufriß weist die Gradiente der A 71 eine konstante Steigung von 0,8 % auf. Die Querneigung beträgt bei beiden Richtungsfahrbahnen konstant 3,5 %.

Die Gradiente der BAB verläuft etwa 15–19 m über der Talsohle, so daß bereits mit einer Regelstützweite von 35 m ein ausgewogenes Bild in der Hauptansicht der Brücke erreicht wird.

Diese relativ geringe Stützweite erlaubt bei Wahl eines Plattenbalkenquerschnitts die Ausführung des Überbaues in Massivbauweise mit einer landschaftsverträglichen Konstruktionshöhe von 1,80 m.

2. Bauwerksbeschreibung

2.1 Widerlager

Beide Widerlager sind kastenförmig ausgebildet. In herkömmlicher Weise wurden beide Widerlagerhälften durch eine Raumfuge getrennt, während die Pfahlkopfplatten fugenlos hergestellt werden.

Eine Besonderheit bildet das Widerlager Schweinfurt. Aufgrund der flachen Talform wurde dort eine Dammschüttung mit bis zu 15 m Mächtigkeit erforderlich. Die Dammvorschüttung bis Unterkante Pfahlkopfplatte mußte zeitlich vorgezogen werden, wobei die obere, mindertragfähige Bodenzone auszuräumen war.

2.2 Pfeiler

Unter jedem der vier Stege ist pro Lagerachse eine trapezförmige Einzelstütze angeordnet. Die Stützenköpfe der jeweiligen Überbauten sind durch Querriegel verbunden, die Stützenfußpunkte in eine gemeinsame Pfahlkopfplatte eingespannt.

Die Gründung der Pfeiler erfolgte über Großbohrpfähle (∅ 1,30 m), die in Bauwerkslängsrichtung geneigt ausgeführt wurden. Im Bereich der Festpfeiler sind acht und an den anderen Stützpunkten sechs Großbohrpfähle für die Abtragung der Lasten erforderlich.

2.3 Lagerung

Bei der vorhandenen Brückenlänge und der Symmetrie des Bauwerks bot sich eine Festpunktausbildung in Brückenmitte an. Die Achsen 50, 60 und 70 wurden daher als Festpunktgruppe ausgebildet. Die Lagerung des Brückensystems erfolgte über Verformungs- und Verformungsgleitlager. Jeweils ein Lager pro Überbau und Lagerachse übernimmt Kräfte in Bauwerksquerrichtung. Die einseitig verschieblichen Lager sind so ausgerichtet, daß eine tangentiale Führung der Brücke entsteht.

2.4 Überbau

Für jede Richtungsfahrbahn wurde ein getrennter Überbau ausgeführt. Die Überbauten wurden als Durchlaufträger über 12 Felder in Spannbeton B 45 hergestellt und beschränkt vorgespannt. Die Querschnittsabmessungen der Überbauten sind so gewählt, daß einerseits in Bauwerksquerrichtung eine so große Steifigkeit vorhanden ist, daß auf Stützquerträger in den Lagerachsen verzichtet werden konnte und andererseits unter den Stegen beidseits der Lager ausreichend Stellfläche für Pressen bei einem eventuellen Lagertausch vorhanden war.

3. Bauausführung

3.1 Unterbauten

Infolge der erforderlichen Dammschüttung am Widerlager Schweinfurt war die Baurichtung vorgegeben. Es wurde eine Linienbaustelle von Ost nach West eingerichtet, bei der kontinuierlich für beide Überbauten achsweise die Arbeitsgänge Pfahlherstellung, Pfahlkopfplatten, aufgehende Widerlager bzw. Pfeilerherstellung folgten. Die Pfeiler-Querriegel wurden erst nach erfolgter Überbauherstellung ergänzt.

3.2 Überbau

Die Regelmäßigkeit der Stützungen in Verbindung mit der Brückenlänge ermöglichten den wirtschaftlichen Einsatz einer Vorschubrüstung. Zum Einsatz kam ein Vorschubgerüst mit drei Hauptträgern, bei dem zwei Längsträger außen neben den Stegen und ein Längsträger zwischen den Stegen verliefen. Zur Abstützung der Vorschubrüstung dienten Querjoche, die über Steckträger in Pfeileraussparungen verankert waren. Die Aussparungen wurden nach Fertigstellung der Brücke durch Betonfertigteile gleicher Färbung und Schalungsstruktur verschlossen.

Die Schalungskonstruktion war so mechanisiert, daß sie auf einfache Weise in ihrer Breite verändert und zum Vorfahren abgesenkt werden konnte. Die äußeren Längsträger wurden vor dem Vorfahren quer verschoben.

Durch die Regelmäßigkeit der Feldweiten und den hohen Wiederholfaktor konnte eine sehr niedrige Taktzeit erreicht werden.

Nach Fertigstellung des ersten Überbaues wurde das Vorschubgerüst demontiert und für die Herstellung des zweiten Überbaues zum Brückenanfang zurücktransportiert.

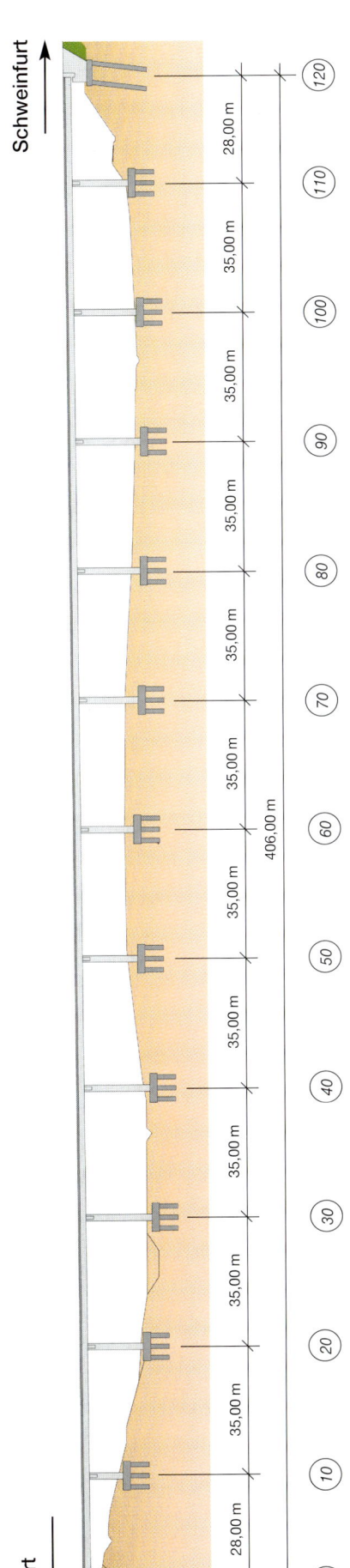

Schweinfurt

Erfurt

28,00 m

35,00 m

35,00 m

35,00 m

35,00 m

35,00 m

35,00 m

35,00 m

35,00 m

35,00 m

35,00 m

28,00 m

406,00 m

(0) (10) (20) (30) (40) (50) (60) (70) (80) (90) (100) (110) (120)

Ansicht

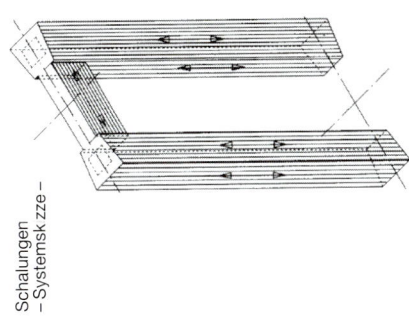

Schalungen
– Systemsk zze –

1,80 m

0,25 m

1,75 m

11,50 m

2,00 m

11,50 m

1,75 m

0,25 m

28,50 m

3,5 %

3,5 %

NORD

SÜD

Regelquerschnitt

Verkehrsprojekt Deutsche Einheit Nr. 16 A 71 Erfurt–Schweinfurt Freistaat Thüringen	unten: GVS Rohr- Kühndorf	Baujahr: 2000–2002 Bauzeit: 26 Monate	Bauweise: Spannbeton- Plattenbalken
Projektleitung: DEGES	Bauwerks-Nr.: 5321/15	Kosten (Mio. DM): 17 (brutto)	Kosten (DM/m²): 1.470
Entwurfsbearbeitung: BUNG Beratende Ingenieure, Heidelberg		Prüfingenieur: Dr.-Ing. Gerhard Kiefer, Darmstadt	
Bauüberwachung/Bauoberleitung: ARGE Mittelständischer Thüringischer Ingenieurbüros: Ing.-Gem. Setzpfandt, Weimar/ Lomb Consult, Weimar/Ing.-Büro Kleb, Erfurt		Bauausführung und Ausführungsplanung: Adam Hörnig GmbH & Co., Aschaffenburg	

Ansicht nach Fertigstellung der
Überbauten.

Vorspannen des zweistegi-
gen Plattenbalkens (links
und rechts).

Talbrücke Streitschlag

1. Bauwerksentwurf

Zwischen dem Autobahndreieck Suhl und der Anschlußstelle Rohr war mit einer Länge von ca. 256 m und einer maximalen Pfeilerhöhe von 33 m über einem bewaldeten Tal der Gemarkung Streitschlag der Bau einer Brücke erforderlich.

Der Trassenverlauf der BAB beschreibt von Achse 10 bis Achse 70 eine Klothoide mit A = 500. Daran schließt sich ein Kreisbogen mit R = 1.500 m an.

Ihre Gradiente fällt im Bauwerksbereich auf der gesamten Länge mit einem konstanten Gefälle von 0,8 %.

Zwangspunkte im Hinblick auf mögliche Stützenstandorte bestanden im gesamten Talraum nicht.

Stützweiten von jeweils 38,10 m in den Endfeldern und 4 × 45,0 m in den Innenfeldern ergeben ausgewogene, an das Tal angepaßte Brückenöffnungen. Sie ermöglichen darüber hinaus für den sich hier ergebenden, einzelligen Hohlkastenquerschnitt eine gute Wirtschaftlichkeit.

2. Bauwerksbeschreibung

2.1 Gründung

Das Bauwerk wurde flach auf dem anstehenden Buntsandstein gegründet. Es waren teilweise beachtliche Mengen Magerbetonpolster einzubringen, die treppenartig auf dem Buntsandstein ab-

gesetzt sind und die erforderliche Verzahnung sicherstellen. Da der freigelegte Buntsandstein extrem wasserempfindlich ist, mußten freigelegte Gründungssohlen sofort mit Unterbeton abgedeckt werden.

2.2 Widerlager

Beide Widerlager sind als begehbare Kastenwiderlager mit allen für Prüfung, Wartung und Unterhaltung erforderlichen Einrichtungen ausgebildet.

2.3 Pfeiler

Die Stützpfeiler bestehen aus zwei trapezförmigen Stielen, die am Pfeilerkopf in Brückenquerrichtung zur Erzielung einer ausreichenden Querstabilität durch Querriegel miteinander verbunden sind.

Der Pfeilerkopf erlaubte die richtzeichnungsgemäße Ausbildung der Lagersockel und die Anordnung der Pressenplätze für das Anheben des Überbaues.

2.4 Lagerung

Die Lagerung des Überbaues in den Pfeilerachsen erfolgte elastisch über Verformungslager. Auf den Widerlagern sind Verformungsgleitlager angeordnet, die in jeweils einer Lagerreihe quer fest ausgebildet sind.

2.5 Überbau

Die mit einer Raumfuge auf ganzer Brückenlänge getrennten Überbauten wurden als parallelgurtige Durchlaufträger gebaut. Bei den vorliegenden Stützweiten ist der einzellige Hohlkasten aus Spannbeton mit einer Konstruktionshöhe von 3,0 m eine wirtschaftliche und konstruktiv bewährte Lösung.

Entsprechend dem derzeitigen Stand der Technik war der Einsatz einer ausschließlich externen Vorspannung vorgesehen.

Die Trassierungsverhältnisse begünstigten mit konstantem Längsgefälle im Aufriß und überwiegend konstantem Radius im Grundriß das Taktschiebeverfahren. Die infolge des Einsatzes der externen Vorspannung notwendige Bauhöhe war vorhanden.

3. Bauausführung

3.1 Unterbauten

Für das Betonieren der Pfeiler wurde ein Konzept entwickelt, das eine einfache und schnelle Herstellung bei effizientem Schalungs- und Kraneinsatz gewährleistet.

Da alle 10 Pfeiler sehr unterschiedliche Längen aufwiesen, sich aber im Ansichtsbild der Arbeitsfugen gleichen sollten, stand am Anfang eines jeden Pfeilers eine ca. 10 m hohe Vorläuferschalung, welche die unterschiedlichen Höhen der Anfängerelemente komplett abdeckte.

Dadurch ergaben sich bei allen Pfeilern gleich große Schußlängen der anschließenden Kletterabschnitte. Diese Länge betrug 5,30 m. Je nach Pfeilerhöhe mußte bis zu viermal geklettert werden. Der letzte Schuß beinhaltete auch den zwischen den Pfeiler-

schäften erforderlichen Auflagerbalken. Der dabei notwendige Umbau der Schalung erforderte lediglich den Austausch einzelner, vorgefertigter Segmente. Mit den beiden eingesetzten Kletterschalungen konnten durchschnittlich drei Schüsse je Woche betoniert werden.

3.2 Überbau

Die Überbauherstellung erfolgte im Taktschiebeverfahren in 12 Arbeitstakten bei einer Regeltaktlänge von 22,50 m.

Zur Sicherstellung einer weitgehend verformungsarmen Takteinrichtung war es im vorliegenden Falle erforderlich, die Gründungen der Rutschträger auf dem anstehenden Fels abzusetzen. Dafür waren bis zu 5,0 m hohe Wandelemente herzustellen.

Die eigentliche Schalungskonstruktion wurde durch sechs Querträger gestützt, die auf den Rutschträgern lagerten und über Hydraulikpressen um bis zu 0,25 m absenkbar waren.

Unmittelbar hinter der Schalung war die Bewehrungsvorfertigung angeordnet. Der dort komplett vorgefertigte Bewehrungskorb des folgenden Taktes wurde im Nachgang zum Taktschieben eingezogen.

Nach Fertigstellung des ersten Überbaues wurden die Verschiebelager achsweise gegen die endgültigen Lager ausgetauscht. In dieser Phase erfolgte auch der für die Herstellung des zweiten Überbaues notwendige Querverschub der Taktanlage.

Mit der Kombination von Taktschiebeverfahren und ausschließlich externer Vorspannung ist die Talbrücke Streitschlag eine der ersten Brücken dieses Bauverfahrens in Deutschland.

Neben einer intensiven Arbeitsvorbereitung und ständigen Koordinierung aller Beteiligten erforderte die genannte Kombination ein Höchstmaß an Ausführungsgenauigkeit auf der Baustelle und eine sorgfältige Ausführungsplanung.

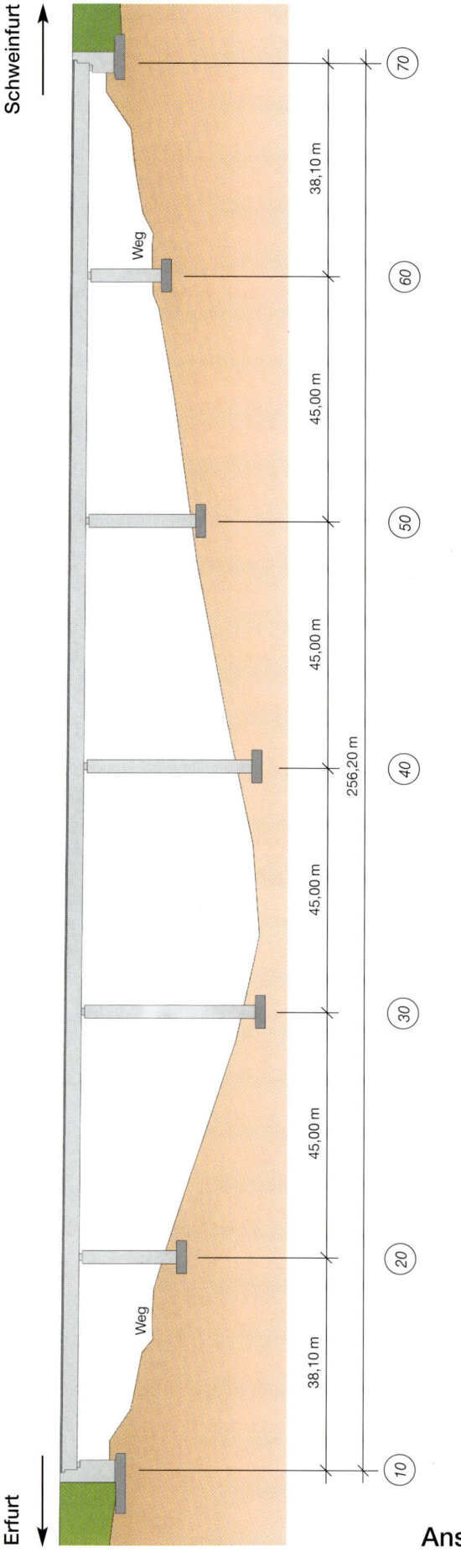

Ansicht

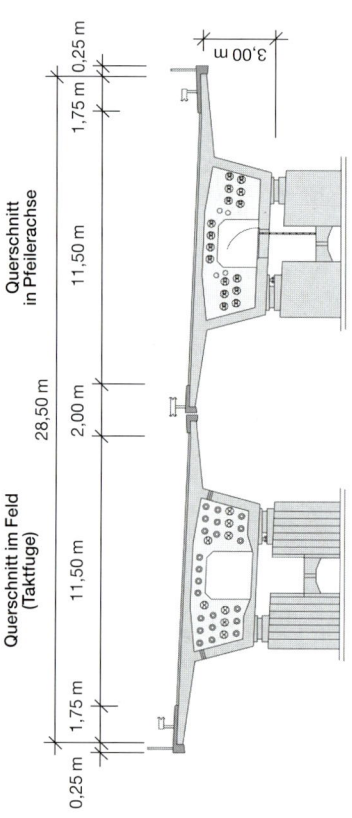

Regelquerschnitt

Verkehrsprojekt Deutsche Einheit Nr. 16 A 71 Erfurt–Schweinfurt Freistaat Thüringen	unten: **bewaldetes Tal**	Baujahr: **2000–2002** Bauzeit: **27 Monate**	Bauweise: **Spannbeton-Hohlkasten**
Projektleitung: **DEGES**	Bauwerks-Nr.: **5321/11**	Kosten (Mio. DM): **13,4 (brutto)**	Kosten (DM/m²): **1.839**
Entwurfsbearbeitung: **EHS Beratende Ingenieure, Erfurt**		Prüfingenieur: **Dipl.-Ing. Seiler, Karlsruhe**	
Bauüberwachung/Bauoberleitung: **ARGE Mittelständischer Thüringischer Ingenieurbüros: Ing.-Gem. Setzpfandt, Weimar/Lomb Consult, Weimar/ Ing.-Büro Kleb, Erfurt**		Bauausführung: **ARGE Talbrücke Streitschlag: Teerbau Ingenieurbau GmbH Oebisfelde/Oevermann GmbH & Co. Hoch- und Tiefbau, NL Erfurt**	
		Ausführungsplanung: **Leonhardt, Andrä und Partner, Dresden**	

Blick in die Taktstation.

Hohlkasten auf ausschließlich externer Vorspannung (links und rechts).

Talbrücke
Judental

1. Bauwerksentwurf

Das 456 m lange Brückenbauwerk quert in einer Höhe von ca. 45 m das Judental.

Die BAB-Achse besteht im Bauwerksbereich aus einer Wendeklothoide mit den Parametern A = 500 und 700 und einem anschließenden Kreisbogen mit R = 2.000 m. Die Gradiente hat ein konstantes Längsgefälle in Richtung Süden von 4,263 %. Die Querneigung wechselt entsprechend der Trassenform zwischen +3,0 % und –3,52 %.

Als statisches System wurde ein Durchlaufträger über 10 Felder gewählt, dessen Feldweiten auf den Geländeverlauf und die Höhenlage der Gradiente zum Talgrund abgestimmt sind. Mit der gewählten maximalen Stützweite von 50,0 m können die zwischen den Achsen 30 und 40 vorhandenen Orchideenstandorte unbeeinflußt erhalten werden. Die Stützweiten des Bauwerkes betragen 40 – 46 – (3×) 50 – (4×) 45 – 40 m.

2. Bauwerksbeschreibung

2.1 Gründung

Das Widerlager 10 konnte auf dem dort hoch anstehenden Muschelkalkstein flach gegründet werden.

Alle Stützen und das Widerlager 110 mußten in den Schichten des Oberen Buntsandsteins tief gegründet werden. Dabei ergaben sich Pfahllängen zwischen 17,0 m und 27,0 m. Eingebaut wurden Großbohrpfähle (∅ 1,20 m), die teilweise mit Neigung 12:1 ausgeführt wurden.

2.2 Widerlager

Beide Widerlager sind als begehbare Kastenwiderlager mit allen für die Wartung, Instandsetzung und Prüfung erforderlichen Einrichtungen ausgeführt. Bei Widerlager 10 mußte als Geländesicherung außerdem noch eine 16 m lange Stützwand errichtet werden.

2.3 Pfeiler

Die zwischen 25 m und 40 m hohen Pfeiler bestehen aus zwei Schäften in Rechteckform, die am Pfeilerkopf durch Querriegel verbunden sind. Die Ansichtsflächen der Pfeiler verjüngen sich mit einer Neigung 70:1. Die Pfeilerköpfe wurden in beiden Richtungen für das Unterbringen der Lager und der beim Anheben benötigten Pressenstandorte aufgeweitet.

2.5 Überbau

Die beiden Überbauten wurden als parallelgurtige Spannbetonträger in B 45 mit Kastenquerschnitt mit einer Konstruktionshöhe von 3,50 m hergestellt. Als Vorspannung sind interne Spannglieder in Fahrbahn- und Bodenplatte und externe Spannglieder mit Umlenkung im Feld angeordnet.

3. Bauausführung

Zur Ausführung kam ein Nebenangebot, welches die bereichsweise Herstellung des Überbaues im Taktschiebeverfahren zum Inhalt hatte. Daher wurde der Überbau zwischen den Achsen 10 und 80 im Taktschiebeverfahren und aufgrund der Gegenklothoide die restlichen drei Felder auf Lehrgerüst hergestellt. Die Taktanlage befand sich hinter Widerlager Achse 10. Bauzeitliche Hilfsabstützungen der Pfeiler waren nicht vorgesehen.

Die Kletterschalung der Pfeiler setzte sich aus der in der Höhe variablen Anfängerschalung und der Schalung der 5,30 m langen Kletterabschnitte zusammen. Für den höchsten Pfeiler wurden sechs Schüsse sowie Vorläufer und Kopfschalung benötigt.

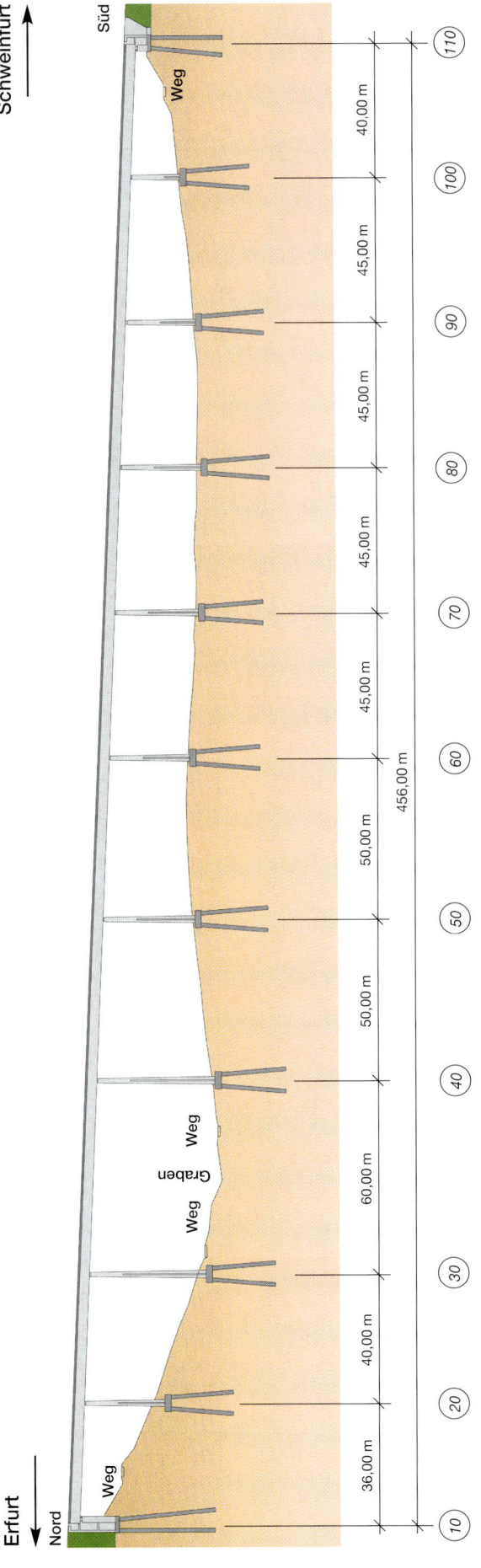

Ansicht

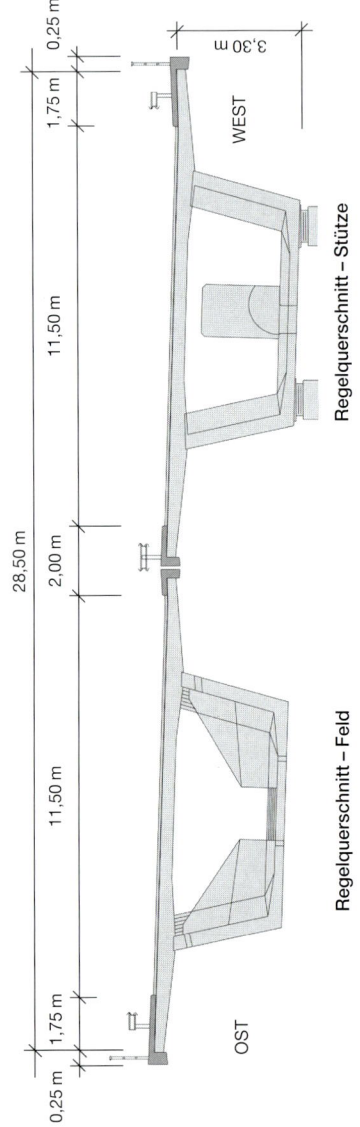

Regelquerschnitt

Verkehrsprojekt Deutsche Einheit Nr. 16 A 71 Erfurt–Schweinfurt Freistaat Thüringen	unten: Talgrund	Baujahr: 2000–2002 Bauzeit: 24 Monate	Bauweise: Spannbeton-Hohlkasten
Projektleitung: DEGES	Bauwerks-Nr.: 5322/01	Kosten (Mio. DM): 20,2 (brutto)	Kosten (DM/m²): 1.555
Entwurfsbearbeitung: Schmitt Stumpf Frühauf + Partner, Berlin	Bauausführung: Teerbau Ingenieurbau GmbH, Oebisfelde		
Prüfingenieur: Dr.-Ing. Walter Streit, München	Ausführungsplanung: Leonhardt, Andrä und Partner, Dresden		
Bauüberwachung/Bauoberleitung: Ing.-Büro Walter Keller, Saarbrücken			

Verschiedene Ansichten der Pfeiler und Herstellung der Pfeilerköpfe.

Luftaufnahme des fertiggestellten Bauwerks.

Talbrücke
Haseltal

1. Bauwerksentwurf

Die Haseltalbrücke überquert nördlich der Ortschaft Ellingshausen das namengebende Tal der Hasel mit der Landesstraße L 1131 und der Bahnlinie Neudietendorf–Rietschenhausen.

Im Bauwerksbereich verläuft die BAB auf einer Wendeklothoide und beidseitig angrenzenden Radien. Beginnend am Widerlager Erfurt verläuft sie auf einer Länge von ca. 248 m zunächst auf einem Kreis mit R = 1.000 m. Danach folgt auf einer Gesamtlänge von ca. 395 m die Wendeklothoide mit dem Parameter A = 450. Im Anschluß folgt bis hinter das südliche Widerlager ein Kreisbogen mit R = 1.050 m.

Entsprechend der Trassierung ändern sich die Querneigungen auf der Brücke von +5 % bis –5 %.

Die Gradiente der BAB besitzt eine Wannenausrundung mit H = 20.000 m und eine anschließende Tangente mit 0,781 % Längsgefälle in Richtung Süden.

Sowohl die Linienführung der unterführten Landstraße als auch die der Bahnlinie sind bestimmend für die Wahl der Pfeilerstellungen.

Zur Ausführung kam ein Zwölf-Feld-Bauwerk, dessen Überbau mit Regelstützweiten von 65,0 m bei einer Bauhöhe von 3,50 m auf Lehrgerüst in Mischbauweise hergestellt wurde. Die Stützweiten in den Randfeldern sind der Talform entsprechend geringer. Für jede Richtungsfahrbahn wurden durch eine Raumfuge getrennte Überbauten mit Kastenquerschnitt in Spannbeton B 45 hergestellt.

2. Bauwerksbeschreibung

2.1 Gründung

Widerlager und Stützpfeiler wurden über Großbohrpfähle (∅ 1,20 m) tief gegründet. Dabei ergaben sich Pfahllängen zwischen 17 und 24 m. Je Stützenachse waren 1,50 m dicke Pfahlkopfplatten mit jeweils 8 Lotpfählen auszuführen. Die luftseitigen Pfähle der Widerlagerkonstruktionen wurden mit Pfahlneigungen 10 : 1 ausgeführt.

2.2 Widerlager

Aufgrund des sehr ungünstigen Einfallswinkels der Widerlagerachse zur Talflanke (ca. 45 Grad) mußten die Widerlager der beiden Brücken an der Südostseite im Grundriß um ca. 10 m versetzt zueinander angeordnet werden. Darüber hinaus wurde einseitig als Geländesicherung eine 42 m lange Stützwand erforderlich. Das Widerlager Nordwest konnte herkömmlich mit gemeinsamer Fluchtlinie hergestellt werden.

2.3 Pfeiler

Die Pfeiler bestehen aus zwei quadratischen, über Eck (45°) gestellten Stützenschäften mit Abmessungen von 1,80 m × 1,80 m, die an den Pfeilerköpfen durch Riegel miteinander verbunden sind. Zur optischen Angleichung an die durch die Grundrißdrehung der Pfeilerschäfte sich ergebenden Ansichtsflächen wurden deren Unterseiten entsprechend gegliedert.

2.4 Überbau

Die beiden Überbauten wurden als parallelgurtige Ortbeton-Durchlaufträger mit Kastenquerschnitt abschnittsweise auf Vorschubrüstung in Mischbauweise hergestellt.

Die interne Vorspannung der Fahrbahn- und Bodenplatte ist über Lisenen verankert. Die externe Vorspannung wird über Umlenkstellen im Feld und an den Stützen geführt.

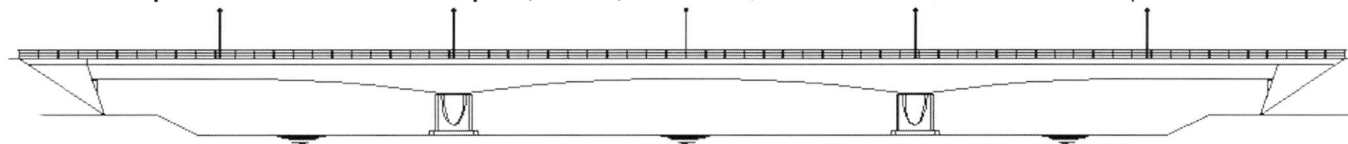

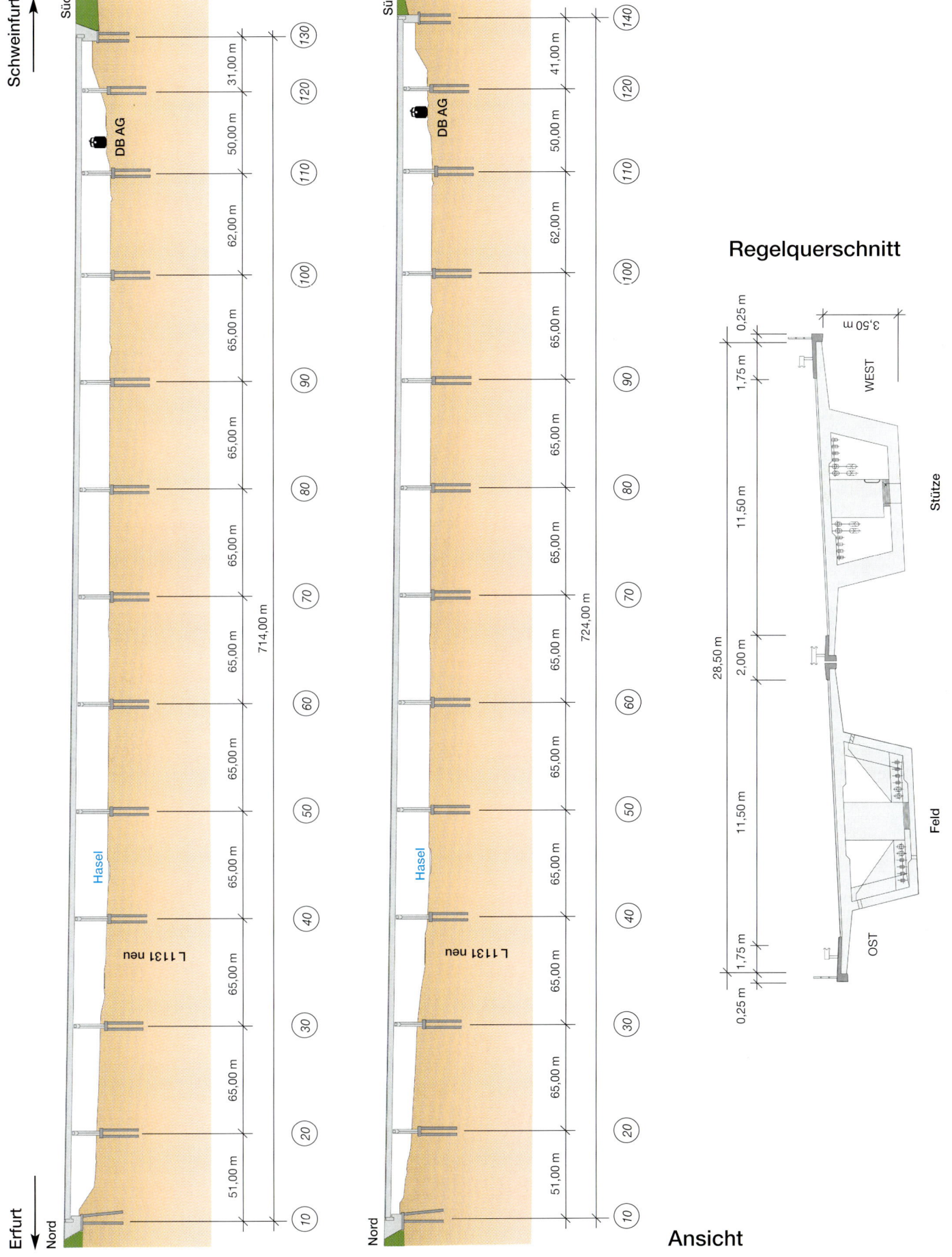

Ansicht

Regelquerschnitt

Verkehrsprojekt Deutsche Einheit Nr. 16 A 71 Erfurt–Schweinfurt Freistaat Thüringen		unten: Hasel, DB-Strecke, L 1131	Baujahr: 2000–2003 Bauzeit: 33 Monate	Bauweise: Spannbeton-Hohlkasten
Projektleitung: DEGES		Bauwerks-Nr.: 5322/03	Kosten (Mio. DM): 30,3 (brutto)	Kosten (DM/m²): 1.483
Entwurfsbearbeitung: Schmitt Stumpf Frühauf + Partner, Berlin		Bauausführung: HEIN GmbH, Georgsmarienhütte		
Prüfingenieure: Dipl.-Ing. L. Peuckert, Paderborn Dipl.-Ing. J. Dietzel, Meiningen		Ausführungsplanung: Ing.-Gemeinschaft ERIKSEN, Hannover		
Bauüberwachung/Bauoberleitung: Ing.-Büro Walter Keller, Saarbrücken				

Herstellung der Unterbauten (beide Fotos).

Hilfsstützen für die Vorschubrüstung.

Talbrücke
Werratal Einhausen

1. Bauwerksentwurf

In der Nähe der Ortslage Einhausen quert die A 71 das Werratal. Mit der 1.194 m langen Talbrücke erfolgt neben der Querung der Werra auch die Überführung der A 71 über die Bundesstraße B 89, die Bahnstrecke Meiningen–Eisfeld und mehrere Wirtschaftswege. Die Achse der A 71 ist mit Ausnahme des nördlichen Brückenendes im gesamten Bauwerksbereich gleichförmig als Kreis mit einem Radius von R = 1.000 m trassiert.

Im Aufriß weisen die Gradienten beider Richtungsfahrbahnen eine gleichmäßige Längsneigung von 1,3 % in Richtung Süden fallend auf. In Abhängigkeit von den kreuzenden Verkehrswegen wurden die Pfeilerstandorte unter Beachtung der Geländeform so gewählt, daß sich ausgehend von dem über der Werra befindlichen größten Feld zu beiden Brückenenden hin die Feldweiten verringern. Bei den insgesamt 19 Feldern liegen die Stützweiten zwischen 37,0 m und 85,0 m.

2. Bauwerksbeschreibung

2.1 Gründung

Das Widerlager Erfurt wurde im anstehenden Buntsandstein flach gegründet. Zur Minimierung von Setzungen und Setzungsunterschieden sowie zur Reduzierung der Baugrubengrößen und der erforderlichen Wasserhaltungen wurde in den Stützenachsen eine Tiefgründung über Großbohrpfähle (∅ 1,20 m) ausgeführt. Die Gründung des Widerlagers Schweinfurt erfolgte über Großbohrpfähle (∅ 1,50 m).

2.2 Pfeiler

In jeder Auflagerachse sind jeweils zwei Stützpfeiler in Y-Form angeordnet. Die Pfeilerschäfte sind in Achteckform mit Vollquerschnitt ausgebildet. Etwa 7,50 m unterhalb der Pfeileroberseite beginnt die Aufweitung und V-förmige Spreizung des Pfeilerkopfes für die Aufnahme der Lager. Hier erfolgt auch die Verziehung in zwei Rechteckquerschnitte. Im oberen Bereich ist der Pfeiler in zwei geneigte Einzelstiele aufgelöst. Diese haben Längen von ca. 3,50 m. Für alle Pfeiler wurde zur Vereinfachung der Herstellung eine identische Kopfausbildung gewählt.

2.3 Lagerung/Übergangskonstruktion

Aufgrund der vorhandenen Auflagerdrehwinkel kamen Kalottenlager zum Einsatz. Die Lager wurden nach erfolgter Stahlbaumontage vor Beginn der Herstellung der Fahrbahnplatte eingebaut.

Auf der Grundlage einer Zustimmung im Einzelfall kamen Fahrbahnübergänge mit besonderen Maßnahmen zur Geräuschminderung zur Ausführung.

2.4 Überbau

Für beide Richtungsfahrbahnen sind durch eine Raumfuge getrennte Überbauten ausgeführt. Sie wurden als Durchlaufträger in Voutenform mit Plattenbalkenquerschnitt in Stahlverbundbauweise ausgeführt. Die beiden Hauptträger jedes Überbaus wurden als luftdicht verschweißte Kastenträger ohne inneren Korrosionsschutz ausgeführt. In den Auflagerachsen sind die Hauptträger durch Querträger verbunden. Die Voutenträger wurden entsprechend der unterschiedlichen Feldweiten mit angepaßten Bauhöhen (von 2,10 bis 4,85 m) ausgeführt.

Die über Kopfbolzendübel im Verbund mit den Stahlträgern liegende Fahrbahnplatte wurde in B 35 ausgeführt und in beiden Richtungen schlaff bewehrt.

3. Bauausführung

3.1 Unterbauten

Aufgrund der architektonisch anspruchsvollen Pfeilergestaltung und der sehr unterschiedlichen Pfeilerhöhen (min 7,50 m, max. 28,50 m) wurden die einzelnen Betonierabschnitte mit jeweils eigenen Abschnitts-Schalungen erstellt.

Der sich Y-förmig spreizende Pfeilerkopf wurde – bedingt durch seine Höhe – in zwei Abschnitten hergestellt. Der untere Abschnitt reicht bis an die Oberkante des geschlossenen Y-Teiles. Die beiden Stiele wurden dann mit einer zweiten Schalung in einem Arbeitsgang erstellt. Bedingt durch die Schlankheit der Pfeilerköpfe war bereits bei der Planung der Bewehrung in diesem Bereich besondere Bedeutung beizumessen.

3.2 Stahlkonstruktion

Die Stahlkonstruktion für die Werratalbrücke Einhausen besteht in Längsrichtung aus insgesamt 33 Montageschüssen je Hauptträger.

Insgesamt kamen vier Hauptträgerstränge zur Ausführung, die sich – bedingt durch die Grundrißkrümmung – lediglich im Krümmungsradius und daraus resultierend in der Länge geringfügig unterscheiden. Die Längen dieser Montageschüsse bewegen sich zwischen minimal ca. 31 m und maximal ca. 50 m.

Die Anlieferung der Montageschüsse erfolgte grundsätzlich per Straßentransport, wobei wegen der großen Längen lediglich nächtliche Sondertransporte ausgeführt werden konnten.

Je nach Höhe der Bauteile erfolgte die Anlieferung entweder in stehender oder in liegender Position. Für das Drehen der in liegender Position angelieferten Schüsse wurde von Stahlbau Plauen eine spezielle Kantvorrichtung entwickelt, die zum Patent angemeldet wurde.

Die Montage der einzelnen Trägerschüsse erfolgte mit Autokran. Die Länge des ersten Montageabschnittes war so gewählt, daß das jeweilige Hauptträgersegment das gesamte erste Brückenfeld überspannte und gleichzeitig über den ersten Pfeiler in das zweite Brückenfeld kragte. Die nächsten Brückenfelder wurden dann je nach Brückenfeldlänge mit bis zu zwei Segmenten pro Feld ohne Hilfsunterstützung „frei vorgebaut".

3.3 Fahrbahnplatte

Zum Einsatz kamen zwei Schalwagen. Der erste begann die Fertigung der Fahrbahnplatte des Überbaues Ost am Widerlager Schweinfurt. Von diesem Wagen wurden nur Betonierabschnitte außerhalb der Stützungen hergestellt. Fünf Wochen nach Beginn der Fertigung der Fahrbahnplatte Ost startete der zweite Schalwagen mit der Fertigung der Fahrbahnplatte des westlichen Überbaues. Dieser produzierte in der gleichen Reihenfolge und Fahrtrichtung wie Schalwagen 1 ca. 400 m der Fahrbahnplatte West. Dann kehrte der 2. Schalwagen seine Richtung um und schloß die noch offenen Feldabschnitte in den Stützenbereichen (Pilgerschritt). Anschließend wurde Schalwagen 2 auf den östlichen Überbau umgesetzt, um dort dem Schalwagen 1 folgend die noch offenen Stützenabschnitte herzustellen. Nach Erreichen des Widerlagers Erfurt wurden beide Schalwagen bei der Herstellung der restlichen ca. 800 m Fahrbahnplatte des Überbaues West eingesetzt.

Der beschriebene Herstellrhythmus ergab sich aus den terminlichen Festlegungen des Bauvertrages hinsichtlich der Befahrbarkeit des östlichen Überbaues.

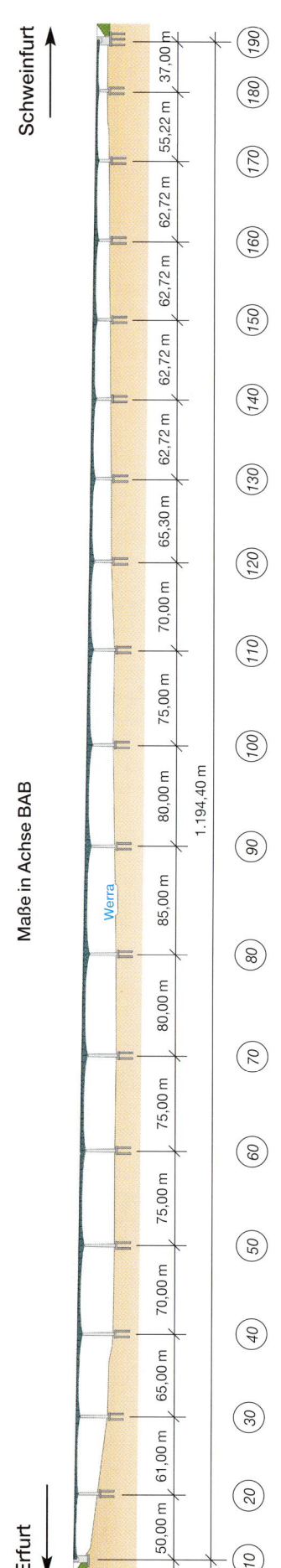

Schweinfurt

Maße in Achse BAB

Werra

1.194,40 m

50,00 m / 61,00 m / 65,00 m / 70,00 m / 75,00 m / 75,00 m / 80,00 m / 85,00 m / 80,00 m / 75,00 m / 70,00 m / 65,30 m / 62,72 m / 62,72 m / 62,72 m / 62,72 m / 62,72 m / 55,22 m / 37,00 m

Erfurt

Ansicht

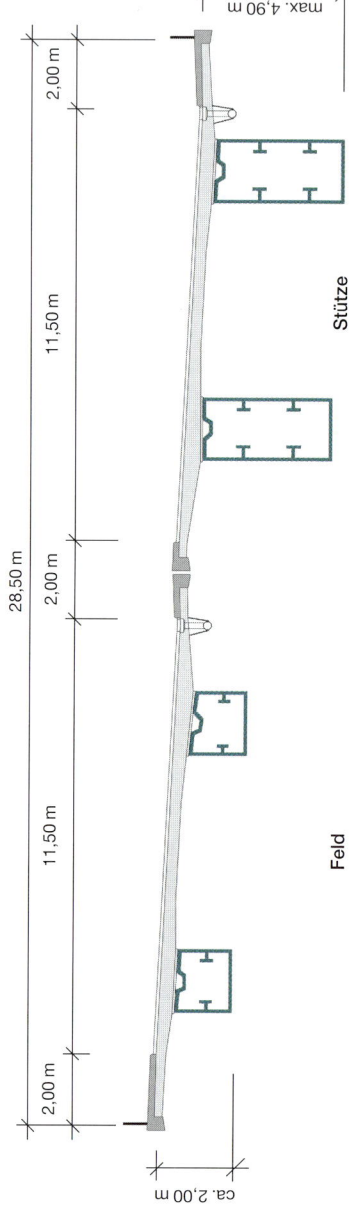

28,50 m

2,00 m · 11,50 m · 2,00 m · 11,50 m · 2,00 m · 2,00 m

max. 4,90 m

ca. 2,00 m

Stütze

Feld

Regelquerschnitt

Verkehrsprojekt Deutsche Einheit Nr. 16 A 71 Erfurt–Schweinfurt Freistaat Thüringen	unten: Werra, B 89, Eisenbahn Wirtschaftsw.	Baujahr: 2000–2003 Bauzeit: 35 Monate	Bauweise: Stahlverbund-Plattenbalken
Projektleitung: DEGES	Bauwerks-Nr.: 5322/06	Kosten (Mio. DM): 55,7 (brutto)	Kosten (DM/m²): 1.636
Entwurfsbearbeitung: Ing.-Gemeinschaft Setzpfandt, Weimar	Bauausführung: Bilfinger + Berger, Nürnberg/ Brückenbau Plauen, Neu-Isenburg		
Prüfingenieur/Überbauten: Dr.-Ing. M. Mündecke, Berlin/ Prof. Dr-Ing. H. Schmackpfeffer, Berlin	Ausführungsplanung/Überbauten: Schmitt Stumpf Frühauf + Partner, München		
Bauüberwachung/Bauoberleitung: Ing.-Büro Walter Keller, Saarbrücken	Ausführungsplanung/Unterbauten: Bilfinger + Berger, München		

Die luftdicht verschweißten Hohlkästen ohne inneren Korrosionsschutz.

Montage der Hauptträger unter Einsatz eines Autokrans (links).

Zugkraftverschlosserung mittels Pressenrahmen (rechts).